高等学校系列教材

房屋建筑加固工程计量与计价

王艳艳　周广强　主　编
原玉磊　刘华军　王继国　副主编
安　慧　主　审

图书在版编目（CIP）数据

房屋建筑加固工程计量与计价 / 王艳艳，周广强主编；原玉磊，刘华军，王继国副主编. — 北京：中国建筑工业出版社，2022.9
高等学校系列教材
ISBN 978-7-112-27595-3

Ⅰ. ①房… Ⅱ. ①王… ②周… ③原… ④刘… ⑤王… Ⅲ. ①建筑工程－修缮加固－计量－高等学校－教材②建筑工程－修缮加固－建筑造价－高等学校－教材 Ⅳ. ①TU723.3

中国版本图书馆 CIP 数据核字(2022)第 121293 号

本书紧扣目前房屋建筑加固改造巨大的市场需求，阐明了混凝土结构和砖混结构常见的加固方法和技术，重点讲解了混凝土结构加固改造工程和砖混结构加固改造工程的计量与计价，包括混凝土加大截面、外包钢、粘钢、粘贴碳纤维等常见的混凝土加固方法和钢筋混凝土面层、钢筋网水泥砂浆面层、增设圈梁构造柱、装配式楼（屋）盖增浇叠合层等常见的砖混结构加固方法的计量与计价，从加固识图、加固技术介绍、工程量计算、综合单价形成等方面全方位讲解其计量计价知识，并对建筑物整体移位、纠倾、增层等工程进行了概述。本书力求框架结构清晰、知识点系统完整、案例类型多样丰富、内容承接循序渐进，以利于读者更好地学习使用。

本书可作为普通高等院校工程造价、工程管理、土木工程等相关专业的教材，也可供工程审计、工程造价管理部门、建设单位、施工企业、工程造价咨询机构等从业人员学习参考，还可作为造价工程师、建造师、监理工程师等相关职业资格继续教育培训教材。

为便于本课程教学，作者自制免费课件资源，索取方式为：邮箱：jckj@cabp.com.cn，电话：(010) 58337285，建工书院网址：http://edu.cabplink.com。

责任编辑：刘平平　李　阳
责任校对：芦欣甜

高等学校系列教材
房屋建筑加固工程计量与计价
王艳艳　周广强　主　编
原玉磊　刘华军　王继国　副主编
安　慧　主　审

*

中国建筑工业出版社出版、发行（北京海淀三里河路 9 号）
各地新华书店、建筑书店经销
北京红光制版公司制版
北京市密东印刷有限公司印刷

*

开本：787 毫米×1092 毫米　1/16　印张：14¾　字数：356 千字
2022 年 6 月第一版　　2022 年 6 月第一次印刷
定价：48.00 元（赠教师课件）
ISBN 978-7-112-27595-3
（39780）

前 言

目前我国新建房屋工程逐渐趋于饱和，每年新建工程明显减少，既有建筑物加固改造，包括移位、纠倾、增层、加固与病害处理等将逐渐成为建筑市场的主要领域，具有广阔的市场前景，对于建筑加固改造工程的计量与计价需求也随之大幅度增加。本书的任务是研究房屋建筑加固改造工程计量与计价的内容和方法，重视理论与实践的结合，应用大量案例来提升学习者解决实际问题的能力。

本书共分为6章。主要针对的是房屋建筑工程，内容从加固计价方法、计价依据、混凝土和砖混结构加固方法及加固技术、加固材料的介绍到工程计量内容、工程量计算规则、计算案例等方面全方位讲解其计量计价知识，并对建筑物整体移位、纠倾、增层等工程进行了概述。

未来房屋建筑加固市场的需求巨大，混凝土结构、砖混结构等加固改造的项目会越来越多，其生产要素的消耗、计量计价内容等都与新建工程有很大不同，本书在第2章阐述了房屋加固改造工程的计价方法及计价依据，第3章介绍了常见的建筑工程加固方法和加固技术。由于目前对房屋建筑加固改造工程计量与计价相关内容出版的书籍较少，可参考的公开出版的案例极少，本书在第4章和第5章分别对混凝土结构和砖混结构加固工程中常见加固方法的计量计价内容进行归纳整理，包括混凝土加固方法中常见的柱梁板墙加大截面、外包钢、粘钢、粘贴碳纤维等和砖混结构加固方法中常见的钢筋混凝土面层、钢筋网水泥砂浆面层、增设圈梁构造柱、装配式楼（屋）盖增浇叠合层等，并针对典型做法给出了相应的计算案例。本书中计量计价案例中用到的图纸约80％改编自实际工程，尽量涵盖常见的加固方法对应的计量与计价内容，目的是引导造价人员针对房屋建筑加固改造项目能够科学合理地进行定价。

本书由山东建筑大学王艳艳、周广强主编。副主编分别是：山东省住房和城乡建设厅原玉磊、山东建筑大学刘华军和山东建固特种专业工程有限公司王继国。编写的具体分工如下：王艳艳、周广强编写第1章，原玉磊、山东职业学院王静、山东城市建设职业学院陈杰编写第2章，周广强、刘华军和王继国编写第3章，王艳艳、刘华军和王继国编写第4章，原玉磊、王艳艳编写第5章，山东建固特种专业工程有限公司刘灿、赵庆安、田笑光、杜羡羡编写第6章，山东建筑大学研究生齐丽君、山东城市建设职业学院2020级造价学生王一涵参与了部分书稿编写整理工作。全书由王艳艳、周广强统稿，三峡大学安慧副教授担任主审。

本书在写作的过程中，经过反复讨论和多次修改，特别感谢山东建筑大学工程鉴定加固研究院有限公司、山东建固特种专业工程有限公司的领导们给予的大力支持和帮助，提供了大量的真实项目案例。另外编写过程中参考了大量文献资料，在此一并表示衷心的感谢。

限于编写的水平有限，书中难免会存在不当之处，敬请广大读者、同行批评指正。

2022年6月

目　　录

第1章 绪 论

1.1 房屋建筑加固改造的市场需求分析

建筑行业是经济发展的重要支柱，自改革开放以来，我国进行了大规模的工程建设，据不完全统计，我国现有既有建筑物已达600多亿平方米，每年还以20多亿平方米的速度增加。目前我国新建工程逐渐趋于饱和，每年新建工程数量明显减少，而既有建筑作为社会财富积蓄总量将显著增加。目前欧美一些经济发达国家既有建筑的加固改造与病害处理工程占建筑市场工程总量60％以上，成为建筑市场的主要工程领域。可见随着城市规划改造和对既有建筑物或构筑物保护需要的增长，建筑物改造，包括移位、纠倾、增层、托换和加固与病害处理等工程将日渐增多，具有广阔的市场前景，是一个重要的工程技术领域。建筑物改造与病害处理是我国近些年为适应社会需要而逐渐发展起来的新行业、新学科，我国目前有几千家专门从事这项工程的专业公司。从1980年以来，全国进行了大规模的既有建筑物增层、改造、移位、纠倾、托换和桥梁抬升等工程，挽救了大批濒危建筑物，使其转危为安，同时也扩大了许多既有建筑物的使用面积，延长了使用寿命，改善了使用功能。

随着房屋建筑使用年限的提高，房屋整体的稳定性逐渐变差，原结构构件发生损坏，若未及时对房屋进行加固处理，则会大幅度缩减房屋建筑的使用寿命，为居住带来安全隐患。老旧房屋结构稳定性较差，无较强的抗震能力。随着城市现代化建设步伐地推进，原有的房屋建筑功能已无法满足居民群众的日常生活需求，但又受到城市土地等因素的限制，国家提倡对原有住房进行升级改造，并针对房屋改造工程提出一系列的政策扶持，通过部分资金的投入来完成老旧小区的加固改造。建筑物在规定的时间内、在规定的条件下（正常设计、正常施工、正常使用和维护），应满足安全性、适用性和耐久性的要求。在需要对建筑物的施工质量进行评定时，或当建筑物由于某种原因不能满足某项功能的要求或对满足某项功能的要求产生怀疑时，就需要对建筑物的整体结构、结构的某一部分或某些构件进行检测，当判定被检结构存在安全隐患时，就应该对其进行加固处理，或者拆除。

根据国内外的相关学者的统计分析，经济发达国家的工程建设大体上都经历了三个阶段，即大规模新建、新建与维修改造并重和转向既有建筑的加固改造。英国在1975—1980年间新建工程数量和费用减少，建筑维修改造的项目却逐年增加，1978年用于投资改造的费用是1965年的3.76倍，1980年建筑物维修改造工程占英国建筑工程总量的2/3；瑞典建筑业在1980年代首要的任务是对已有建筑物进行更新改造。按相关资料统计，改建比新建可节约投资约40％，缩短工期约50％，收回投资的速度比新建工程快3～4倍。

根据诺瑟姆曲线，城市化进程主要体现在三个阶段：城市化率在25％以下是城市化初级阶段，即农业占国民经济绝大比重且人口分散分布，而城市人口只占很小的比重；城市化的加速阶段特征是城市人口从 25% 增长到 50% 乃至 70%，经济社会活动高度集中，第二、三产业增速超过农业且占 GDP 比重越来越高，制造业、贸易和服务业的劳动力数量也持续快速增长；成熟阶段城市人口比重超过 70%，但仍有乡村从事农业生产和非农业来满足城市居民的需求，当城市化水平达到 80% 时增长就变得很缓慢。

未来建筑加固市场的需求还可能表现在：原设计未考虑抗震设防或者抗震设防要求提高的；接近或超过设计使用年限需继续使用的；由于建筑结构接近或是已经超过设计使用年限且出现结构损伤，造成使用功能受限或安全隐患；在设计或施工时出现失误导致建筑物无法承受设计荷载；由于地震、风暴、火灾和泥石流等灾难性事件造成的建筑物产生损坏时；对一些有价值的建筑物进行保护时；对现有建筑进行改、扩建，原结构不能满足后续使用荷载时；对建筑物进行装修需要改变原设计的受力体系时等。

1.2 房屋建筑加固改造的原因

在实际工程中可能会因设计失误、施工质量控制不当以及功能改变等多种原因，导致结构的承载力不能满足设计或实际荷载的要求，需进行加固来保证结构的安全性和可靠性。房屋加固改造的具体原因可能表现为：

1. 勘察原因

在地质勘察时，若不能准确反映地基土、地下水的真实情况，如勘察布点过稀、钻孔深度不够等，则有可能会造成建筑物施工中、竣工后出现地基沉降等。

2014 年 9 月贵州某商住楼在施工过程中，业主方发现施工单位未严格按照技术交底要求进行施工，也不断出现与地勘报告不吻合的地质情况，成孔过程中发现部分桩孔孔壁坍塌，浇筑混凝土过程中发现部分桩孔混凝土流失严重，甚至整桩下沉等异常情况。为此，业主方安排原地勘单位对已施工桩进行钻芯检查、对其他桩位进行补充勘察，2014年底完成现场补勘工作，在此期间发现已施工桩多数存在质量问题，主要为桩底持力层不满足设计要求，同时发现桩底（含未施工桩）存在大量溶洞、溶槽。在此期间，业主方委托第三方检测单位进场钻芯检测，检测结果是其中 11 根基桩桩底持力层存在软弱夹层或溶洞，不满足设计要求，原因是明显的地质勘察失误。最后该楼不合格桩只能由设计单位出具加固整改方案。

2012 年 8 月，某工程地下室防水底板出现开裂、渗漏、隆起现象，并存在地下室积水。2013 年 5 月，进行了加固施工。2013 年 11 月，该工程地下室再次出现防水底板开裂、隆起现象，部分框架柱底的底板开裂，同时伴有大量地下水涌出。法院判定了勘察单位的责任：勘察公司作为勘察单位未按照勘察规范要求，掌握水文信息，在勘察报告中未提供地下水位变化幅度，补充说明提供的地下水位建议值不准确，后设计单位依据该勘察报告对地下室未作出相应的抗浮设计，最终导致地下室底板破裂，是造成该工程质量问题的主要原因，应当承担相应的责任。确认勘察公司承担 25% 的责任比例，应当赔偿发包人的损失合计约 1700 万元。判定设计单位的责任：在工程抗浮设计上存在疏漏，且该疏漏与工程受损之间存在因果关系，故设计公司应当承担相应的责任。考虑到抗浮设计上存在遗漏主要是由于勘察报告缺失相关记载，故设计公司承担 10% 的赔偿责任为宜，应当赔偿发包人的损失合计约 700 万元。

2. 设计原因

常见的设计错误有设计概念错误和设计计算错误两类。设计概念错误如在拱结构的两端未设计抵抗水平推力的构件；按桁架设计计算的构件，荷载没有作用在节点而作用在节间；受力分析概念不清，结构内力计算错误等。设计计算错误如计算时漏算或少算作用于结构上的荷载；计算公式的运用不符合该公式的条件，或者计算参数的选用有误、结构方案和总体布置方案的不合理，影响建筑的安全使用性能，设计承载力计算结果有误，或设计模型考虑不周时，都会降低建筑的安全性和可靠性等。另外还有如对工程地质、水文地质和地基情况了解不全，地基承载力估计过高等。

另外，设计人员在设计时，虽尽量考虑了各种可能影响建筑结构安全和使用的众多因素，但在竣工使用后，每个结构实际上都有自己的特性，也有可能会发生原先的设计构思与实际发生的使用情况不一致。或者不能排除结构本身由于先天不足而出现的各种缺陷。

2018年6月媒体报道武汉市某小区的多位业主反映，刚收房一个月，地下车库里的柱子有的顶端错位，有的顶端钢筋弯曲，有的开裂。同时，车库里有积水，有的地方还漏水，顶棚成了"花脸"。该地区建筑管理站发布的专家查看现场后的初步意见称主楼和地下室结构安全可靠，主要问题是原设计单位没有考虑抗浮设计，导致地下室局部上浮，有柱子开裂，地面漏水较多，对使用功能造成影响。

3. 施工造成的缺陷

房屋结构的缺陷还有很多源于施工质量的隐患。造成这类隐患的原因包括施工队伍能力低、违规使用不合格材料、施工水平低下以及施工过程层层分包转包带来的管理不到位问题。可能表现为：施工质量低劣；如混凝土强度等级低于设计要求，钢筋混凝土结构构件有蜂窝、孔洞、露筋等缺陷，钢筋力学性能不符合设计要求；或砌体砌筑方法不当，造成通缝，空心砌块不按设计要求灌筑混凝土芯柱；或钢结构的焊接质量或焊缝高度达不到设计要求；混凝土的材料来源、配比、施工与养护不当等对混凝土自身及混凝土产品的安全性带来的问题等。

2018年4月，天津市城乡建设委员会对天津某楼盘存在的质量问题进行处理情况通报：该项目个别楼栋存在混凝土强度不符合设计要求的质量问题。项目开发商决定，将该项目全部完成的18栋住宅主体建筑拆除重建。2018年7月，济南某楼盘的部分楼房曾因质量问题被冠以"胶带楼房"之名，其中四栋楼因混凝土强度不达标导致部分楼层的楼板、墙壁等出现严重裂缝，开发商原本想加固处理，但遭到业主反对，后开发商决定拆除重建。

4. 使用不当

由于缺乏对建筑物正确的管理、检查、鉴定、维修、保护和加固的常识所造成的对建筑物管理和使用不当等原因，也会导致不少建筑物出现不应有的早衰。如建筑物使用过程中，未经鉴定、验算或加固任意变更使用用途导致使用荷载大大超载，装修时增加荷载，增设设备等；未经相关单位鉴定或加固即拆除承重构件，造成周围或上部构件承载力不足等；如未经核算就在原有建筑物上加层或对其进行改造，造成原有结构承载力不足，或随意拆除承重墙或墙上开洞等。

2016年3月某大厦顶楼在施工过程中发生坍塌。因屋面增设楼顶花园造成九层部分屋面网架超载引起整体坍塌，整个屋面结构及上部荷载全部坠落于九层楼板，加固时需要对坍塌部位九层楼板、梁、柱及原屋面局部女儿墙进行加固处理，并恢复原屋面网架结构。

2018年7月北京市某大厦发生坍塌。该建筑共5层高，发生坍塌的位置是4层和5层最外围的一排房屋，坍塌面积约150m²。坍塌原因初步认定为，未按照相关建筑标准设计施工，且连日降雨导致已锈蚀的钢结构部件发生垮塌，原结构为主体三层，后来又擅自进行了加层。

5. 改变用途

结构物的用途发生改变的实质内容是结构物的荷载发生了变化，如果是将荷载由小变大，则在改用之前需要进行结构加固。如：写字楼中部分房间改为档案室，普通沿街商铺改为银行，工厂车间改为超市商场，或综合性商场中部分楼层改为影剧院等。

6. 使用环境恶化

建筑物的缺陷还来自恶劣的使用环境，如高温、重载、腐蚀、粉尘、疲劳、潮湿等，在恶劣环境下长期使用，使得材料的性能恶化；在长期的外部及使用环境条件下，结构材料每时每刻都可能受到侵蚀，导致材料状况的恶化，如结构长期受到高温、振动、酸、碱、盐、杂散电流等不利因素作用，引起结构构件的腐蚀性和损伤等，或在生物作用下如微生物、细菌使木材逐渐腐朽等。建筑物维护不当、材料分化、酸雨或周围恶劣的环境是引起结构缺陷和损伤的主要因素，极端情况下可能会完全丧失相应的功能。如果不及时对存在使用隐患的建筑物进行处理，可能会引起不良后果。

据英国《每日邮报》报道，2018年4月14日，印度北部城市阿格拉一栋老旧的三层居民楼在一场大雨后轰然倒塌，原因是楼房地基被数千只老鼠掏空了。倒塌房屋位于一座寺庙旁，该地区以老鼠众多出名。这些老鼠生活在房屋下不断挖洞，不仅挖空地基，还破坏了地下水管道、街道和其他基础设施。

7. 结构的耐久性

建筑结构随着服役时间的增长，受到气候条件、物理化学作用、环境侵蚀等外界因素的影响，结构的性能可能发生退化，结构受到损伤，甚至遭到破坏。如图1-1所示。一般而言，工程材料自身的特性和施工质量是决定结构耐久性的内因，而工程结构所处的环境条件和防护措施则是影响其耐久性的外因，建筑施工过程使用的材料也会随着时间的推移而老化。

图1-1 建筑物损伤

8. 国家规定规范设计标准和要求的变化

随着国家和社会的发展科学技术日趋成熟，社会财富增加，对住房安全的研究也在不断更新。在建筑方案规划前期，不断改变优化标准和方向，在原有建筑的基础上完善要求，确保工程质量的安全可靠性。通过多次修订《建筑抗震设计规范》GB 50011 等规范，对我国建筑业的发展有一定的促进作用。当前国内需求增长十分迅速，按照旧的标准设计的结构已经无法满足未来的需求。对于不满足现行规范的建筑物在进行改造利用时需要进行加固。

9. 地震等灾难性事故原因

灾难性事故包括地震、风暴、龙卷风、滑坡、泥石流等无法预测的灾害，这些灾难性事件对房屋造成巨大的破坏，对建筑物的结构造成不可预知的后果。我国是地震多发国家，地震灾害及造成的人员伤亡均居世界之首。2008 年 5 月 12 日四川汶川 8.0 级地震，是近年来人员伤亡最严重的一次地震。地震中造成大量人员伤亡的主要原因是建筑物的倒塌，需要提高建筑物的抗震能力，即对新建工程按新的抗震设计规范设计建造，对现有房屋进行抗震鉴定，对不满足鉴定要求的房屋进行抗震加固，这是减轻地震灾害行之有效的措施。

我国的地震活动具有分布广，震源浅、强度大，强震的重演周期长的特点，容易在现实生活中忽视地震灾害的威胁。我国自 1974 年才发布第一本《工业与民用建筑抗震设计规范》TJ 11—74，此前建造的大量房屋未考虑抗震设防，并且由于技术和经济方面的原因，我国早期的抗震设防标准低，造成了现存的一批老旧房屋抗震能力低下，亟待进行加固。抗震加固新技术日新月异，传统加固技术不断改进，基础隔震、消能减震技术得到更广泛应用，同时新的加固技术不断涌现，如高延性混凝土、附加子结构、自复位摇摆墙加固技术，并且这些新技术逐步实现工厂预制、现场安装，向绿色、环保方向发展。

10. 综合缺陷

设计缺陷加上施工缺陷还有违规改造，综合后可能会对建筑本身带来致命影响。

联邦德国的柏林会议厅建于 1957 年。屋盖为马鞍形壳顶，使用过程中屋面拱与壳交接处出现裂缝，不断渗水，致使钢筋锈蚀，1980 年 5 月 21 日悬索突然断裂，导致屋盖倒塌。专家的分析结论是：设计问题加上不良的施工共同导致总承载能力降低。每一种缺陷单独出现不会引起结构破坏，但同时出现就导致了大厅的屋盖塌落。

2018 年 2 月 6 日晚间 11 时 50 分，中国台湾省花莲县发生里氏规模 6.0 级地震，花莲县震度 7 级，某大楼于地震发生 8 秒即倒塌，大楼一、二楼旅店旅客及大楼住户未能及时逃出，造成 14 人死亡。原因分析：大楼所有者刘某经营的建设公司并无营造商资格，也没有兴建建筑物的专业技能，为节省工程成本，获取巨额利益，委托建筑师游某负责设计、监造，土木技师陈某在结构计算书上签证。大楼倒塌原因包括因设计缺失，低估静载重等，施工偷工减料部分，设计中梁、柱钢筋量不足约 1/3；建筑师游某为大楼的监造人，未监督营造工程按图施工，未查核建筑材料规格及质量。

2013 年 4 月 24 日发生于孟加拉国达卡市萨瓦乡的一栋 8 层大楼倒塌巨灾，经过 19 天连日搜索，最终于 2013 年 5 月 13 日确定死亡人数达 1127 人、另有约 2500 人受伤，是世界近代史上最惨重的建筑物灾难之一。根据孟加拉国新闻媒体的报道，当地核查人员在 4 月 23 日进行检查时，已经发现大楼表面出现裂缝，随即要求疏散楼内人员且同时永久关闭该大厦。位于下面几层的数家商店和一家银行在得到消息后立即关闭，但服装工厂负责人于隔天要求工人继续上班，并告诉工人大楼建筑并没有安全问题。这栋楼发生倒塌事故的直接原因有以下4点：未经许可擅自建在一个池塘上；未经许可擅自把商业建筑当作工业建筑来使用；未经许可擅自加高三层；擅自使用不符合国家标准的建筑材料（由于发电机产生与楼梯的共鸣振动，加剧了楼层的过载效应）。

材料不合格加上施工不按照规范要求同样可能产生重大质量缺陷。

根据官方媒体通报，2019年5月，湖南某住房城乡建设局在现场检查过程中对某小区C10栋部分混凝土构件质量存疑。通过多家检测单位的多轮检测，鉴定该C10栋12层以上部分混凝土构件强度未达设计要求，还有另一小区13栋21～25层部分混凝土构件强度未达设计要求，该两栋楼使用的混凝土均为同一混凝土供应商。处理方案为未达到强度部分拆除重建，仅C10栋的拆除面积将近11000m²，13栋的总拆除面积将近5000m²。通过专家组对混凝土生产企业和项目现场构件取样试验调查分析，造成混凝土强度不满足设计要求的主要原因是：混凝土原材料进厂无检验，混凝土强度出厂无检测，混凝土用砂为多品种砂混合而成，混合砂的计量比例无控制；施工单位违反国家标准，超时浇筑，随意加水，增大混凝土的水胶比，直接导致混凝土强度降低。

11. 需要对古建筑、历史性建筑进行进一步维护、保护

历史建筑能反映历史风貌和地方时代印记，建筑本身承载了诸多当地的生存、奋斗和发展、变迁历程，具有一定的保护价值。历史建筑和古建筑的保护与加固关系到人类社会物质文明的发展和人类文化遗产的绵延，具有重要的历史文化价值。在我国，随着经济发展和城市化进程的加速，城市面临着越来越大的人口膨胀、交通阻塞、环境污染和基础配套设施不足等压力。城市要发展需要进行持续性再建设和旧城改造，在此过程中如何处理好城市发展与历史建筑保护的关系，实现发展与保护的和谐统一，成为在城市大规模建设和旧城改造时期迫在眉睫的问题。现如今随着对历史建筑重要价值认识的加深和文物保护意识的增强，历史建筑的保护已引起国家和政府的高度重视。《中华人民共和国文物保护法》要求，古文化遗址、古墓葬、古建筑、石窟寺、石刻、壁画、近代现代重要史迹和代表性建筑等不可移动文物，根据它们的历史、艺术、科学价值，可以分别确定为全国重点文物保护单位，省级文物保护单位，市、县级文物保护单位。由于历史建筑大多年代久远，整体性差，抗震性差，因此历史建筑的保护工作，不仅仅局限于建筑学和城市规划等方面的研究，更需要结构工程师提出安全可靠、坚固耐久和抗震性能好的修复加固方案。

图1-2 拖车平移中的修女楼

位于济南市历下区历山路的原天主教方济圣母传教修女会院是近现代重要史迹及代表性建筑，大约建成于1893年，总建筑面积1700m²，总重2600t，为三层砖木结构，是济南市人民政府于2013年确定的济南市第四批文物保护单位。十辆大型液压平板拖车一齐开动，从原址向东平移50m，然后旋转20度继续向北平移26m。图1-2所示是正在平

移中的修女楼。

上海音乐厅原名南京大戏院，始建于 1929 年，是上海市第一批优秀历史建筑、上海市文物保护单位，其建筑风格为欧洲古典主义风格。因后建高架桥与音乐厅超近的距离使音乐厅无法正常发挥演出效果，而且对广场规划改造布局也增加了难度。为了保护此座优秀的历史建筑又不影响规划，2002 年平移 66.38m 后进行全面修缮。同时解决了建筑保护、改善建筑使用功能的环境条件、方便广场总体规划三大问题。

1.3 房屋建筑加固改造的原则

在建筑加固的过程中需要遵循一定的原则。既有建筑的鉴定与加固，应遵循先检测、鉴定，后加固设计、施工与验收的原则。要注意流程、技术、材料等各方面的问题，制定加固方案时，应从建筑物整体角度考虑，按照结构体系总体效应原则，如对某一层的柱子或墙体进行加固时，可能会改变整个结构的动力特性，产生对抗震不利的影响。结构加固方案确定前，必须对已有结构进行检查和鉴定，全面了解已有结构的材料性能、结构构造、结构体系以及结构缺陷及损伤等结构信息，分析结构的受力现状和持力水平，为加固方案的确定奠定基础。为了使得建筑物遇地震时仍具备安全储备，在对建筑物进行承载能力和安全性加固、处理时，应与抗震加固方案结合起来综合考虑。

1. 房屋加固的基本原则

房屋进行结构加固前，应先进行结构检测鉴定，确定是否需要加固以及加固方案。

结构鉴定包括可靠性鉴定和抗震鉴定。可靠性鉴定主要依据国家标准《民用建筑可靠性鉴定标准》GB 50292 和《工业建筑可靠性鉴定标准》GB 50144。重点在结构的安全性和正常使用性。抗震鉴定依据《建筑抗震鉴定标准》GB 50023，重点在房屋的综合抗震能力及整体性。

建筑结构物的检测和可靠性鉴定的目的，是通过科学分析并利用检测手段，按结构设计规范和相应标准要求，评估其继续使用的寿命。为了了解既有房屋结构的安全性、适用性和耐久性是否满足要求，在改造加固前必须要对结构进行检测和鉴定，对其可靠性做出正确的评价。结构鉴定的目的是根据检测的结果，依据现行国家和行业标准，对结构进行验算、分析，找出薄弱环节评价其安全性和耐久性，提出改造、加固的建议。

结构功能的安全性、适用性和耐久性能否达到规定要求，是以结构的两种极限状态来划分的，其中承载力极限状态主要考虑安全性功能，正常使用极限状态主要考虑适用性和耐久性功能，这两种极限状态均规定有明确的标志和限值。按照结构功能的两种极限状态，结构可靠性分为两种鉴定内容，即安全性鉴定（或称为承载力鉴定）和使用性鉴定（或称为正常使用鉴定）。根据不同的鉴定目的和要求，安全性鉴定或使用性鉴定可分别进行，或选择其一进行，或合并为可靠性鉴定。各类别的鉴定有不同的使用范围，按不同要求，选用不同的鉴定类别。

（1）可仅进行安全性鉴定的情况：危房鉴定及各种应急鉴定；房屋改造前的安全检查；临时性房屋需要延长使用期的检查；使用性鉴定中发现有安全问题。

（2）可仅进行使用性鉴定的情况：建筑物日常维护的检查；建筑物使用功能的鉴定；建筑物有特殊使用要求的专门鉴定。

（3）应进行可靠性鉴定的情况：建筑物大修前的全面检查；重要建筑物的定期检查；建筑物改变用途或使用条件的鉴定；建筑物超过设计使用年限继续使用的鉴定；为制定建筑群维修改造规划而进行的普查。

当鉴定评为需要加固处理或更换构件时，根据加固或更换的难易程度、修复价值及加固修复对原建筑功能的影响程度，补充构件的适修性评定，作为工程加固修复决策时的参考或建议。当要确定结构继续使用的寿命时，还可以进一步做结构的耐久性鉴定。

现有建筑抗震加固前应进行抗震鉴定，依据抗震鉴定结果进行抗震加固。对建筑物进行加固之前，应对建筑物的现状进行详细调查，查明建筑物是否存在各种隐患。应根据房屋抗震鉴定报告综合确定加固方案，包括房屋整体加固、局部加固或构件加固。

加固方案应便于施工，尽量减少对生产、生活、环境的影响。应优先考虑外加固，减少对内部活动的干扰。为降低施工影响，宜减少地基基础的加固工程量，多采取提高上部结构抵抗不均匀沉降能力的措施。

依据《既有建筑鉴定与加固通用规范》GB 55021—2021 中规定，既有建筑在下列情况下应进行鉴定：达到设计工作年限需要继续使用；改建、扩建、移位以及建筑用途或使用环境改变前；原设计未考虑抗震设防或抗震设防要求提高；遭受灾害或事故后；存在较严重的质量缺陷或损伤、疲劳、变形、振动影响、毗邻工程施工影响；日常使用中发现安全隐患；有要求需进行质量评价时。既有建筑在下列情况下应进行加固：经安全性鉴定确认需要提高结构构件的安全性；经抗震鉴定确认需要加强整体性、改善构件的受力状况、提高综合抗震能力。既有建筑的鉴定与加固应符合下列规定：既有建筑的鉴定应同时进行安全性和抗震鉴定；既有建筑的加固应进行承载能力加固和抗震能力加固，且应以修复建筑物安全使用功能、延长其工作年限为目标；既有建筑应满足防倒塌的整体牢固性，以及紧急状态时人员从建筑中撤离等安全性应急功能要求。既有建筑的加固必须采用质量合格，符合安全、卫生、环保要求的材料、产品和设备。既有建筑的加固必须按规定的程序进行加固设计；不得将鉴定报告直接用于施工。既有建筑的加固施工必须进行加固工程的施工质量检验和竣工验收；合格后方允许投入使用。

2. 混凝土结构加固原则

《混凝土结构加固构造》13G 311 总结了混凝土结构加固的基本原则：

（1）混凝土构件的加固设计应与实际施工方法紧密结合，采取有效措施，保证新增构件和部件与原结构连接可靠，形成整体共同工作，并应考虑对未加固部分以及相关的结构、构件和地基基础造成的不利影响。

（2）对高温、高湿、低温、冻融、化学腐蚀、振动、温度应力、地基不均匀沉降等影响因素引起的原结构损坏，应在加固设计中提出有效的防治对策，并按设计规定的顺序进行治理和加固。

（3）混凝土结构的加固设计使用年限，应按下列原则确定：

1）结构加固后的使用年限，应由业主和设计单位共同商定。

2）一般情况下，宜按 30 年考虑；到期后，若重新进行的可靠性鉴定认为该结构工作正常，仍可继续延长其使用年限。

3）对使用胶粘方法或掺有聚合物加固的结构、构件，尚应定期检查其工作状态。检查的时间间隔可由设计单位确定，但第一次检查时间不应迟于 10 年。

4）对于有抗震要求的建筑，还应遵循《建筑抗震加固技术规程》JGJ 116—2009 和《建筑抗震鉴定标准》GB 50023—2009 的相关规定。

（4）加固构造措施应满足《混凝土结构设计规范（2015 年版）》GB 50010—2010 的相关规定。有抗震设防要求时，还应满足《建筑抗震设计规范（2016 年版）》GB 50011—2010 的相关规定。

（5）结构加固设计时，应考虑原结构在加固时的实际受力状况，必要时可考虑卸荷加固。

（6）原构件采用增大截面法加固时，混凝土界面（粘合面）经修整露出骨料新面后，尚应采用花锤、砂轮机或高压水射流进行打毛；必要时，也可凿成沟槽。

1）花锤打毛：宜用 1.5～2.5kg 的尖头錾石花锤，在混凝土粘合面上錾出麻点，形成点深约 3mm、点数 600～800 点/m² 的均匀分布；也可錾成点深 4～5mm、间距约 30mm 的梅花形分布。

2）砂轮机或高压水射流打毛：宜采用输出功率不小于 340W 的粗砂轮机或压力符合《建筑结构加固工程施工质量验收规范》GB 50550—2010 要求的水射流，在混凝土粘合面上打出方向垂直于构件轴线、纹深为 3～4mm、间距约 50mm 的横向纹路。

3）人工凿沟槽：宜用尖锐、锋利凿子，在坚实混凝土粘合面上凿出方向垂直于构件轴线、槽深约 6mm、间距为 100～150mm 的横向沟槽。

4）当采用三面或四面新浇混凝土层外包梁、柱时，尚应在打毛同时，凿除截面的棱角。

5）在完成打毛或沟槽后，应用钢丝刷等工具清除原构件混凝土表面松动的骨料、砂砾、浮渣和粉尘，并用清洁的压力水冲洗干净。若采用喷射混凝土加固，宜用压缩空气和水交替冲洗干净。

6）新旧混凝土界面宜涂刷结构界面剂并采用构造钢筋植筋连接。

（7）当加固所用材料有防火、防腐要求时，需采取有效措施进行相应的处理。

（8）未经技术鉴定或设计许可，不得改变加固后结构的用途和使用环境。

3. 砌体结构加固原则

《砖混结构加固与修复》15G 611 总结了砌体结构的加固原则：

（1）砌体结构经可靠性鉴定确认需要加固时，应根据鉴定结论和委托方提出的要求，由有资质的专业技术人员按规范的规定和业主的要求进行加固设计。加固设计的范围，可按整幢建筑物或其中某独立区段确定，也可按指定的结构、构件或连接确定，但均应考虑该结构的整体牢固性，并应综合考虑节约能源与环境保护的要求。

（2）在加固设计中，若发现原砌体结构无圈梁和构造柱，或涉及结构整体牢固性部位无拉结、锚固和必要的支撑，或这些构造措施设置的数量不足，或设置不当，均应在加固设计中，予以补足或加以改造。

（3）加固后砌体结构的安全等级，应根据结构破坏后果的严重性、结构的重要性和加固设计使用年限，由委托方与设计方按实际情况共同商定。

（4）砌体结构的加固设计，应根据结构特点，选择科学、合理的方案，并应与实际施工方法紧密结合，采取有效措施，保证新增构件及部件与原结构连接可靠，新增截面与原截面粘结牢固，形成整体共同工作；并应避免对未加固部分，以及相关的结构、构件和地基基础造成不利的影响。

（5）对高温、高湿、低温、冻融、化学腐蚀、振动、温度应力、地基不均匀沉降等影响因素引起的原结构损坏，应在加固设计中提出有效的防治对策，并按设计规定的顺序进行治理和加固。

（6）砌体结构的加固设计，应综合考虑其技术经济效果，既应避免加固适修性很差的结构，也应避免不必要的拆除或更换。适修性很差的结构，是指其加固总费用达到新建结构总造价70%以上的结构，但不包括文物建筑和其他有历史价值或艺术价值的建筑。

（7）砌体结构在静力荷载作用下承载力不满足要求时，可采用外加面层加固法、外包型钢加固法、粘贴纤维复合材加固法和外加扶壁柱加固法等方法进行加固。

（8）多层砌体房屋抗震承载力不满足要求时，宜选择下列加固方法：

1）拆砌或增设抗震墙：对局部强度过低的原墙体可拆除重砌，重砌和增设抗震墙的结构材料宜采用与原结构相同的砖，也可采用现浇钢筋混凝土。

2）修补和灌浆：对已开裂的墙体，可采用压力灌浆修补；对砌筑砂浆饱满度差且砌筑砂浆强度等级偏低的墙体，可采用满墙灌浆加固。

3）面层或板墙加固：在墙体的一侧或两侧采用水泥砂浆面层、钢筋网砂浆面层、钢绞线网-聚合物砂浆面层或钢筋混凝土板墙加固。

4）外加柱加固：在墙体交接处增设现浇钢筋混凝土构造柱加固。外加柱应与圈梁、拉杆连成整体，或与现浇混凝土楼（屋）盖可靠连接。

5）包角或镶边加固：在柱、墙角或门窗洞边用型钢或钢筋混凝土包角或镶边；柱、墙垛还可用现浇钢筋混凝土套加固。

6）支撑或支架加固：对刚度差的房屋，可增设型钢或钢筋混凝土支撑或支架加固。

（9）多层砌体房屋的整体性不满足要求时，应选择下列加固方法：

1）当墙体布置在平面内不闭合时，可增设墙段或在开口处增设现浇钢筋混凝土框形成闭合。

2）当纵横墙连接较差时，可采用钢拉杆、长锚杆、外加柱或外加圈梁等加固。

3）楼（屋）盖构件支承长度不满足要求时，可增设托梁或采取增强楼（屋）盖整体性的措施；对无下弦的人字屋架应增设下弦拉杆。

4）当构造柱设置不符合鉴定要求时，应增设外加柱；当墙体采用双面钢筋网砂浆面层或钢筋混凝土板墙加固，且在墙体交接处增设相互可靠拉结的配筋加强带时，可不另设构造柱。

5）当圈梁设置不符合鉴定要求时，应增设圈梁；外墙圈梁宜采用现浇钢筋混凝土，内墙圈梁可用钢拉杆或在进深梁端加锚杆代替；当采用双面钢筋网砂浆面层或钢筋混凝土板墙加固，且在楼层上下两端增设配筋加强带时，可不另设圈梁。

6）当预制楼、屋盖不满足抗震鉴定要求时，可增设钢筋混凝土现浇层或增设托梁加固楼、屋盖。

（10）对多层砌体房屋中易倒塌的部位以及内框架和底层框架砖房易倒塌部位不符合鉴定要求时，宜选择下列加固方法：

1）窗间墙宽度过小或抗震能力不满足要求时，可增设钢筋混凝土窗框或采用钢筋网砂浆面层、板墙等加固。

2）支承大梁等的墙段抗震能力不满足要求时，可增设砌体柱、组合柱、钢筋混凝土柱或采用钢筋网砂浆面层、板墙加固。

3）支承悬挑构件的墙体不符合鉴定要求时，宜在悬挑构件端部增设钢筋混凝土柱或砌体组合柱加固，并对悬挑构件进行复核。

4）隔墙无拉结或拉结不牢，可采用镶边、埋设钢夹套、锚筋或钢拉杆加固；当隔墙过长、过高时，可采用钢筋网砂浆面层进行加固。

5）出屋面的楼梯间、电梯间和水箱间不符合鉴定要求时，可采用面层或外加柱加固，其上部应与屋盖构件有可靠连接，下部应与主体结构相连。

6）出屋面的烟囱、无拉结女儿墙、门脸等超过规定的高度时，宜拆除、降低高度或采用型钢、钢拉杆加固。

7）悬挑构件的锚固长度不满足要求时，可加拉杆或采取减少悬挑长度的措施。

（11）当具有明显扭转效应的多层砌体房屋抗震能力不满足要求时，可优先在薄弱部位增设砌砖墙或现浇钢筋混凝土墙，或在原墙加面层。

（12）现有普通黏土砖砌筑的墙厚不大于 180mm 的多层砌体房屋需要继续使用时，应采用双面钢筋网砂浆面层或板墙加固。

（13）底层框架、底层内框架砖房的结构体系以及抗震承载力不满足要求时，可选择下列加固方法：

1）横墙间距符合鉴定要求而抗震承载力不满足要求时，宜对原有墙体采用钢筋网砂浆面层、钢绞线网-聚合物砂浆面层或板墙加固，也可采用增设抗震墙加固。

2）横墙间距超过规定值时，宜在横墙间距内增设抗震墙加固；或对原有墙体采用板墙加固，且同时增强楼盖的整体性和加固钢筋混凝土框架、砖柱混合框架；也可在砖房外增设抗侧力结构，减小横墙间距。

3）钢筋混凝土柱配筋不满足要求时，可采用增设钢构套、现浇钢筋混凝土套、粘贴纤维布、钢绞线网-聚合物砂浆面层等方法加固；也可增设抗震墙减少柱承担的地震作用。

4）当底层框架砖房的框架柱轴压比不满足要求时，可增设钢筋混凝土套加固或按国家标准《建筑抗震设计规范（2016 年版）》GB 50011—2010 的相关规定增设约束箍筋提高体积配箍率。

5）外墙的砖柱（墙垛）承载力不满足要求时，可采用钢筋混凝土外壁柱或内、外壁柱加固；也可增设抗震墙以减少砖柱（墙垛）承担的地震作用。

6）底层框架砖房的底层为单跨框架时，应增设框架柱形成双跨；当底层刚度较弱或有明显扭转效应时，可在底层增设钢筋混凝土抗震墙或翼墙加固；当过渡层刚度、承载力不满足鉴定要求时，可对过渡层的原有墙体采用钢筋网砂浆面层、钢绞线网-聚合物砂浆面层加固或采用其他加固方法加固。

（14）内框架和底层框架砖房整体性不满足要求时，应选择下列加固方法：

1）底层框架、底层内框架砖房的底层楼盖为装配式混凝土楼板时，可增设钢筋混凝土现浇层加固。

2）圈梁布置不符合鉴定要求时，应增设圈梁；外墙圈梁宜采用现浇钢筋混凝土，内墙圈梁可用钢拉杆或在进深梁端加锚杆代替；当墙体采用双面钢筋网砂浆面层或板墙进行加固且在楼层上下两端增设配筋加强带时，可不另设圈梁。

3）当构造柱设置不符合鉴定要求时，应增设外加柱；当墙体采用双面钢筋网砂浆面层或板墙进行加固且在对应位置增设相互可靠拉结的配筋加强带时，可不另设外加柱。

4）外墙四角或内、外墙交接处的连接不符合鉴定要求时，可增设钢筋混凝土外加柱加固。

5）楼（屋）盖构件的支承长度不满足要求时，可增设托梁或采取增强楼（屋）改整体性的措施。

（15）现有的 A 类底层内框架、单排柱内框架房屋需要继续使用时，应在原壁柱处增设钢筋混凝土柱形成梁柱固接的结构体系或改变结构体系。

（16）单层砖柱厂房和单层空旷房屋的砖柱（墙垛）抗震承载力不满足要求时，可选择下列加固方法：

1）抗震设防烈度为 6、7 度时或抗震承载力低于要求在 30％ 以内的轻屋盖房屋，可采用钢构套加固。

2）乙类设防，或抗震设防烈度为 8、9 度的重屋盖房屋或延性、耐久性要求高的房屋，宜采用钢筋混凝土壁柱或钢筋混凝土套加固。

3）除上述两种情况，可采用增设钢筋网面层与原有柱（墙垛）形成面层与原有柱（墙垛）形成面层组合柱加固。

4）独立砖柱房屋的纵向，可采用增设到顶的柱间抗震墙加固。

（17）单层砖柱厂房和单层空旷房屋的整体性连接不符合鉴定要求时，应选择下列加固方法：

1）屋盖支撑布置不符合鉴定要求时，应增设支撑。

2）构件的支承长度不满足要求或连接不牢固时，可增设支托或采取加强连接的措施。

3）墙体交接处连接不牢固或圈梁布置不符合鉴定要求时，可增设圈梁。

4）大厅与前后厅、附属房屋的连接不符合鉴定要求时，可增设圈梁。

5）舞台口大梁支承部位不符合鉴定要求时，可采用增设钢筋网砂浆面层组合柱、钢筋混凝土壁柱等加固方法。

（18）单层砖柱厂房和单层空旷房屋的局部结构构件或非结构构件不符合鉴定要求时，应选择下列加固方法：

1）舞台的后墙平面外稳定性不符合鉴定要求时，可增设壁柱、工作平台、天桥等构件增强其稳定性。

2）悬挑式挑台的锚固不符合鉴定要求时，宜采用增设壁柱减少悬挑长度或增设拉杆等加固方法。

3）高大的山墙山尖不符合鉴定要求时，可采用轻质隔墙替换。

4）砌体隔墙不符合鉴定要求时，可将砌体隔墙与承重构件间改为柔性连接。

5）舞台口大梁上部的墙体、女儿墙、封檐墙不符合鉴定要求时，宜降低高度或采用角钢、钢筋混凝土竖杆加固。

1.4 房屋建筑加固改造的流程

加固后建筑物的后续使用年限一般为 30 年。结构加固工作流程一般包括：原结构检测一可靠性鉴定和抗震鉴定—加固方案选择—加固施工图设计—施工图审查—施工—竣工验收。

（1）建筑结构检测

工程结构检测就是通过一定的设备，应用一定的技术，采集一定的数据，把所采集的数据按照一定的程序通过一定的方法进行处理，从而得到所检对象的某些特征值的过程。工程结构检测包括检查、测量和判定三个基本过程，其中检查与测量是工程检测最核心的内容，判定是目的，是在检查与测量的基础上进行的。

（2）原结构鉴定

原结构可靠性鉴定。既有结构加固前，应根据鉴定的原因和要求，确定可靠性鉴定的目的、范围和内容。通过收集资料、调查建筑结构现状，确定结构的安全性和使用性等级。

原结构抗震鉴定。根据各类建筑结构的特点、结构布置、构造和抗震承载力等因素，采用相应的鉴定方法，进行综合抗震能力分析并做出评价。对不符合抗震鉴定要求的建筑提出相应的抗震减灾对策和处理意见。

（3）加固方案选择

应根据结构鉴定结论，结合该结构特点及加固施工条件，按安全可靠、经济合理原则确定。加固方案宜结合维修改造，并宜根据原结构的具体特点和技术经济条件的分析，采用新技术、新材料。加固方法应便于施工，并应减少对建筑正常使用功能的影响。结构的静力加固着重于提高结构构件的承载能力；抗震加固着重于提高结构的延性和增强房屋的整体性；地基基础加固成本较高，施工复杂，宜采取措施不动或少动地基基础。

（4）加固设计

加固构件处理不仅要满足新加构件自身的构造要求，还应考虑其与原结构构件的连接，对承载力的计算要注意新加部分与原结构构件的协同工作。

（5）加固施工和验收

加固施工应采取措施避免或减少损伤原结构构件。发现原结构或相关工程隐蔽部位的构造有严重缺陷时，应会同加固设计单位采取有效处理措施后，方可继续施工。对可能导致的倾斜或局部倒塌等现象，应预先采取安全措施。所有埋入原结构构件的植筋、锚栓及螺杆，钻孔时均不得切断和损伤原钢筋。

质量检验和工程验收。结构加固施工前应按设计要求及结构特点编制施工组织设计，施工严格按相应工艺标准进行质量控制，并按国家标准《建筑结构加固工程施工质量验收规范》GB 50550—2010 进行质量检验和工程验收。

1.5 房屋建筑加固改造的意义

（1）建筑物加固改造可以提高结构的可靠性和延长建筑物寿命

地震时人员伤亡，主要是不符合抗震要求的房屋垮塌造成的。进行抗震加固后，能够满足建筑物抗震和后续使用年限的需求。能够延长结构的寿命，每栋建筑物都有其规定的使用年限，一旦既有建筑超过正常使用年限，其安全性能已不能满足居住要求，采取相应的加固措施可延长建筑物的安全使用寿命。

（2）建筑物加固可以扩展结构的用途

既有建筑改变使用功能时，如增加荷载、大修等，可以通过加固改造，满足结构安全的前提下使其具备所需的使用功能，如教学楼改为图书室、仓库改为食堂、车间改为超市等。建筑物用途的改变实质内容是结构物的荷载发生了变化，如果荷载由小变大，在改用之前需要进行结构加固，加固后的建筑可以满足新的用途。

（3）建筑加固改造可以保护和节约社会资源

当具有历史风貌价值的建筑与城市规划冲突时，可采用建筑平移技术，结合功能性的改造提升，最大限度地保护原有建筑物的历史价值。在城市高速建设和发展过程中，若对历史建筑的重要价值没有足够系统的认识，缺乏具体保护措施，可能导致成片的历史街区渐渐消失，原有的大量历史建筑大幅度减少。如原建成于1912年具有典型日耳曼风格的济南老火车站是当时远东地区最著名的火车站，该建筑于1992年由于阻碍了济南新火车站规划建设被拆除，引起了广泛的争议。

思 考 与 练 习

一、简答题

1. 房屋建筑加固改造的市场需求体现在哪里？

2. 房屋建筑加固改造的原因可能有哪些？

3. 简述房屋建筑加固改造的流程。

二、综合分析题

某项目主体结构完工后，开发商委托检测中心检测后发现各层混凝土强度均满足原设计要求，各层楼板板面支座处负弯矩钢筋普遍存在下移偏位且部分钢筋间距存在偏差现象，后委托加固设计单位在板面支座部位采用粘贴碳纤维的方法进行了全面加固处理，并要求施工单位赔偿全部损失。施工单位不服，提起诉讼，要求进行司法鉴定。诉讼标的为"鉴定对象已完工部分楼板质量（楼板厚度、板面钢筋保护层厚度、楼板钢筋间距）是否符合相关国家或行业规范？是否对楼板安全产生影响？是否必须对该类楼板采用专业加固措施？"受委托进行司法鉴定的机构按照检测标准进行检测，发现板面负弯矩钢筋保护层厚度普遍超厚且绝大部分为正偏差，检测结果与法院提供的检测中心数据基本一致。随机抽取部分进行开凿检测，量取板面负弯矩钢筋直径均满足要求。现场检测中，所抽检楼板均未发现明显裂缝。

讨论：是否必须对该类楼板采用专业加固措施？

第 2 章　房屋建筑加固工程计价方法及计价依据

2.1　工 程 计 价 方 法

2.1.1　工程计价的基本原理

工程计价是指按照法律、法规和标准规定的程序、方法和依据，对工程项目实施建设阶段的工程造价及其构成内容进行预测和确定的行为。工程计价依据是指在工程计价活动中，所要依据的与计价内容、计价方法和价格标准相关的工程计量计价标准、工程计价定额及工程造价信息等。

工程造价的计价分为工程计量和工程计价两个环节。

工程计量工作包括工程项目的划分和工程量的计算。工程项目的划分在编制工程概算或预算时，主要是按工序内容进行项目的划分，编制工程量清单时主要是按照清单工程量计算规范规定的清单项目进行划分。工程量的计算是按照工程项目的划分和工程量计算规则，根据不同的设计文件对工程实物量进行计算。

工程计价包括工程单价的确定和总价的确定。工程单价是完成单位工程基本构造单元的工程量所需要的基本费用。目前《建设工程工程量清单计价规范》GB 50500—2013 中采用的综合单价包括：人工费、材料费、机械费、管理费和利润，此单价未包含规费、税金等；当把规费和税金计入后即形成全费用综合单价。总价是指经过取费或逐级汇总形成的全部工程价格。

2.1.2　工程计价的两种模式

住房和城乡建设部、财政部联合印发了《建筑安装工程费用项目组成》（建标〔2013〕44 号），房屋加固工程的计价模式也基本按此执行。结合自 2018 年 1 月 1 日起施行的《中华人民共和国环境保护税法》，把原来规费中的"工程排污费"修改为"环境保护税"。结合财政部、国家税务总局《关于全面推开营业税改征增值税试点的通知》（财税〔2016〕36 号），把"营业税"修改为"增值税"。列出下面常用的两种计价模式。

1. 加固工程费用项目组成（按费用构成要素划分）

加固工程费用按照费用构成要素划分：由人工费、材料费、施工机具使用费、企业管理费、利润、规费和税金组成。

（1）人工费

人工费是指按工资总额构成规定，支付给从事建筑安装工程施工的生产工人和附属生产单位工人的各项费用。内容包括：

1）计时工资或计件工资：是指按计时工资标准和工作时间或对已做工作按计件单价支付给个人的劳动报酬。

2）奖金：是指对超额劳动和增收节支支付给个人的劳动报酬。如节约奖、劳动竞赛奖等。

3）津贴补贴：是指为了补偿职工特殊或额外的劳动消耗和因其他特殊原因支付给个人的津贴，以及为了保证职工工资水平不受物价影响支付给个人的物价补贴。如流动施工津贴、特殊地区施工津贴、高温（寒）作业临时津贴、高空津贴等。

4）加班加点工资：是指按规定支付的在法定节假日工作的加班工资和在法定日工作时间外延时工作的加点工资。

5）特殊情况下支付的工资：是指根据国家法律、法规和政策规定，因病、工伤、产假、计划生育假、婚丧假、事假、探亲假、定期休假、停工学习、执行国家或社会义务等原因按计时工资标准或计时工资标准的一定比例支付的工资。

（2）材料费

材料费是指施工过程中耗费的原材料、辅助材料、构配件、零件、半成品或成品、工程设备的费用。内容包括：

1）材料原价：是指材料、工程设备的出厂价格或商家供应价格。

2）运杂费：是指材料、工程设备自来源地运至工地仓库或指定堆放地点所发生的全部费用。

3）运输损耗费：是指材料在运输装卸过程中不可避免的损耗。

4）采购及保管费：是指为组织采购、供应和保管材料、工程设备的过程中所需要的各项费用。包括采购费、仓储费、工地保管费、仓储损耗。

工程设备是指构成或计划构成永久工程一部分的机电设备、金属结构设备、仪器装置及其他类似的设备和装置。

（3）施工机具使用费

施工机具使用费是指施工作业所发生的施工机械、仪器仪表使用费或其租赁费。

施工机械使用费：以施工机械台班耗用量乘以施工机械台班单价表示，施工机械台班单价应由下列七项费用组成：

1）折旧费：指施工机械在规定的使用年限内，陆续收回其原值的费用。

2）大修理费：指施工机械按规定的大修理间隔台班进行必要的大修理，以恢复其正常功能所需的费用。

3）经常修理费：指施工机械除大修理以外的各级保养和临时故障排除所需的费用。包括为保障机械正常运转所需替换设备与随机配备工具附具的摊销和维护费用，机械运转中日常保养所需润滑与擦拭的材料费用及机械停滞期间的维护和保养费用等。

4）安拆费及场外运费：安拆费指施工机械（大型机械除外）在现场进行安装与拆卸所需的人工、材料、机械和试运转费用以及机械辅助设施的折旧、搭设、拆除等费用；场外运费指施工机械整体或分体自停放地点运至施工现场或由一施工地点运至另一施工地点的运输、装卸、辅助材料及架线等费用。

5）人工费：指机上司机（司炉）和其他操作人员的人工费。

6）燃料动力费：指施工机械在运转作业中所消耗的各种燃料及水、电等。

7）税费：指施工机械按照国家规定应缴纳的车船使用税、保险费及年检费等。

仪器仪表使用费：是指工程施工所需使用的仪器仪表的摊销及维修费用。

（4）企业管理费：是指建筑安装企业组织施工生产和经营管理所需的费用。内容包括：

1）管理人员工资：是指按规定支付给管理人员的计时工资、奖金、津贴补贴、加班加点工资及特殊情况下支付的工资等。

2）办公费：是指企业管理办公用的文具、纸张、账表、印刷、邮电、书报、办公软件、现场监控、会议、水电、烧水和集体取暖降温（包括现场临时宿舍取暖降温）等费用。

3）差旅交通费：是指职工因公出差、调动工作的差旅费、住勤补助费、市内交通费和误餐补助费，职工探亲路费，劳动力招募费，职工退休、退职一次性路费，工伤人员就医路费，工地转移费以及管理部门使用的交通工具的油料、燃料等费用。

4）固定资产使用费：是指管理和试验部门及附属生产单位使用的属于固定资产的房屋、设备、仪器等的折旧、大修、维修或租赁费。

5）工具用具使用费：是指企业施工生产和管理使用的不属于固定资产的工具、器具、家具、交通工具和检验、试验、测绘、消防用具等的购置、维修和摊销费。

6）劳动保险和职工福利费：是指由企业支付的职工退职金、按规定支付给离休干部的经费，集体福利费、夏季防暑降温、冬季取暖补贴、上下班交通补贴等。

7）劳动保护费：是企业按规定发放的劳动保护用品的支出。如工作服、手套、防暑降温饮料以及在有碍身体健康的环境中施工的保健费用等。

8）检验试验费：是指施工企业按照有关标准规定，对建筑以及材料、构件和建筑安装物进行一般鉴定、检查所发生的费用，包括自设试验室进行试验所耗用的材料等费用。不包括新结构、新材料的试验费，对构件做破坏性试验及其他特殊要求检验试验的费用和建设单位委托检测机构进行检测的费用，对此类检测发生的费用，由建设单位在工程建设其他费用中列支。但对施工企业提供的具有合格证明的材料进行检测不合格的，该检测费用由施工企业支付。

9）工会经费：是指企业按《中华人民共和国工会法》规定的全部职工工资总额比例计提的工会经费。

10）职工教育经费：是指按职工工资总额的规定比例计提，企业为职工进行专业技术和职业技能培训、专业技术人员继续教育、职工职业技能鉴定、职业资格认定以及根据需要对职工进行各类文化教育所发生的费用。

11）财产保险费：是指施工管理用财产、车辆等的保险费用。

12）财务费：是指企业为施工生产筹集资金或提供预付款担保、履约担保、职工工资支付担保等所发生的各种费用。

13）税金：是指企业按规定缴纳的房产税、车船使用税、土地使用税、印花税等。

14）其他：包括技术转让费、技术开发费、投标费、业务招待费、绿化费、广告费、公证费、法律顾问费、审计费、咨询费、保险费等。

（5）利润：是指施工企业完成所承包工程获得的盈利。

（6）规费：是指按国家法律、法规规定，由省级政府和省级有关权力部门规定必须缴纳或计取的费用。包括：社会保险费、住房公积金和环境保护税。

社会保险费是指企业按照规定标准为职工缴纳的基本养老保险费、失业保险费、基本医疗保险费、生育保险费和工伤保险费。

住房公积金是指企业按规定标准为职工缴纳的住房公积金。

环境保护税是指按规定缴纳的施工现场工程的排污费。

其他应列而未列入的规费，按实际发生计取。

（7）税金：是指国家税法规定的应计入工程造价内的增值税。

2.加固工程费用项目组成（按造价形成划分）

加固工程费用按照工程造价形成由分部分项工程费、措施项目费、其他项目费、规费、税金组成，分部分项工程费、措施项目费、其他项目费包含人工费、材料费、施工机具使用费、企业管理费和利润。

（1）分部分项工程费：是指各专业工程的分部分项工程应予列支的各项费用。

（2）措施项目费：是指为完成建设工程施工，发生于该工程施工前和施工过程中的技术、生活、安全、环境保护等方面的费用。内容包括：

1）安全文明施工费

环境保护费：是指施工现场为达到环保部门要求所需要的各项费用。

文明施工费：是指施工现场文明施工所需要的各项费用。

安全施工费：是指施工现场安全施工所需要的各项费用。

临时设施费：是指施工企业为进行建设工程施工所必须搭设的生活和生产用的临时建筑物、构筑物和其他临时设施费用。包括临时设施的搭设、维修、拆除、清理费或摊销费等。

2）夜间施工增加费：是指因夜间施工所发生的夜班补助费、夜间施工降效、夜间施工照明设备摊销及照明用电等费用。

3）二次搬运费：是指因施工场地条件限制而发生的材料、构配件、半成品等一次运输不能到达堆放地点，必须进行二次或多次搬运所发生的费用。

4）冬雨季施工增加费：是指在冬季或雨季施工需增加的临时设施、防滑、排除雨雪，人工及施工机械效率降低等费用。

5）已完工程及设备保护费：是指竣工验收前，对已完工程及设备采取的必要保护措施所发生的费用。

6）工程定位复测费：是指工程施工过程中进行全部施工测量放线和复测工作的费用。

7）特殊地区施工增加费：是指工程在沙漠或其边缘地区、高海拔、高寒、原始森林等特殊地区施工增加的费用。

8）大型机械设备进出场及安拆费：是指机械整体或分体自停放场地运至施工现场或由一个施工地点运至另一个施工地点，所发生的机械进出场运输及转移费用及机械在施工现场进行安装、拆卸所需的人工费、材料费、机械费、试运转费和安装所需的辅助设施的费用。

9）脚手架工程费：是指施工需要的各种脚手架搭、拆、运输费用以及脚手架购置费的摊销（或租赁）费用。

措施项目及其包含的内容在各类专业工程的现行国家或行业计量规范中有规定。

（3）其他项目费

暂列金额是指建设单位在工程量清单中暂定并包括在工程合同价款中的一笔款项。用于施工合同签订时尚未确定或者不可预见的所需材料、工程设备、服务的采购，施工中可能发生的工程变更、合同约定调整因素出现时的工程价款调整以及发生的索赔、现场签证确认等的费用。

计日工是指在施工过程中，施工企业完成建设单位提出的施工图纸以外的零星项目或工作所需的费用。

总承包服务费是指总承包人为配合、协调建设单位进行的专业工程发包，对建设单位自行采购的材料、工程设备等进行保管以及施工现场管理、竣工资料汇总整理等服务所需的费用。

（4）规费：社会保险费、住房公积金、环境保护税以及其他。

（5）税金：增值税。

3. 加固工程费用参考计算方法

（1）各费用构成要素参考计算方法如下：

1）人工费

人工费＝Σ（工日消耗量×日工资单价）

$$日工资单价 = \frac{生产工人平均月工资（计时、计件）＋平均月（奖金＋津贴补贴＋特殊情况下支付的工资）}{年平均每月法定工作日}$$

日工资单价是指施工企业平均技术熟练程度的生产工人在每工作日（国家法定工作时间内）按规定从事施工作业应得的日工资总额。

此计算方法可用于施工企业投标报价时自主确定人工费，也是工程造价管理机构编制计价定额确定定额人工单价或发布人工成本信息的参考依据。

2）材料费

① 材料费

材料费＝Σ（材料消耗量×材料单价）

材料单价＝［（材料原价＋运杂费）×（1＋运输损耗率）］×（1＋采购保管费率）

② 工程设备费

工程设备费＝Σ（工程设备量×工程设备单价）

工程设备单价＝（设备原价＋运杂费）×（1＋采购保管费率）

3）施工机具使用费

① 施工机械使用费

施工机械使用费＝Σ（施工机械台班消耗量×机械台班单价）

机械台班单价＝台班折旧费＋台班大修费＋台班经常修理费＋台班安拆费及场外运费＋台班人工费＋台班燃料动力费＋台班车船税费

工程造价管理机构在确定计价定额中的施工机械使用费时，应根据《建筑施工机械台班费用计算规则》结合市场调查编制施工机械台班单价。施工企业可以参考工程造价管理机构发布的台班单价，自主确定施工机械使用费的报价，如租赁施工机械，施工机械使用费＝Σ（施工机械台班消耗量×机械台班租赁单价）

② 仪器仪表使用费

仪器仪表使用费＝工程使用的仪器仪表摊销费＋维修费

4）企业管理费费率

① 以分部分项工程费为计算基础

$$企业管理费费率 = \frac{生产工人年平均管理费}{年有效施工天数 \times 人工单价} \times 人工费占分部分项工程费比例 \times$$

100%

② 以人工费和机械费合计为计算基础

$$企业管理费费率 = \frac{生产工人年平均管理费}{年有效施工天数 \times (人工单价 + 每一工日机械使用费)} \times 100\%$$

③ 以人工费为计算基础

$$企业管理费费率 = \frac{生产工人年平均管理费}{年有效施工天数 \times 人工单价} \times 100\%$$

上述公式适用于施工企业投标报价时自主确定管理费，是工程造价管理机构编制计价定额确定企业管理费的参考依据。工程造价管理机构在确定计价定额中企业管理费时，应以定额人工费或（定额人工费＋定额机械费）作为计算基数，其费率根据历年工程造价积累的资料，辅以调查数据确定，列入分部分项工程和措施项目中。

5）利润

施工企业根据企业自身需求并结合建筑市场实际自主确定，列入报价中。

工程造价管理机构在确定计价定额中利润时，应以定额人工费或（定额人工费＋定额机械费）作为计算基数，其费率根据历年工程造价积累的资料，并结合建筑市场实际确定，以单位（单项）工程测算，利润在税前建筑安装工程费的比重可按不低于5%且不高于7%的费率计算。利润应列入分部分项工程和措施项目中。

6）规费

社会保险费和住房公积金应以定额人工费为计算基础，根据工程所在地省、自治区、直辖市或行业建设主管部门规定费率计算。

社会保险费和住房公积金 = Σ（工程定额人工费 × 社会保险费和住房公积金费率）

式中：社会保险费和住房公积金费率可以每万元发承包价的生产工人人工费和管理人员工资含量与工程所在地规定的缴纳标准综合分析取定。

环境保护税等其他应列而未列入的规费应按工程所在地环境保护等部门规定的标准缴纳，按实计取列入。

7）税金

税金按纳税地点现行税率计算。目前建筑业适用的增值税税率为9%。

一般计税法的税金计算公式：税金 = 税前造价 × 税率

（2）建筑安装工程计价参考公式如下：

1）分部分项工程费

分部分项工程费 = Σ（分部分项工程量 × 综合单价）

式中：综合单价包括人工费、材料费、施工机具使用费、企业管理费和利润以及一定范围的风险费用。

2）措施项目费

国家计量规范规定应予计量的措施项目，其计算公式为：

措施项目费 = Σ（措施项目工程量 × 综合单价）

国家计量规范规定不宜计量的措施项目计算方法如下：

① 安全文明施工费

$$安全文明施工费＝计算基数×安全文明施工费费率$$

计算基数应为定额基价（定额分部分项工程费＋定额中可以计量的措施项目费）、定额人工费或（定额人工费＋定额机械费），其费率由工程造价管理机构根据各专业工程的特点综合确定。

② 夜间施工增加费

$$夜间施工增加费＝计算基数×夜间施工增加费费率$$

③ 二次搬运费

$$二次搬运费＝计算基数×二次搬运费费率$$

④ 冬雨季施工增加费

$$冬雨季施工增加费＝计算基数×冬雨季施工增加费费率$$

⑤ 已完工程及设备保护费

$$已完工程及设备保护费＝计算基数×已完工程及设备保护费费率$$

上述②～⑤项措施项目的计费基数应为定额人工费或（定额人工费＋定额机械费），其费率由工程造价管理机构根据各专业工程特点和调查资料综合分析后确定。

3）其他项目费

暂列金额由建设单位根据工程特点，按有关计价规定估算，施工过程中由建设单位掌握使用、扣除合同价款调整后如有余额，归建设单位。

计日工由建设单位和施工企业按施工过程中的签证计价。

总承包服务费由建设单位在招标控制价中根据总包服务范围和有关计价规定编制，施工企业投标时自主报价，施工过程中按签约合同价执行。

4）规费和税金

规费和税金均应项目所在地按照省、自治区、直辖市或行业建设主管部门发布标准计算，不得作为竞争性费用。

建设单位在编制招标控制价时，应按照各专业工程的计量规范和计价定额以及工程造价信息编制。施工企业在使用计价定额时除不可竞争费用外，其余仅作参考，由施工企业投标时自主报价。

2.2 加固工程的工程量清单计价

目前，还没有专门的房屋建筑加固部分的工程量清单计量规范，下面先简要介绍一般房屋建筑与装饰工程采用工程量清单计价时应用的《建设工程工程量清单计价规范》GB 50500。

工程量清单是载明建设工程分部分项工程项目、措施项目、其他项目的名称和相应数量以及规费、税金项目等内容的明细清单。招标人依据国家标准、招标文件、设计文件以及施工现场实际情况编制的，随招标文件发布供投标报价的工程量清单，称为招标工程量清单，而作为投标文件组成部分的已标明价格并经承包人已确认的工程量清单，称为已标价工程量清单。

1. 工程量清单计价的适用范围

清单计价规范适用于建设工程发承包及实施阶段的计价活动，包括：招标工程量清单、招标控制价、投标报价的编制，工程合同价款的约定，竣工结算的办理以及施工过程中的工程计量、合同价款支付、施工索赔与现场签证、合同价款调整和合同价款争议的解决等活动。使用国有资金投资的建设工程发承包，必须采用工程量清单计价。非国有资金投资的建设工程，宜采用工程量清单计价。不采用工程量清单计价的建设工程，应执行清单和规范除工程量清单等专门性规定外的其他规定。

2. 工程量清单编制

招标工程量清单应由具有编制能力的招标人或受其委托、具有相应资质的工程造价咨询人编制。招标工程量清单必须作为招标文件的组成部分，其准确性和完整性应由招标人负责。招标工程量清单是工程量清单计价的基础，应作为编制招标控制价、投标报价、计算或调整工量、索赔等的依据之一。招标工程量清单应以单位（项）工程为单位编制，应由分部分项工程项目清单、措施项目清单、其他项目清单、规费和税金项目清单组成。

编制招标工程量清单应依据：计价规范和相关工程的国家计量规范；国家或省级、行业建设主管部门颁发的计价定额和办法；建设工程设计文件及相关资料；与建设工程有关的标准、规范、技术资料；拟定的招标文件；施工现场情况、地勘水文资料、工程特点及常规施工方案；其他相关资料。

（1）分部分项工程项目清单

分部工程是单项或单位工程的组成部分，是按结构部位、路段长度及施工特点或施工任务将单项或单位工程划分为若干分部的工程；分项工程是分部工程的组成部分，是按不同施工方法、材料、工序及路段长度等将分部工程划分为若干个分项或项目的工程。

分部分项工程项目清单必须载明项目编码、项目名称、项目特征、计量单位和工程量。分部分项工程项目清单必须根据相关工程现行国家计量规范规定的项目编码、项目名称、项目特征、计量单位和工程量计算规则进行编制。

1）项目编码

项目编码是分部分项工程和措施项目清单名称的阿拉伯数字标识。清单的项目编码以五级编码设置，应采用十二位阿拉伯数字表示，一、二、三、四级编码为全国统一，即一至九位应按相关工程量清单计算规范附录的规定设置；第五级即十至十二位为清单项目编码，应根据拟建工程的工程量清单项目名称设置，同一招标工程的项目编码不得有重码，这三位清单项目编码由招标人针对招标工程项目具体编制，并应自001起顺序编制。各级编码代表的含义如下：

第一级表示专业工程代码（第1、2位）。01：房屋建筑与装饰工程；02：仿古建筑工程；03：通用安装工程；04：市政工程；05：园林绿化工程；06：矿山工程；07：构筑物工程；08：城市轨道交通工程；09：爆破工程。

第二级表示附录分类顺序码（第3、4位）。

第三级表示分部工程顺序码（第5、6位）。

第四级表示分项工程项目名称顺序码（第7、8、9位）。

2）项目名称

项目名称应按相关工程量计算规范的规定并结合拟建工程实际确定编写。各专业计算规范附录表中的"项目名称"为分项工程项目名称，是形成分部分项工程项目清单项目名称的基础。在编制分部分项工程项目清单时，以附录中的分项工程项目名称为基础，考虑项目的规格、型号、材质等特征要求，结合拟建工程的实际情况，是其工程量清单项目名称具体化、细化，以反映影响工程造价的主要因素。清单项目名称应表达详细、准确，各专业工程量计算规范中的分项工程项目名称没有的，招标人可做补充。

3）项目特征

项目特征是构成分部分项工程项目、措施项目自身价值的本质特征。是对项目的准确描述，是确定一个清单项目综合单价必不可少的重要依据，是区分清单项目依据。应按相关工程量计算规范的规定，结合技术规范、标准图集、施工图纸，按照工程结构、使用材质及规格或安装位置等予以详细而准确的表述和说明。

工程量清单项目特征是用来表述分部分项清单项目的实质内容，用于区分计价规范中同一清单条目下各个具体的清单项目。由于工程量清单项目的特征决定了工程实体的实质内容。必然直接决定工程实体的自身价值，工程量清单项目特征描述得准确与否，直接关系到工程量清单项目综合单价是否可以准确确定；如果工程量清单项目特征的描述不清甚至漏项、错误，从而引起在施工过程中的更改，都会引起分歧，导致纠纷。

在各专业工程工程量计算规范附录中还有关于各清单项目"工程内容"的描述。工程内容是指完成清单项目可能发生的具体工作和操作程序，但应注意的是，在编制分部分项工程项目清单时，工程内容往往无需描述。因为在工程量计算规范中，工程量清单项目与工程量计算规则、工程内容有一一对应关系。

4）计量单位

计量单位应按照相关工程量计算规范规定的计量单位确定。相关工程量计算规范中清单项目有两个或两个以上计量单位的，应选择最适宜表现该项目特征并方便计量的方式决定其中一个填写。工程量的有效位数应遵守下列规定：

① 以"吨"为计量单位的应保留小数点三位，第四位小数四舍五入；

② 以"立方米""平方米""米""千克"为计量单位的应保留小数点二位，第三位小数四舍五入；

③ 以"项""个"为计量单位的应取整数。

5）工程量的计算

工程数量主要通过工程量计算规则计算得到。工程量计算规则是指对清单项目工程量计算的规定。除另有说明外，所有清单项目的工程量应以实体工程量为准，并以完成后的净值计算；投标人投标报价时，应在单价中考虑施工中的各种损耗和需要增加的工程量。

6）补充项目

在房屋建筑加固工程中，经常会出现在工程量计算规范附录所列的工程量清单项目不可能包含的项目，在编制工程量清单时，需要编制补充项目。

补充项目的编码应按工程量计算规范的规定确定。具体做法如下：补充项目的编码由工程量计算规范的代码与 B 和三位阿拉伯数字组成，并应从 001 起顺序编制，如房屋建筑与装饰工程如需补充项目，则其编码应从 01B001 开始其顺序编制，同一招标工程的项目不得重码。在工程量清单中应附补充项目的项目名称、项目特征、计量单位、工程量计算规则和工作内容。

房屋建筑加固工程有其特殊性，对有些加固子目，施工内容和程序较多，在编制该项目的补充清单时，需要对项目特征的描述进行详细、准确、完整的描述，以便投标人能清楚知道该清单子目的报价内容。

（2）措施项目清单

措施项目是指为完成工程项目施工，发生于该工程施工准备和施工过程中的技术、生活、安全、环境保护等方面的项目。措施项目清单必须根据相关工程现行国家计量规范的规定编制，并应根据拟建工程的实际情况列项。

1）单价措施项目

措施项目中列出了项目编码、项目名称、项目特征、计量单位、工程量计算规则的项目，编制工程量清单时，应按照分部分项工程的规定执行。

单价项目是指在工程量清单中以单价计价的项目，即根据合同工程图纸（含设计变更）和相关工程现行国家计量规范规定的工程量计算规则进行计量，与已标价工程量清单相应综合单价进行价款计算的项目。如：脚手架工程、混凝土模板及支架（撑）、垂直运输、超高施工增加、大型机械设备进出场及安拆、施工排水、降水等。

2）总价措施项目

措施项目中仅列出项目编码、项目名称，未列出项目特征、计量单位和工程量计算规则的项目，编制工程量清单时，应按本规范附录 S 措施项目规定的项目编码、项目名称确定。

总价项目是指在工程量清单中以总价计价的项目，即此类项目在相关工程现行国家计量规范中无工程量计算规则，以总价（或计算基础乘费率）计算的项目。如安全文明施工费、二次搬运费、夜间施工增加费、冬雨季施工增加费、已完工程及设备保护费等。

（3）其他项目清单

其他项目清单是指除分部分项工程项目清单、措施项目清单所包含的内容以外，因招标人的特殊要求而发生的与拟建工程有关的其他费用项目和相应数量的清单。一般包括：暂列金额、暂估价（包括材料暂估单价、工程设备暂估单价、专业工程暂估价）、计日工、总承包服务费。

1）暂列金额

暂列金额是招标人在工程量清单中暂定并包括在合同价款中的一笔款项。用于工程合同签订时尚未确定或者不可预见的所需材料、工程设备、服务的采购，施工中可能发生的工程变更、合同约定调整因素出现时的合同价款调整以及发生的索赔、现场签证确认等的费用。暂列金额应根据工程特点按有关计价规定估算。

2）暂估价

暂估价是招标人在工程量清单中提供的用于支付必然发生但暂时不能确定价格的材料、工程设备的单价以及专业工程的金额。

暂估价中的材料、工程设备暂估单价应根据工程造价信息或参照市场价格估算，列出明细表；专业工程暂估价应分不同专业，按有关计价规定估算，列出明细表。

3）计日工

计日工是在施工过程中，承包人完成发包人提出的工程合同范围以外的零星项目或工作，按合同中约定的单价计价的一种方式。

计日工应列出项目名称、计量单位和暂估数量。

4）总承包服务费

总承包服务费是总承包人为配合协调发包人进行的专业工程发包，对发包人自行采购的材料、工程设备等进行保管以及施工现场管理、竣工资料汇总整理等服务所需的费用。

总承包服务费应列出服务项目及其内容等。

（4）规费项目清单

规费项目清单应按照下列内容列项：社会保险费（包括养老保险费、失业保险费、医疗保险费、工伤保险费、生育保险费）、住房公积金、环境保护税等。未列的项目，应根据省级政府或省级有关部门的规定列项。

（5）税金项目清单

税金项目清单应包括增值税。出现计价规范未列的项目，应根据税务部门的规定列项。

3. 招标控制价编制

招标控制价是招标人根据国家或省级、行业建设主管部门颁发的有关计价依据和办法，以及拟定的招标文件和招标工程量清单，结合工程具体情况编制的招标工程的最高投标限价。国有资金投资的建设工程招标，招标人必须编制招标控制价。招标控制价应由具有编制能力的招标人或受其委托具有相应资质的工程造价咨询人编制和复核。工程造价咨询人接受招标人委托编制招标控制价，不得再就同一工程接受投标人委托编制投标报价。招标控制价应按照计价规范规定的依据编制，不应上调或下浮。当招标控制价超过批准的概算时，招标人应将其报原概算审批部门审核。招标人应在发布招标文件时公布招标控制价，同时应将招标控制价及有关资料报送工程所在地或有该工程管辖权的行业管理部门工程造价管理机构备查。

招标控制价应根据下列依据编制与复核：计价规范；国家或省级、行业建设主管部门颁发的计价定额和计价办法；建设工程设计文件及相关资料；拟定的招标文件及招标工程量清单；与建设项目相关的标准、规范、技术资料；施工现场情况、工程特点及常规施工方案；工程造价管理机构发布的工程造价信息，当工程造价信息没有发布时，参照市场价；其他的相关资料。

（1）分部分项工程费

分部分项工程费为清单工程量与综合单价相乘后的合价。综合单价中应包括招标文件中划分的应由投标人承担的风险范围及其费用。

综合单价应包括人工费、材料费、施工机具使用费、管理费和利润，并考虑一定范围的风险。应根据拟定的招标文件和招标工程量清单项目中的特征描述及有关要求确定综合单价计算。

（2）措施项目费

能够计算工程量的单价措施项目费为清单工程量与综合单价相乘后的合价。综合单价的组成同分部分项工程。

不能计算工程量的措施项目中的总价项目为计算基数乘以相应费率的合价，应根据拟定的招标文件和常规施工方案综合考虑。

（3）其他项目费

其他项目应按下列规定计价：

1）暂列金额应按招标工程量清单中列出的金额填写；

2）暂估价中的材料、工程设备单价应按招标工程量清单中列出的单价计入综合单价；

3）暂估价中的专业工程金额应按招标工程量清单中列出的金额填写；

4）计日工应按招标工程量清单中列出的项目根据工程特点和有关计价依据确定综合单价计算；

5）总承包服务费应根据招标工程量清单列出的内容和要求估算。

（4）规费和税金

规费和税金必须按国家或省级、行业建设主管部门的规定计算，不得作为竞争性费用。

4. 投标报价编制

投标价应由投标人或受其委托具有相应资质的工程造价咨询人编制。投标人自主确定投标报价。投标报价不得低于工程成本。投标人必须按招标工程量清单填报价格。项目编码、项目名称、项目特征、计量单位、工程量必须与招标工程量清单一致。投标人的投标报价高于招标控制价的应予废标。

投标报价根据下列依据编制和复核：计价规范；国家或省级、行业建设主管部门颁发的计价办法；企业定额，国家或省级、行业建设主管部门颁发的计价定额和计价办法；招标文件、招标工程量清单及其补充通知、答疑纪要；建设工程设计文件及相关资料；施工现场情况、工程特点及投标时拟定的施工组织设计或施工方案；与建设项目相关的标准、规范等技术资料；市场价格信息或工程造价管理机构发布的工程造价信息；其他的相关资料。

（1）分部分项工程费

分部分项工程费为清单工程量与综合单价相乘后的合价。综合单价中应包括招标文件中划分的应由投标人承担的风险范围及其费用，招标文件中没有明确的，应提请招标人明确。

综合单价应包括人工费、材料费、施工机具使用费、管理费和利润，并考虑一定范围的风险。应根据拟定的招标文件和招标工程量清单项目中的特征描述及有关要求确定综合单价计算。

（2）措施项目费

能够计算工程量的单价措施项目费为清单工程量与综合单价相乘后的合价。综合单价的组成同分部分项工程。

不能计算工程量的措施项目中的总价项目为计算基数乘以相应费率的合价，应根据招标文件及投标时拟定的施工组织设计或施工方案自主确定。其中安全文明施工费必须按国家或省级、行业建设主管部门的规定计算，不得作为竞争性费用。

（3）其他项目费

其他项目应按下列规定计价：

1）暂列金额应按招标工程量清单中列出的金额填写；

2）材料、工程设备暂估价应按招标工程量清单中列出的单价计入综合单价；

3）专业工程暂估价应按招标工程量清单中列出的金额填写；

4）计日工应按招标工程量清单中列出的项目和数量，自主确定综合单价并计算计日工金额；

5）总承包服务费应根据招标工程量清单中列出的内容和提出的要求自主确定。

（4）规费和税金

规费和税金必须按国家或省级、行业建设主管部门的规定计算，不得作为竞争性费用。

报价中应注意的是：招标工程量清单与计价表中列明的所有需要填写单价和合价的项目，投标人均应填写且只允许有一个报价。未填写单价和合价的项目，可视为此项费用已包含在已标价工程量清单中其他项目的单价和合价之中。当竣工结算时，此项目不得重新组价予以调整。投标总价应当与分部分项工程费、措施项目费、其他项目费和规费、税金的合计金额一致。

2.3　一般计价法与简易计价法

1. 纳税人资格的区分

纳税人分为一般纳税人和小规模纳税人。财政部、税务总局《关于统一增值税小规模纳税人标准的通知》（财税〔2018〕33）号的规定：增值税小规模纳税人标准为年应征增值税销售额 500 万元及以下。

2. 计税方法的区分

一般纳税人发生应税行为适用一般计税方法；小规模纳税人发生应税行为适用简易计税法计税。一般纳税人根据财税文件规定，建筑工程总承包单位为房屋建筑的地基与基础、主体结构提供工程服务，建设单位自行采购全部或部分钢材、混凝土、砌体材料、预制构件的，也可以选用简易计税办法计税。

3. 税率的区分

建筑业一般计税法适用增值税率为 9%；简易计税法按征收率征税，增值税征收率为 3%。

4. 纳税方法的区分

一般纳税人发生应税行为适用一般计税方法计税的，应纳税额是指当期销项税额抵扣当期进项税额后的余额，应纳税额计算公式为：

$$应纳税额＝当期的销项税额－当期进项税额$$

当期销项税额小于当期进项税额不足抵扣时，其不足部分可以结转下期继续抵扣。

简易计税法计税的项目，进项税额不得从销项税额中抵扣。

$$应纳税额＝含税的(人材机＋管理费＋利润＋规费)价格×3\%$$

5. 工程计价方法的主要区别

一般计税法计价时，人工、材料、机械均按除税价（不含增值税可抵扣进项税额的价格）进入造价；简易计税法计价时，人工、材料、机械均按含税价进入造价。

2.4　加固工程工程量清单计价案例分析

2.4.1　一般计税法案例

某单位办公楼的楼面粘贴碳纤维加固。原板面无装饰面层。粘贴单层碳纤维每条宽

100mm，净间距100mm，端部采用单层碳纤维压条（宽度100mm）固定，实际铺贴的面积为215m²。铺贴完后表面不考虑防护，采用一般计税法，该市行业主管部门规定工程的安全文明施工费按分部分项工程和单价措施项目费合计的4.2%计取；规费按分部分项工程、措施项目费、其他项目费之和的6%计取；上述费用均不包含增值税可抵扣进项。编制此项目的工程量清单并报价。

1. 工程量清单的编制

《房屋建筑与装饰工程工程量计算规范》GB 50854中没有关于碳纤维粘贴的清单，这里采用补充清单的方式。工程量计算规则：按碳纤维的单层实贴面积以平方米为单位计算。编制的分部分项工程量清单见表2-1。

分部分项工程工程量清单与计价表 表2-1

序号	项目编码	项目名称	项目特征	计量单位	工程数量	金额（元）		
						综合单价	合价	其中：暂估价
1	01B001	板面粘贴碳纤维	1. 基层清理打磨； 2. 粘贴单层； 3. 碳纤维规格：300g/m²	m²	215.00			

2. 工程量清单投标报价的编制

因该投标报价企业没有自己的企业定额，报价时借用了工程所在地建设行政主管部门颁布的现行《房屋修缮工程计价依据——预算定额》中的土建工程预算定额（第一册土建结构工程）。工程量计算规则：按实贴面积以平方米为单位计算。定额消耗量见表2-2。该定额中给出了项目的人工、材料、机械的消耗量并给出了相应的除税单价。

该定额中的价格是2012年预算定额给出的，单价存在了一定的滞后性，实际报价时应根据市场变动、人工单价上涨等调整单价，本案例按人工单价120元/工日，碳纤维布300g/m²的单价为203.4元/m²（增值税率为13%），浸入胶、找平胶的单价为56.5元/kg（增值税率为13%），底胶62.15元/kg（增值税率为13%），以上材料价格均为含税价格，其他使用表格中的价格。

需要说明的是：上面给出的报价单价均为含增值税的单价，采用一般计税法时，应首先换算为不含税人工、材料、机械费单价。这里使用的机械费暂按不含税考虑。

碳纤维布300g/m²的除税单价=203.4/(1+13%)=180元/m²

浸入胶、找平胶的除税单价=56.5/(1+13%)=50元/kg

底胶的除税单价=62.15/(1+13%)=55元/kg

报价工程量根据定额计算规则，计算出来也是215m²。管理费和利润分别按人工费的30%和20%计取。综合单价的计算过程如下：

每平方米综合单价的计算可采用"倒算法"，先形成合价，再计算综合单价，过程如下：

人工费=120×0.830×215=21414元

材料费=(180×1.0200+50×0.8000+50×0.1000+55×0.2000+1.80)×215=51901元

碳纤维消耗量定额　单位：m²　表 2-2

定额编号					5-143	5-145
项目					粘贴碳纤维布　混凝土板	
					单层	每增一层
					300g	300g
基价（元）					269.24	220.15
其中	人工费（元）				68.14	32.84
	材料费（元）				199.20	186.60
	机械费（元）				1.90	0.71
	名称		单位	单价（元）	数量	
人工	870007	综合工日	工日	82.10	0.830	0.400
材料	150282	碳纤维布 200g/m²	m²	120.00	—	—
	150283	碳纤维布 300g/m²	m²	150.00	1.0200	1.0200
	110638	浸入胶	kg	40.00	0.8000	0.8000
	110639	找平胶	kg	40.00	0.1000	—
	110640	底胶	kg	42.00	0.2000	—
	840004	其他材料费	元	1.80	1.80	1.60
机械	888810	中小型机械费	元	0.51	0.51	0.04
	840023	其他机具费	元	1.39	1.39	0.67

机械费＝（0.51＋1.39）×215＝408.5 元

管理费＝120×0.830×215×30％＝6424.2 元

利润＝120×0.830×215×20％＝4282.8 元

合价＝21414＋51901＋408.5＋6424.2＋4282.8＝84430.5 元

综合单价＝84430.5/215＝392.7 元/m²

也可采用"正算法"，即先计算综合单价，再计算合价，过程如下：

每平方米碳纤维清单工程量所含施工工程量：215/215＝1.00

人工费＝120×0.830＝99.6 元

材料费＝180×1.0200＋50×0.8000＋50×0.1000＋55×0.2000＋1.80＝241.40 元

机械费＝0.51＋1.39＝1.90 元

管理费＝120×0.830×30％＝29.88 元

利润＝120×0.830×20％＝19.92 元

综合单价＝99.6＋241.40＋1.90＋29.88＋19.92＝392.7 元/m²

编制的综合单价分析表和分部分项工程量清单计价表分别见表 2-3、表 2-4。

该市行业主管部门规定工程的安全文明施工费按分部分项工程和单价措施项目费合计的 4.2％计取；其他总价措施费率按分部分项工程人工费的 10％考虑，规费按分部分项工程及措施项目费的 6％计取。编制的单位工程投标报价汇总表见表 2-5。

安全文明施工费＝84430.5×4.2％＝3546.08（元）

措施项目费＝3546.08＋21414×10％＝5687.48（元）

规费＝(84430.5＋5687.48)×6％＝5407.08(元)

增值税＝(84430.5＋5687.48＋5407.08)×9％＝8597.26(元)

碳纤维布综合单价分析表　　　　　　　　　　　　表 2-3

项目编码	01B001	项目名称	板面粘贴碳纤维	计量单位	m²	工程量	215.00

清单综合单价组成明细

定额编号	定额名称	定额单位	数量	单价（元）				合价（元）			
				人工费	材料费	施工机具使用费	管理费和利润	人工费	材料费	施工机具使用费	管理费和利润
5-143	粘贴碳纤维布混凝土板	m²	1.00	99.60	241.40	1.90	49.80	99.60	241.40	1.90	49.80
人工单价		小　计						99.60	241.40	1.90	49.80
120元/工日		未计价材料（元）						—			
清单项目综合单价（元/ m²）								392.70			

材料费明细	主要材料名称、规格、型号	单位	数量	单价（元）	合价（元）	暂估单价（元）	暂估合价（元）
	碳纤维布 300g/m²	m²	1.0200	180.00	183.60		
	浸入胶	kg	0.8000	50.00	40.00		
	找平胶	kg	0.1000	50.00	5.00		
	底胶	kg	0.2000	55.00	11.00		
	其他材料费（元）			—	1.80		
	材料费小计（元）			—	241.40		

分部分项工程工程量清单与计价表　　　　　　　表 2-4

序号	项目编码	项目名称	项目特征	计量单位	工程数量	金额（元）		
						综合单价	合价	其中：暂估价
1	01B001	板面粘贴碳纤维	1. 基层清理打磨； 2. 粘贴单层； 3. 碳纤维规格：300g/m²	m²	215.00	392.7	84430.5	

单位工程投标报价汇总表　　　　　　　表 2-5

序号	汇总内容	金额（元）
1	分部分项工程费	84430.5
2	措施项目费	5687.48
2.1	其中：安全文明施工费	3546.08
3	其他项目	0
4	规费	5407.08
5	增值税	8597.26
投标报价合计＝1＋2＋3＋4＋5		104122.32

2.4.2　简易计税法案例

案例背景同 2.4.1 的内容，编制的清单亦相同，下面采用简易计税法进行投标报价。

需要说明的是：简易计税法采用的材料单价均为含增值税的单价。这里机械费的综合税率按 10% 考虑。管理费和利润分别为人工费的 29% 和 19%。

按"正算法"，即先计算综合单价，再计算合价，过程如下：

每平方米碳纤维清单工程量所含施工工程量：215/215＝1.00

人工费＝120×0.830＝99.6 元

材料费＝203.4×1.0200＋56.5×0.8000＋56.5×0.1000＋62.15×0.2000＋1.80＝272.55 元

机械费＝(0.51＋1.39)×(1＋10%)＝2.09 元

管理费＝120×0.830×29%＝28.88 元

利润＝120×0.830×19%＝18.92 元

编制的综合单价分析表和分部分项工程量清单计价表分别见表 2-6、表 2-7。

碳纤维布综合单价分析表　　　　　　　　　　　表 2-6

项目编码	01B001	项目名称	板面粘贴碳纤维		计量单位	m²	工程量	215.00

<table>
<tr><th colspan="9">清单综合单价组成明细</th></tr>
<tr><th rowspan="2">定额编号</th><th rowspan="2">定额名称</th><th rowspan="2">定额单位</th><th rowspan="2">数量</th><th colspan="4">单价（元）</th><th colspan="4">合价（元）</th></tr>
</table>

定额编号	定额名称	定额单位	数量	人工费	材料费	施工机具使用费	管理费和利润	人工费	材料费	施工机具使用费	管理费和利润
5-143	粘贴碳纤维布混凝土板	m²	1.00	99.60	272.55	2.09	47.80	99.60	272.55	2.09	47.80
人工单价		小　计						99.60	272.55	2.09	47.80
120 元/工日		未计价材料（元）						—			
清单项目综合单价（元/m²）								422.04			

	主要材料名称、规格、型号	单位	数量	单价（元）	合价（元）	暂估单价（元）	暂估合价（元）
材料费明细	碳纤维布 300g/m²	m²	1.0200	203.4	207.47		
	浸入胶	kg	0.8000	56.50	45.20		
	找平胶	kg	0.1000	56.50	5.65		
	底胶	kg	0.2000	62.15	12.43		
	其他材料费（元）			—	1.80		
	材料费小计（元）			—	272.55		

分部分项工程工程量清单与计价表　　　　　　　　　表 2-7

序号	项目编码	项目名称	项目特征	计量单位	工程数量	综合单价	合价	其中：暂估价
1	01B001	板面粘贴碳纤维	1. 基层清理打磨； 2. 粘贴单层； 3. 碳纤维规格：300g/m²	m²	215.00	422.04	90738.60	

简易计税法下，该市行业主管部门规定工程的安全文明施工费按分部分项工程和单价措施项目费合计的 3.9% 计取；其他总价措施费率按分部分项工程人工费的 8% 考虑，规费按分部分项工程及措施项目费的 5.6% 计取。单位工程投标报价汇总表见表 2-8。

安全文明施工费 = 90738.6 × 3.9% = 3538.81(元)

措施项目费 = 3538.81 + 21414 × 8% = 5251.93(元)

规费 = (90738.60 + 5251.93) × 5.6% = 5375.47(元)

增值税 = (90738.60 + 5251.93 + 5375.47) × 3% = 3040.98(元)

单位工程投标报价汇总表   表 2-8

序 号	汇 总 内 容	金 额（元）
1	分部分项工程费	90738.60
2	措施项目费	5251.93
2.1	其中：安全文明施工费	3538.81
3	其他项目	0
4	规费	5375.47
5	增值税	3040.98
投标报价合计 = 1+2+3+4+5		104406.98

通过对同一分部分项工程的报价可知，对于一般计税和简易计税法适用的情况有区别，两种计税方法的差别除了税率不同，主要在于组价流程中的人、材、机、管理费、利润、规费等的价格是否含税。另外应注意的是：一般计税法中 9% 的税金是销项税额（不是应纳税额），而简易计税法中 3% 的征收率是应纳税额。

2.5 房屋建筑加固改造工程计价特点

2.5.1 影响加固工程价格的因素

（1）工程量对价格的影响

工程量的大小对单价影响较大，有很多工程的加固内容包含多项，如有梁粘钢、梁加大截面、板面加后浇层等，但加固量较小，加固部位相对分散，人工、机械降效较多、管理成本加大，其分摊占用的进退场费，材料二次倒运、搬运费用较大。如某个板底部位仅新增加一架梁，其混凝土、模板、钢筋、脚手架等的施工费用也无法完全按照新建工程的某些项目来考虑和对比人材机的消耗。

（2）施工环境对价格的影响

加固工程受工程项目施工环境影响较大，这也会直接影响到工程价格，如在正在运行的车间中施工，不能影响车间的正常运行，还要保证施工质量，对人员的进出、材料的场地堆放都有严格的限制，极大地影响施工的效率。有些商场加固改造，商场白天需要营业，所有的施工只能放在晚上，进出、安保、防护费用都会大幅度增加。有的项目仅屋顶加固，材料的二次运输、垂直运输费用会增加很多。所以同一种加固方法在不同的项目中其价格也可能差别很大，改造部位多在环境较为受限的区域施工，如装修较好的楼房内、正在使用的办公室内等，这些环境受限的区域，其施工维护费用、人材机的降效费用等都较大。

（3）技术风险对单价的影响

建筑物的平移、旋转、顶升、迫降、地基纠倾、结构改造、加固补强等有些需要特殊工艺进行施工，并且对施工技术、过程监测等要求较高，如平移施工对下轨道平整度的要求、在建筑物切割分离时的整体变形监测、整个移位过程的变形监测、是否平移同步的控制等；对平移中的滑动或滚动装置可能还会用到某些专利技术等；加固改造中的静力切割、植筋效果、结构粘钢胶的耐久性问题都可能对价格产生影响。

（4）材料来源对价格的影响

加固改造常用的材料除了普通的混凝土、钢筋、模板外，还有常用的加固材料，如：植筋胶、粘钢胶、灌注胶、高强灌浆料、碳纤维布等，这些材料的价格与其技术指标、品牌、质量、采购量等关系较大。目前市场上各种加固材料的市场价格差别较大，产品质量也参差不齐，这些主要的加固材料的价格对加固项目费用有很大影响。

（5）管理费用对价格的影响

根据《建筑企业资质》特种专业资质并不分等级，目前的加固公司较多，加固市场的竞争也较为激励，在投标竞价时的有些价格并不能完全反映每个公司真正的管理水平和技术能力，加固公司规模相对较小，除了依托科研院校的一些加固公司可能具备较强的技术研发力量、技术专利外，大多数的加固公司还不具备规范的质量安全管理体系，人员少、流动性大，但往往竞价时报出了低的价格，这也在一定程度上造成了市场的不规范，大公司的管理成本相对较高，影响了加固项目的报价。

2.5.2 加固工程造价编审应注意的重点

（1）项目特征的内容描述应全面、准确。因为加固工程施工工序和新建工程差别较大，目前还没有专门的加固改造工程的工程量清单计量规范，在应用工程量清单计价方式进行招投标时，编制的工程量清单项目特征应能全面体现该分部分项工程的所有施工内容，准确反映各个工序的可能影响价格的所有因素。

（2）选用加固材料对价格、质量的影响。加固所用的主要材料，如植筋胶、结构粘钢胶、灌注胶、碳纤维布、高强灌浆料等材料应注意设计对技术参数的要求，材料质量的好坏直接影响到加固构件的耐久性。应进行合理的市场询价和对品牌产品的优先选用。

（3）图纸未明确显示但可能会实际发生的费用。如影响加固施工的楼地面、吊顶、墙柱面装饰等的拆除图纸中一般不会明确画出，但是实际施工时又会发生。又如高压线的挪移、地下施工管道、电缆等的防护挪移需要其他行业专业队伍施工，会影响项目的工期等。

（4）应熟悉施工方法、施工工艺对造价的影响。设计图纸中体现的是需要加固改造施工的内容，实际的施工方法和施工工艺、施工环境限制、人工机械的降效都会极大影响造价。

思 考 与 练 习

一、简答题

1. 简述房建加固项目建安工程费用按费用构成要素和造价形成的组成。

2. 简述工程量清单的组成。

3. 简述其他项目清单的组成和报价依据。

4. 简述一般计税法与简易计税法的区别。

5. 简述影响加固工程造价的因素。

6. 加固工程与新建工程在造价方面有哪些差异？

二、综合分析题

某建筑物有 20 根梁采用加大截面方法加固，采用水泥基高强灌浆料。清单工程量与定额工程量均为 15.2m³。相应省定额中每立方米人材机的定额消耗量见表 2-9，报价时采用人工单价为 150 元/工日，水泥基高强灌浆料市场材料含税单价均为 4500 元/m³（增值税率为 13%），管理费和利润率分别为人工费的 30% 和 20%。措施项目费按全部分部分项工程的省价人工费的 5% 计取，暂列金额为分部分项工程费用的 10% 计取，规费为（分部分项工程费＋措施项目费＋其他项目费）的 7% 计取，以上价格除灌浆料材料单价为含税单价外，其他均为除税价格，按一般计税法，建安工程项目的增值税税率为 9%。

梁加大截面定额　单位：m³ 表 2-9

定额编号		5-22	5-23	5-24
项目		梁增大截面		
		现拌混凝土	预拌混凝土	水泥基灌浆料
名称	单位	消耗量		
人工 综合工日	工日	3.498	3.394	4.246
材料 C30 普通混凝土	m³	1.0200	—	—
C30 预拌混凝土	m³	—	1.0200	—
水泥基灌浆料	m³	—	—	1.0200
其他材料费	元	7.28	9.58	10.50
机械 中小型机械费	元	4.02	4.14	5.02
其他机具费	元	10.32	9.04	10.76

问题：（1）按一般计税方法计算的每立方米 5-24 梁增大截面采用水泥基灌浆料的不含税的人材机的费用为多少？计算过程和结果填入表 2-10 中。

（2）按一般计税方法列式计算该项目梁增大截面采用水泥基灌浆料的综合单价。

（3）计算该梁增大截面项目的投标报价填入表 2-11 中。

人材机费用计算表 表 2-10

名称	计算式	金额（元/m³）
人工费		
材料费		
施工机具使用费		
人材机之和		

投标报价计算表   表 2-11

名称	列出计算式	金额（元）
分部分项工程费		
措施项目费		
其他项目费		
规费		
税金		
投标报价合计		

第3章　房屋建筑工程加固方法和加固技术

3.1　混凝土结构加固方法

3.1.1　增大截面加固

1. 增大截面加固法的概念

增大截面加固法是指增大原构件截面面积或增配钢筋，以提高其承载力、刚度和稳定性，或改变其自振频率的一种直接加固法。适用范围较广，用于梁、板、柱、墙等构件及一般构筑物的加固，特别是原截面尺寸显著偏小及轴压比明显偏高的构件加固。优点是有长期的使用经验，施工简单，适应性强。缺点是湿作业多，施工期长，构件尺寸的增大可能影响使用功能和其他构件的受力性能。

2. 增大截面加固法的相关知识

《既有建筑鉴定与加固通用规范》GB 55021—2021 中规定，钢筋混凝土构件增大截面加固的构造应符合下列规定：新增混凝土层的最小厚度，板不应小于 40mm；梁、柱不应小于 60mm；加固用的钢筋，应采用热轧带肋钢筋；新增受力钢筋与原受力钢筋的净间距不应小于 25mm，并应采用短筋或箍筋与原钢筋焊接；当截面受拉区一侧加固时，应设置 U 形箍筋，并应焊在原主筋上，单面（双面）焊的焊缝长度应为主筋直径的 10 倍（5 倍）；当用混凝土围套加固时，应设置环形箍筋或加锚式箍筋；当受构造条件限制而采用植筋方式埋设 U 形箍时，应采用锚固型结构胶种植；新增纵向钢筋应采取可靠的锚固措施。

混凝土结构增大截面加固法的施工程序：清理、修整原结构、构件；安装新增钢筋（包括种植箍筋）并与原钢筋、箍筋连接；界面处理；安装模板；浇筑混凝土；养护及拆模；施工质量检验。

混凝土构件增大截面工程的施工程序与一般现浇混凝土相比增加了清理、修整原结构、构件，原钢筋与新增钢筋的连接以及原构件界面处理等工序。这些工序对保证新增截面与原截面的共同工作至关重要。界面处理的质量直接关系到增大截面部分与原构件之间的界面能否结合良好，加固后的结构、构件是否具有可靠的共同工作性能。原构件表面的糙化（打毛）处理不论是否采用结构界面胶（剂），均不得省去此工序。

原构件露筋（包括混凝土已有纵向裂缝处的钢筋）部分，应进行除锈和防锈处理。对锈蚀严重的钢筋，尚应会同设计单位进行补筋。至于除锈、补筋后是否还需进行防锈（阻锈）处理，视实际情况而定，若设计单位认为有必要在补浇混凝土中掺加阻锈剂，但不得在新浇混凝土中采用亚硝酸盐类阻锈剂，因为原构件表面经机械打毛或凿槽后，虽曾经过一次清洗，但若施工作业人员稍有疏忽，仍有可能遗留一些影响新旧混凝土粘结强度的局部缺陷、损伤或污垢；倘若表面处理后未立即进入涂刷界面胶（剂）的工序，也可能出现新的污垢或其他问题。

采用增大截面加固法时，新增截面部分，可用现浇混凝土、自密实混凝土或喷射混凝土浇筑而成。也可用掺有细石混凝土的水泥基灌浆料灌注而成。可根据实际情况和条件选用人工浇筑、喷射技术或自密实技术进行施工。采用增大截面加固法时，原构件混凝土表面应经处理，设计文件应对所采用的界面处理方法和处理质量提出要求。一般情况下，除混凝土表面应予打毛外，尚应采取涂刷结构界面胶、种植剪切销钉或增设剪力键等措施，以保证新旧混凝土共同工作。新旧混凝土界面处理应符合《混凝土结构加固设计规范》GB 50367—2013 的相关规定。原构件混凝土界面（粘合面）经修整露出骨料新面后，尚应采用花锤、砂轮机或高压水射流进行打毛；必要时，也可凿成沟槽。应用钢丝刷等工具清除原构件混凝土表面松动的骨料、砂砾、浮渣和粉尘，并用清洁的压力水冲洗干净。原构件混凝土的界面，应按设计文件的要求涂刷结构界面胶（剂）。对板类原构件，除涂刷界面胶（剂）外，尚应锚入直径不小于 6mm 的剪切销钉；销钉的锚固深度应取板厚的 2/3；其间距不大于 300mm；边距应不小于 70mm。

新增混凝土层的最小厚度，板不应小于 40mm；梁、柱，采用现浇混凝土、自密实混凝土或灌浆料施工时，不应小于 60mm，采用喷射混凝土施工时，不应小于 50mm。加固用的钢筋，应采用热轧钢筋。板的受力钢筋直径不应小于 8mm；梁的受力钢筋直径不应小于 12mm；柱的受力钢筋直径不应小于 14mm；加锚式箍筋植筋不应小于 8mm；U 形箍直径应与原箍筋直径相同；分布筋直径不应小于 6mm。新增受力钢筋与原受力钢筋的净间距不应小于 25mm，并应采用短筋或箍筋与原钢筋焊接。其构造应符合下列规定：当新增受力钢筋与原受力钢筋的连接采用短筋焊接时，短筋的直径不应小于 25mm，长度不应小于其直径的 5 倍，各短筋的中距不应大于 500mm；当截面受拉区一侧加固时，应设置U 形箍筋，U 形箍筋应焊在原有箍筋上，单面焊的焊缝长度应为箍筋直径的 10 倍，双面焊的焊缝长度应为箍筋直径的 5 倍；当用混凝土围套加固时，应设置环形箍筋或加锚式箍筋；当受构造条件限制而需采用植筋方式埋设 U 形箍时，应采用锚固型结构胶种植，不得采用未改性的环氧类胶粘剂和不饱和聚酯类的胶粘剂种植，也不得采用无机锚固剂（包括水泥基灌浆料）种植。梁的新增纵向受力钢筋，其两端应可靠锚固；柱的新增纵向受力钢筋的下端应伸入基础并应满足锚固要求；上端应穿过楼板与上层柱脚连接或在屋面板处封顶锚固。

加大截面施工时，新增受力钢筋、箍筋以及各种锚固件、预埋件等与原构件的正确连接与安装，是确保新增截面与原截面安全而可靠地协同工作的最重要一环。施工时，必须严格遵守现行国家标准《混凝土结构加固设计规范》GB 50367 和《混凝土结构工程施工质量验收规范》GB 50204 的规定和要求，才能使这种加固方法获得成功。例如：若不控制新增受力钢筋与原构件受力钢筋的净距就难以保证新浇混凝土的密实性；若不控制连接短筋的中距就很难使新增钢筋能可靠地与原钢筋协同工作等等。又如：新增截面采用 U形箍筋时，U 形箍与原构件的连接有两种方法：一种是 U 形箍与原箍筋焊接；另一种是将箍筋植入原构件。现行设计规范推荐最为可靠的焊接，只有当构造条件受限制时，才允许采用植筋方式进行间接的连接。

养护条件对新增混凝土强度的增长有着重要的影响。在结构加固施工过程中，应根据原材料品种、配合比、浇筑部位和季节等实际情况，制订合理的施工技术方案，采取有效的养护措施，以保证新增混凝土强度正常增长。混凝土浇筑完毕后，应符合下列规定：在浇筑完毕后应及时对混凝土加以覆盖并在 12h 以内开始浇水养护；混凝土浇水养护的时间：对采用硅酸盐水泥、普通硅酸盐水泥或矿渣硅酸盐水泥拌制的混凝土，不得少于 7d；对掺用缓凝剂或有抗渗要求的混凝土，不得少于 14d；浇水次数应能保持混凝土处于湿润状态；混凝土养护用水的水质应与拌制用水相同；采用塑料布覆盖养护的混凝土，其敞露的全部表面应覆盖严密，并应保持塑料布内表面有凝结水；混凝土强度达到 1.2MPa 前，不得在其上踩踏或安装模板及支架。

3.1.2 置换混凝土加固方法

在土建工程中，局部置换混凝土工法的应用十分广泛，它既可用于新建工程混凝土质量不合格的返修处理，也可用于已有混凝土结构受冻害、介质腐蚀、火灾烧损以及地震、强风和人为破坏后的修复。

1. 置换混凝土加固法的概念

置换混凝土加固法是指剔除原构件低强度或有缺陷区段的混凝土，同时浇筑同品种但强度等级较高的混凝土进行局部增强，使原构件的承载力得到恢复的一种直接加固法。适用于受压区混凝土强度偏低或有严重缺陷的梁、柱、墙等承重构件的加固；使用中受损伤、高温、冻害、侵蚀的构件加固；由于施工差错引起局部混凝土强度不能满足设计要求的构件加固。优点是结构加固后能恢复原貌，不影响使用空间。缺点是新旧混凝土的粘结能力较差，剔凿易伤及原构件的混凝土及钢筋，湿作业期长。

2. 置换混凝土加固法的相关知识

《既有建筑鉴定与加固通用规范》GB 55021—2021 中规定：采用置换法局部加固受压区混凝土强度偏低或有严重缺陷的混凝土构件，当加固梁式构件时，应对原构件进行支顶；当加固柱、墙等构件时，应对原结构、构件在施工全过程中的承载状态进行验算、监测和控制；应采取措施保证置换混凝土的协同工作；混凝土结构构件置换部分的截面处理及粘结质量，应满足按整体截面计算的要求。

置换混凝土的构造应符合下列规定：混凝土的置换深度应满足规范规定；置换长度应按混凝土强度和缺陷的检测及验算结果确定，但对非全长置换的情况，其两端应分别延伸不小于 100mm 的长度。

设计的一般规定：置换用混凝土的强度等级应比原构件混凝土提高一级，且不应低于 C25。混凝土的置换深度，板不应小于 40mm；梁、柱，采用人工浇筑时，不应小于 60mm，采用喷射法施工时，不应小于 50mm。置换长度应按混凝土强度和缺陷的检测及验算结果确定，但对非全长置换的情况，其两端应分别延伸不小于 100mm 的长度。梁的置换部分应位于构件截面受压区内，沿整个宽度剔除，或沿部分宽度对称剔除，但不得仅剔除截面的一隅。置换范围内的混凝土表面处理，应符合现行国家《建筑结构加固工程施工质量验收规范》GB 50550 的规定：对既有结构，旧混凝土表面尚应涂刷界面剂，以保证新旧混凝土的协同工作。

置换混凝土的施工程序，应按施工设计规定的工序进行：现场勘察—搭设安全支撑及工作平台—卸荷—剔除局部混凝土、原钢筋除锈或增补新筋—界面处理—支模—浇筑（或喷射）混凝土—养护—模板拆除—施工质量检验—竣工验收。

卸载的实时控制对保证局部置换混凝土工程的施工安全十分重要，但在复杂结构体系中如何具体实施还有一定难度。在这种情况时，施工单位需要事先会同有资质的检测机构共同制订详细的施工技术方案和安全监控方案。必要时，还应邀请该机构直接参与卸载全过程的监控工作。因为其实时控制手段较为完备，监控的经验也较丰富，容易发现卸载过程中出现的问题。

剔除原构件的混凝土，不仅劳动强度大，而且易伤及原钢筋和无需剔除的混凝土部分，其后果是给加固工程留下安全隐患。为此，应按设计规定的方法、步骤和要求进行剔除。剔除被置换的混凝土时，应在到达缺陷边缘后，再向边缘外延伸清除一段不小于50mm的长度；对缺陷范围较小的构件，应从缺陷中心向四周扩展，逐步进行清除，其长度和宽度均不应小于 200mm。置换混凝土的顶面，其外口应略高于内口，倾角不大于10°。剔除过程中不得损伤或截断原纵向受力钢筋，如果需要局部截断箍筋，应在缺陷清理完毕后立即补焊箍筋，也不得损伤无需置换的混凝土；若钢筋或混凝土受到损伤，由施工单位提出技术处理方案，经设计和监理单位认可后进行处理；处理后应重新检查验收。

置换混凝土工程遇到补配钢筋或箍筋的情况虽不多见，但有时还是会遇到，特别是当剔除混凝土伤及钢筋时，就必须对原钢筋进行补强或补配。在这种情况下，焊接作业必不可少。需补配钢筋或箍筋时，其安装位置及其与原钢筋焊接方法，应符合设计规定；其焊接质量应符合现行行业标准《钢筋焊接及验收规程》JGJ 18 的要求；若发现焊接伤及原钢筋，应及时会同设计单位进行处理；处理后应重新检查、验收。

混凝土浇筑前，除应对模板及其支撑进行验收外，尚应对下列项目进行隐蔽工程验收：补配钢筋或箍筋的品种、级别、规格、数量、位置等；补配钢筋和原钢筋的连接方式及质量；界面处理及结构界面胶（剂）涂刷的质量。

3.1.3 外粘或外包型钢加固法

1. 外粘或外包型钢加固法的概念

外粘或外包型钢加固法是以型钢（角钢、扁钢等）外包于混凝土构件的四角或两侧的加固方法。型钢之间用缀板连接形成钢构架，并灌注结构胶粘剂，与原混凝土共同作用，以达到整体受力，共同工作的加固方法。适用于梁、柱、桁架、墙及框架节点加固。优点是受力可靠，能显著改善结构性能，对使用空间影响小。外包粘钢加固法具有操作方便、施工周期短、加固效果好、结构及构件截面面积增加小等优点。因而在钢筋混凝土结构的加固工程中应用较为广泛。缺点是施工要求高，外露钢件应进行防火、防腐处理。

在包钢施工中，必须按照外包型钢的施工要求来进行施工。若是对构件表面的尘土、污垢、油渍、浮浆、抹灰层以及其他饰面层，没有彻底清除干净，或对混凝土构件尚未剔除其风化、疏松、蜂窝、起砂、麻面、剥落、腐蚀等缺陷至露出骨料，就开始进行钢板粘贴工作会造成更加严重的后果，达不到加固的目的。

外包型钢加固法，按其与原构件连接方式分为外粘型钢加固法和无粘接外包型钢加固法；均适用于需要大幅度提高截面承载能力和抗震能力的钢筋混凝土柱及梁的加固。当工程要求不使用结构胶粘剂时，宜选用无粘接外包型钢加固法。当工程允许使用结构胶粘剂，且原柱状况适用于采用加固措施时，宜选用外粘型钢加固法，该方法属于复合截面加固法。下面主要介绍外粘型钢加固法的相关内容。

2. 外粘或外包型钢加固法的相关知识

《既有建筑鉴定与加固通用规范》GB 55021—2021 中规定，当采用外包型钢法加固钢筋混凝土实腹柱或梁时，应符合下列规定：干式外包钢加固后的钢架与原柱所承担的外力,应按各自截面刚度比例进行分配;湿式外包钢加固后的承载力和截面刚度应按整截面共同工作确定。

湿式外包钢的构造,应符合下列规定:加固用型钢两端应采取可靠的锚固措施;沿梁、柱轴线方向应采用缀板与角钢焊接,缀板间距不应大于 20 倍单根角钢截面的最小回转半径,且不应大于 500mm;在节点区,其间距应加密;加固排架柱时,应将加固的角钢与原柱顶部的承压钢板相互焊接。对二阶柱,上下柱交接处及牛腿处的连接构造应加强;外粘角钢加固梁、柱的施工,应将原构件截面的棱角打磨成圆角;施工过程中应采取措施保证结构胶不受焊接高温影响。外粘型钢的角钢端部 600mm 范围内胶缝厚度应控制在 3～5mm。

施工工艺流程包括:清理、修整原结构、构件并画线定位—制作型钢骨架—界面处理—型钢骨架安装及焊接—注胶施工(包括注胶前准备工作)—养护—施工质量检验—防护面层施工。

外粘型钢工程的施工环境应符合:现场的温湿度应符合灌注型结构胶粘剂产品使用说明书的规定;若未作规定,应按不低于 15℃ 进行控制。操作场地应无粉尘,且不受日晒、雨淋和化学介质污染。钢骨架及钢套箍的部件,宜在现场按被加固构件的修整后外围尺寸进行制作。当在钢部件上进行切口或预钻孔洞时,其位置、尺寸和数量应符合设计图纸的要求。

外粘型钢的构件,其原混凝土界面(粘合面)应打毛;但在任何情况下均不应凿成沟槽。钢骨架及钢套箍与混凝土的粘合面经修整除去锈皮及氧化膜后,尚应进行糙化处理。糙化可采用砂轮打磨、喷砂或高压水射流等技术,但糙化程度应以喷砂效果为准。干式外包钢的构件,其混凝土表面应清理洁净,打磨平整,以能安装角钢肢为度。若钢材表面的锈皮、氧化膜对涂装有影响,也应予以除净。对型钢的内表面进行除锈与糙化处理,其目的在于保证型钢与原构件混凝土之间在注胶后具有可靠的粘结强度,以传递剪力。对干式外包钢而言,虽不考虑传递剪力的问题,但若适当修整好界面,其所灌注的浆液或所填塞的胶泥将会使钢骨架与原构件结合得较为服帖,这对改善加固后结构构件的整体性和耐久性,必然会起到一定作用。

原构件混凝土截面的棱角应进行圆化打磨,圆化半径应不小于 20mm,磨圆的混凝土表面应无松动的骨料和粉尘。圆化措施,是为了保证型钢能较为服帖地粘合在原构件表面,因为型钢的内角是圆弧形的。

为了保证型钢骨架的安装质量,必须先用专门卡具箍紧钢骨架各肢,然后利用垫片和钢楔进行竖向调整并顶紧,经检查无误后,方可开始焊接作业。上述卡具一般均是自制的,只要是活动的、可调整的和可重复使用的即可。对外粘型钢骨架的安装,应在原构件找平的表面上,每隔一定距离粘贴小垫片,使钢骨架与原构件之间留有 2～3mm 的缝隙,以备压注胶液;对干式外包钢骨架的安装,该缝隙宜为 4～5mm,以备填塞环氧胶泥或压入注浆料。型钢骨架各肢安装后,应与缀板、箍板以及其他连接件等进行焊接。焊缝应平直,焊波应均匀,无虚焊、漏焊;焊缝的质量应符合现行国家标准《钢结构工程施工质量验收规范》GB 50205 的要求。其检查数量及检验方法也应按该规范的规定执行。当采用压力注胶法(或注浆法)施工时,扁钢制作的缀板,应采用平焊方法与角钢连接牢固;平焊时,应使缀板底面与角钢内表面对齐,在保持平整状态下施焊;对干式外包钢灌注充填用注浆料时，也应采用平焊方法，但若采用环氧胶泥填塞缀板与原构件混凝土之间的缝隙时，缀板可焊在角钢外表面上。外粘或外包型钢骨架全部杆件（含缀板、箍板等连接件）的缝隙边缘，应在注胶（或注浆）前用密封胶封缝。封缝时，应保持杆件与原构件混凝土之间注胶（或注浆）通道的畅通。同时，尚应在设计规定的注胶（或注浆）位置钻孔，粘贴注胶嘴（或注浆嘴）底座，并在适当部位布置排气孔。待封缝胶固化后，进行通气试压。若发现有漏气处，应重新封堵。

外粘型钢的注胶应在型钢构架焊接完成后进行。外粘型钢的胶缝厚度宜控制在 3～5mm。注胶（或注浆）施工结束后，应静置 72h 进行固化过程的养护。养护期间，被加固部位不得受到任何撞击和振动的影响。养护环境的气温应符合灌注材料产品使用说明书的规定。若养护无误，仍出现固化不良现象，应由该材料生产厂家承担责任。

型钢表面（包括混凝土表面）应抹厚度不小于 25mm 的高强度等级水泥砂浆（应加钢丝网防裂）作防护层，也可采用其他具有防腐蚀和防火性能的饰面材料加以保护。表面防护也可按设计要求按钢结构涂装工程（包括防腐涂料涂装和防火涂料涂装）。

3.1.4 粘贴钢板加固法

1. 混凝土粘贴钢板加固法的概述

混凝土粘贴钢板加固法是采用结构胶粘剂将薄钢板粘贴于原构件的混凝土表面，使之形成具有整体性的复合截面，以提高其承载力的一种直接加固方法。适用于钢筋混凝土受弯、斜截面受剪、受拉及大偏心受压构件的加固。优点是施工简便快速，工期短，原构件自重增加小，加固后几乎不改变构件外形和使用空间，不影响建筑使用空间。缺点是有机胶的耐久性和耐火性问题，钢板需进行防腐、防火处理，使用环境的温度不能超过 60℃，不宜在相对湿度大于 70% 的环境使用，粘贴曲线表面的构件不易吻合，长期抗老化性能尚待考验。

粘钢加固胶能够将钢板牢固的粘接在被加固的混凝土构件表面上，固化后的环氧树脂结构胶能有效地传递钢板与混凝土之间的各种应力，确保三者在荷载作用时能共同工作。粘钢加固胶要求本体强度高，粘接力强，弹性模量高，线膨胀系数小，并具有一定弹性。

2. 混凝土粘贴钢板加固法的相关知识

《既有建筑鉴定与加固通用规范》GB 55021—2021 中规定，当采用粘贴钢板法加固受弯、大偏心受压和受拉构件时，应将钢板受力方式设计成仅承受轴向应力作用。粘贴钢板加固的构造应符合下列规定：粘钢加固的钢板宽度不应大于 100mm。采用手工涂胶和压力注胶粘贴的钢板厚度分别不应大于 5mm 和 10mm。对钢筋混凝土受弯构件进行正截面加固时，均应在钢板的端部、截断处及集中荷载作用点的两侧，对梁设置 U 形钢箍板；对板应设置横向钢压条进行锚固。被加固梁粘贴的纵向受力钢板，应延伸至支座边缘，并设置 U 形箍。U 形箍的宽度，对端箍不应小于钢板宽度的 2/3；对中间箍不应小于钢板宽度的 1/2，且不应小于 40mm。U 形箍的厚度不应小于加固钢板的 1/2，且不小于 4mm。加固板时，应将 U 形箍改为钢压条，垂直于受力钢板方向布置；钢压条应从支座边缘向中央至少设置 3 条，其宽度和厚度应分别不小于加固钢板的 3/5 和 1/2。

施工工艺流程：清理、修整原结构、构件—加工钢板、箍板、压条及预钻孔—界面处理—粘贴钢板施工（或注胶施工）-固定、加压、养护—施工质量检验—防护面层施工。

外粘钢板的施工环境应符合下列要求：现场的环境温度应符合胶粘剂产品使用说明书

的规定。未作具体规定时，应按不低于 15℃进行控制。作业场地应无粉尘，且不受日晒、雨淋和化学介质污染。

原构件混凝土及加固钢板的界面（粘合面）经修整后，应按规范要求进行打毛和糙化处理。原构件混凝土粘合面采用喷砂糙化处理的效果较好，但操作时纷飞的砂粒与粉尘对施工环境影响较大。因此，国内多用砂轮打磨。必要时，还可采用錾子凿毛。当使用大功率砂轮机打磨时，原构件混凝土表面的骨料可能松动，或沿其周边出现裂纹。这种状况对混凝土与钢板粘合不利，应改用输出功率符合规范规定的砂轮机，或改用高压水射流处理。钢板粘合面的除锈和糙化，对保证粘钢工程质量十分重要。钢板经除锈、糙化后需要露出金属光泽；钢板与混凝土表面的接触要平整服贴。

粘贴钢板专用的结构胶粘剂，其配制和使用应按产品使用说明书的规定进行。拌合胶粘剂时，应采用低速搅拌机充分搅拌。拌好的胶液色泽应均匀，无气泡，并应采取措施防止水、油、灰尘等杂质混入。严禁在室外和尘土飞扬的室内拌合胶液。胶液应在规定的时间内使用完毕。严禁使用超过规定适用期（可操作时间）的胶液。

拌好的胶液应同时涂刷在钢板和混凝土粘合面上，经检查无漏刷后即可将钢板与原构件混凝土粘贴；粘贴后的胶层平均厚度应控制在 2～3mm。俯贴时，胶层宜中间厚、边缘薄；竖贴时，胶层宜上厚下薄；仰贴时，胶液的垂流度不应大于 3mm。钢板粘贴时表面应平整，段差过渡应平滑，不得有折角。钢板粘贴后应均匀布点加压固定。其加压顺序从钢板的一端向另一端逐点加压，或由钢板中间向两端逐点加压；不得由钢板两端向中间加压。加压固定可选用：夹具加压法、锚栓（或螺杆）加压法、支顶加压法等。加压点之间的距离不应大于 500mm。加压时，应按胶缝厚度控制在 2～2.5mm 进行调整。混凝土与钢板粘结的养护温度不低于 15℃时，固化 24h 后即可卸除加压夹具及支撑；72h 后可进入下一工序。若养护温度低于 15℃，应按产品使用说明书的规定采取升温措施，或改用低温固化型结构胶粘剂。

当采用压力注胶法粘钢时，应采用锚栓固定钢板，固定时，应加设钢垫片，使钢板与原构件表面之间留有约 2mm 的畅通缝隙，以备压注胶液。固定钢板的锚栓，应采用化学锚栓，不得采用膨胀锚栓。锚栓直径不应大于 M10；锚栓埋深可取为 60mm；锚栓边距和间距应分别不小于 60mm 和 250mm。锚栓仅用于施工过程中固定钢板。在任何情况下，均不得考虑锚栓参与胶层的受力。

混凝土粘钢加固的施工流程如下：

（1）对原混凝土构件的结合面应剔除表面的污垢物，然后清洗，打磨，除去 2～3mm 厚表层，用压缩空气吹除粉粒。

（2）钢板粘贴面，需进行除锈和粗糙处理。如钢板未生锈或轻微锈蚀，可用喷砂、砂布或平砂轮打磨，直到出现金属光泽。打磨粗糙度越大越好，打磨纹路应与钢板受力方向垂直。其后用脱脂棉蘸丙酮擦拭干净。

（3）胶粘剂配制好后，用抹刀同时涂抹在已处理好的混凝土表面和钢板面上，厚度 1～3mm，要求中间厚边缘薄，然后将钢板贴于预定位置。立面粘贴时加一层脱蜡玻璃丝布。粘好后，用手锤沿粘贴面轻轻敲击钢板。应无空洞时，确保粘贴密度。

（4）钢板粘贴好后应立即用夹具夹紧，或用支撑固定，并适当加压，以使胶液刚出钢板边缝挤出为宜，JGN 型胶粘剂在常温下固化，保持在 20℃以上，24h 可拆除夹具，3 天后可以受力使用。

（5）加固后，钢板表面应粉刷聚合物砂浆保护，厚度不应小于20mm。

（6）工程质量验收：撤除临时固定设备后，应用小锤轻轻敲击粘贴钢板，从声响判断粘贴效果或用超声波法探测粘结密度。要求锚固区粘结面积不得少于90%，非锚固区粘结面积不得少于70%。

（7）胶粘剂施工时必须遵循规范中明确要求的安全规定。配制粘结剂用的原料应密封存储，远离火源，避免阳光直接照射；配置和使用场所，必须保持通风良好；操作人员应穿工作服，戴防护口罩和手套；工作场所应配备各种必要的灭火器以备救护。

3.1.5 粘贴纤维复合材加固法

1. 粘贴纤维复合材加固法的概述

粘贴纤维复合材加固法是指采用结构胶粘剂将纤维复合材粘贴于原构件的混凝土表面，使之形成具有整体性的复合截面，以提高其承载力和延性的一种直接加固方法。适用于钢筋混凝土受弯、受拉及受压构件的加固。优点是轻质高强、施工简便、可曲面或转折粘贴，加固后基本不增加原构件重量，不影响结构外形。缺点是有机胶的耐久性和耐火性问题；纤维复合材的有效锚固问题。

碳纤维片材加固混凝土结构技术是20世纪80年代末90年代初在美日等发达国家兴起的一项新型加固补强技术，目前已广泛应用于桥梁、建筑物、构筑物混凝土结构的加固修补工程中。该技术将碳纤维粘贴于构件表面，使碳纤维片材承受拉力，并与混凝土变形协调，共同受力。混凝土结构因设计失误、施工错误、材料质量不符合要求、荷载增加、使用功能改变和因遭受火灾、水灾、风灾、地震等灾害使结构和构件遭到损坏，均可采用该技术进行加固处理。

碳纤维是由片状石墨微晶等有机纤维沿纤维轴向方向堆砌而成，经碳化及石墨化处理而得到的微晶石墨材料。耐超高温，强度高于钢铁，耐疲劳，耐腐蚀，不易变形，不易膨胀。碳纤维片材是碳纤维布和碳纤维板的总称。碳纤维布是指连续碳纤维单向或多向排列，未经胶粘剂浸渍的布状制品。碳纤维板是指连续碳纤维单向或多向排列，并经胶粘剂浸渍固化的板状制品。底胶是用于基材处理的胶粘剂；修补胶是用于对混凝土基材表面缺陷进行修补和找平处理的胶粘剂；结构胶粘剂是用于浸渍、粘贴碳纤维布和板材等结构加固材料的专用胶粘剂。

2. 粘贴纤维复合材加固法的相关知识

《既有建筑鉴定与加固通用规范》GB 55021—2021中规定，当采用粘贴纤维复合材加固的钢筋混凝土受弯、轴心受压或大偏心受压构件时，应符合下列规定：应将纤维受力方式设计成仅承受拉应力作用；不得将纤维复合材直接暴露阳光或有害介质中，其表面应进行防护处理。表面防护材料应对纤维及胶粘剂无害，且应与胶粘剂有可靠的粘结及相互协调的变形性能。

纤维复合材受弯加固的构造应符合下列规定：对钢筋混凝土受弯构件正弯矩区进行正截面加固时，其受拉面沿轴向粘贴的纤维复合材应延伸至支座边缘，且应在纤维复合材的端部（包括截断处）及集中荷载作用点的两侧，设置纤维复合材的U形箍（对梁）或横向压条（对板）；当纤维复合材延伸至支座边缘仍不满足延伸长度的规定时，应采取机械措施进行锚固；当采用纤维复合材对受弯构件负弯矩区进行正截面承载力加固时，应采取措施保证可靠传力和有效锚固。

当采用纤维复合材对钢筋混凝土梁或柱的斜截面承载力进行加固时，其构造应符合下列规定：应选用环形箍或端部采用有效锚固措施的 U 形箍；箍的纤维受力方向应与构件轴向垂直；当采用纤维复合材条带为箍时，其净间距不应大于 100mm；当梁的高度 $h \geqslant$ 600mm 时，尚应在梁的腰部增设一道纵向腰压带。

当采用纤维复合材的环向围束对钢筋混凝土柱进行正截面加固或提高延性的抗震加固时，其构造应符合下列规定：环向围束的纤维织物层数不应少于 3 层；环向围束应沿被加固构件的长度方向连续布置；当采用纤维复合材加固钢筋混凝土柱时，柱的两端应增设锚固措施。

外粘纤维织物或板材加固混凝土承重结构时，其施工工序应按施工设计规定的工序进行。施工必须按照下列工序进行：

施工准备—修整原构件—混凝土表面处理—配制并涂刷底胶—配制修补胶并对混凝土表面不平整处进行填补和找平处理—配制并涂刷结构胶粘剂—粘贴碳纤维片材（用辊子反复滚压挤压出空气，为保证粘贴质量，每层纤维布之间应涂刷一层粘结胶）—施工质量检验—防护面层施工。

粘贴纤维材料的施工环境，应符合下列要求：施工环境温度应符合结构胶粘剂产品使用说明书的规定。若未作规定，应按不低于 15℃ 进行控制。作业场地应无粉尘，且不受日晒、雨淋和化学介质污染。

界面处理：经修整露出骨料新面的混凝土加固粘贴部位，应进一步按设计要求修复平整，并采用结构修补胶对较大孔洞、凹面、露筋等缺陷进行修补、复原；对有段差、内转角的部位应抹成平滑的曲面；对构件截面的棱角，应打磨成圆弧半径不小于 25mm 的圆角。在完成以上加工后，应将混凝土表面清理干净，并保持干燥。粘贴纤维材料部位的混凝土，其表层含水率不宜大于 4%，且不应大于 6%。对含水率超限的混凝土应进行人工干燥处理，或改用高潮湿面专用的结构胶粘贴。

当粘贴纤维材料采用的粘贴材料是配有底胶的结构胶粘剂时，应按底胶使用说明书的要求进行涂刷和养护，不得擅自免去涂刷底胶的工序。若粘贴纤维材料采用的粘结材料是免底涂胶粘剂，应检查其产品名称、型号及产品使用说明书，并经监理单位确认后，方允许免涂底胶。底胶应按产品说明书提供的工艺条件配制，但拌匀后应立即抽样检测底胶的初黏度。且不得以添加溶剂或稀释剂的方法来改变其黏度。底胶指干时，其表面若有凸起处，应用细砂纸磨光，并应重刷一遍。底胶涂刷完毕应静置固化至指干时，才能继续施工。若在底胶指干时，未能及时粘贴纤维材料，则应等待12h 后粘贴，且应在粘贴前用细软羊毛刷或洁净棉纱团沾工业丙酮擦拭一遍，以清除不洁残留物和新落的灰尘。

粘贴施工：浸渍、粘结专用的结构胶粘剂，其配制和使用应按产品使用说明书的规定进行；拌合应采用低速搅拌机充分搅拌；拌好的胶液色泽应均匀、无气泡；胶液注入盛胶容器后，应采取措施防止水、油、灰尘等杂质混入。

纤维织物应按下列步骤和要求粘贴：

（1）按设计尺寸裁剪纤维织物，且严禁折叠；若纤维织物原件已有折痕，应裁去有折痕的一段织物；

（2）将配制好的浸渍、粘结专用的结构胶粘剂均匀涂抹于粘贴部位的混凝土表面；

（3）将裁剪后的纤维织物按照放线位置敷在涂好的结构胶粘剂的混凝土表面。织物应充分展平，不得有皱褶；

（4）沿纤维方向应使用特制滚筒在已贴好纤维的面上多次滚压，使胶液充分浸渍纤维织物，并使织物的铺层均匀压实，无气泡发生；

（5）多层粘贴纤维织物时，应在纤维织物表面所浸渍的胶液达到指干状态时立即粘贴下一层。若延误时间超过 1h，则应等待 12h 后，方可重复上述步骤继续进行粘贴，但粘贴前应重新将织物粘合面上的灰尘擦拭干净；

（6）最后一层纤维织物粘贴完毕，尚应在其表面均匀涂刷一道浸渍、粘结专用的结构胶。

纤维织物可采用特制剪刀剪断或用优质美工刀切割成所需尺寸。织物裁剪的宽度不宜小于 100mm。纤维复合材胶粘完毕后经静置固化，并按胶粘剂产品说明书规定的固化环境温度和固化时间进行养护。当达到 7d 时，应检测胶层硬度，据以判断其固化质量，然后进行施工质量检验、验收。

碳纤维加固施工的要求：施工环境应符合结构胶粘剂产品使用说明书的规定。若未作规定，应按不低于 15℃进行控制；施工时应考虑环境湿度对树脂固化的不利影响；在进行混凝土表面处理和粘贴碳纤维片材前，应按加固设计部位放线定位；树脂配制时，应按产品使用说明中规定的配比称重并置于容器中，用搅拌器搅拌至色泽均匀。在搅拌用容器及搅拌器上不得有油污和杂质。应根据现场实际环境温度确定树脂的每次拌和量，并按要求严格控制使用时间；施工时应清除被加固构件表面的剥落、疏松、蜂窝、腐蚀等劣化混凝土，露出混凝土结构层，并用修复材料将表面修复平整；被粘结的混凝土表面应打磨平整，除去表层浮浆、油污等杂质，直至完全露出混凝土结构新面。转角粘贴处应进行倒角处理并打磨成圆弧状，圆弧半径不应小于 20mm；应按设计要求裁剪碳纤维布，并在粘结部位均匀涂抹浸渍树脂；施工时采用滚筒刷将底层树脂均匀涂抹于混凝土表面。将碳纤维布用手轻压贴于需粘贴的位置，采用专用的滚筒顺纤维方向多次滚压，挤除气泡，使浸渍树脂充分浸透碳纤维布，滚压时不得损伤碳纤维布；多层粘贴时应重复上述步骤，并宜在纤维表面的浸渍树脂干燥后尽快进行下一层粘贴；最后一层碳纤维粘贴完毕，尚应在其表面均匀涂刷一道浸渍、粘贴专用树脂；粘贴完毕后，表面撒沙，固化后碳纤维表面抹 20mm 厚 M5 水泥砂浆防护；碳纤维片材的实际粘贴面积不应小于设计面积，位置偏差不应大于 10mm；碳纤维片材与混凝土之间的粘结质量，可用小锤轻轻敲击或手压碳纤维片材表面的方法检查，总有效粘贴面积不应低于 95%；粘贴碳纤维后，需自然养护 24h 到初期固化，并应保证固化期间不受干扰。在每道工序以后树脂固化之前，宜用塑料薄膜等遮挡以防止风沙或雨水侵袭；碳纤维片材粘贴后达到设计强度所需自然养护的时间：平均气温在 10℃以上 20℃以下时，需要 1～2 周；平均气温高于 20℃时，需要一周。在此期间应防止贴片部分受到硬性冲击。

3.1.6 绕丝加固法

1. 绕丝加固法的概述

绕丝加固法是指通过在构件外表面按一定间距缠绕退火钢丝使被加固的受压构件混凝土受到约束作用，从而提高其极限承载力和延性的一种直接加固方法。该方法利用混凝土三向受力可以提高其单轴抗压强度的原理,改善了构件的抗震性能。适用于提高钢筋混凝土柱延性的加固。优点是构件加固后自重增加较少,基本不改变构件外形和使用空间。缺点是工艺复杂,对矩形截面混凝土构件承载力提高不显著,限制条件较多,对非圆形构件作用效果降低。

2. 绕丝加固法的相关知识

绕丝加固法的设计一般规定:绕丝加固法的基本构造方式是将钢丝绕在 4 根直径为 25mm 专设的钢筋上,然后再浇筑细石混凝土或喷抹 M15 水泥砂浆。绕丝用的钢丝,应为直径为 4mm 的冷拔钢丝,但应经退火处理后方可使用。原构件截面的四角保护层应凿除,并应打磨成圆角,圆角的半径 r 不应小于 30mm。由于喷射混凝土与原混凝土之间具有良好的粘着力,故建议优先采用喷射混凝土,以增加绕丝构件的安全储备。但也可采用现浇混凝土;混凝土的强度等级不应低于 C30 级。绕丝的间距,对重要构件,不应大于 15mm;对一般构件,不应大于 30mm。绕丝的间距应分布均匀,绕丝的两端应与原构件主筋焊牢。绕丝的局部绷不紧时,应加钢楔绷紧。经验表明采用钢楔可以进一步绷紧钢丝,但应注意的是:其他部位是否会因局部楔紧而变松。

混凝土构件绕丝工程的施工程序应按照下列工序:卸载—清理原结构—剔除绕丝部位混凝土保护层—界面处理—绕丝施工—混凝土面层施工。因为一般将退火钢丝和钢楔视为场外加工的产品,可以事先订货,施工程序中未列入钢丝退火和钢件(如钢楔等)加工两个分项。绕丝用的钢丝应优先选用钢厂生产的退火钢丝,只有在它的供应有困难时,才允许采用低碳冷拔钢丝进行退火处理。因为工艺试验表明,自行退火的钢丝,其柔性不均匀,在使用效果上不如工厂生产的退火钢丝。

(1)卸载:在对混凝土构件加固前,应对混凝土构件尽可能地卸载。

(2)原结构表面处理:清除混凝土构件表面的疏松、蜂窝、麻面等劣质混凝土,原结构构件经清理后,应按设计的规定,凿除绕丝、焊接部位的混凝土保护层。凿除后,应清除已松动的骨料和粉尘,并錾去其尖锐、凸出部位,但应保持其粗糙状态。凿除保护层露出的钢筋程度以能进行焊接作业为度;对方形截面构件,尚应凿除其四周棱角并进行圆化加工;圆化半径不宜小于 40mm,且不应小于 25mm。然后将绕丝部位的混凝土表面用清洁压力水冲洗干净。对绕丝的受力性能和绕丝工艺要求而言,25mm 的圆化半径是最低的要求。若原构件的保护层较厚,可考虑采用 30~40mm 的圆化半径,以提高其约束的效果。原构件表面凿毛后,应按设计的规定涂刷结构界面胶(剂)。

(3)焊接、绕丝:绕丝前,应采用多次点焊法将钢丝、构造钢筋的端部焊牢在原构件纵向钢筋上。绕丝应连续,间距应均匀,并施力绷紧,隔一定距离用点焊加以固定。绕丝的末端也应与原钢筋焊牢。绕丝完成后,尚应在钢丝与原构件表面之间打入钢楔绷紧。在原构件钢筋上通过焊接固定钢丝及构造钢筋时,应采用间歇点焊法,主要是为了保护原钢筋不致因焊接温度过高而降低其承载力,甚至危及结构的安全。

(4)混凝土施工:采用浇筑或者喷射混凝土,并在表面抹上面层找平,混凝土施工 24h 内对混凝土加以覆盖并保湿养护。混凝土面层的施工从浇筑质量和受力性能来说,喷射混凝土优于人工浇筑混凝土,但由于一般施工人员很难控制喷射的回弹率,致使回弹所造成的废料量居高不下。这两种施工方法可由施工单位进行选择。

3.1.7 钢绞线（钢丝绳）网片-聚合物砂浆加固法

1. 钢绞线（钢丝绳）网片-聚合物砂浆加固法的概述

钢绞线（钢丝绳）网片-聚合物砂浆加固法是指将钢绞线网片张拉固定在原构件的表面，通过加固专用聚合物砂浆喷涂，使钢绞线网片和聚合物砂浆复合加固层与原构件充分粘合，形成具有一定加固层厚度的整体性复合截面，以提高构件承载力和延性的加固方法。适用于钢筋混凝土受弯、受拉及受压杆件的加固。优点是对结构自重影响较小，基本不影响建筑物原有使用空间，可显著提高构件承载力和刚度。缺点是湿作业多，施工期长，存在高强材料强度发挥及锚固问题。

2. 钢绞线（钢丝绳）网片-聚合物砂浆加固法的相关知识

结构加固专用聚合物砂浆是结构加固中按一定比例掺有改性环氧乳液或丙烯酸酯乳液的高强度水泥砂浆。详细施工要求可参照《钢绞线网片聚合物砂浆加固技术规程》JGJ 337—2015。

加固施工工艺流程：放线定位—基层处理—钢筋网片下料、安装—基层清理、湿润—界面剂配制、喷涂施工—聚合物砂浆喷涂施工—养护。

（1）基层处理与要求：应按图纸现场放线定位，确定加固范围。清除结构原有抹灰等装修面层时，应处理至裸露原结构坚实面，基层处理的边缘应比设计抹灰尺寸外扩50mm。对原混凝土结构待加固面应进行凿毛处理，并应清理表面、喷水湿润，保持面层湿润但无明水状态。水质应达到砂浆的用水要求。对松散、剥落等缺陷较大的部位剔除后按要求涂刷界面剂，后用聚合物砂浆进行修补，表面刮毛，经修补后的基面应适时进行喷水养护，养护时间不得少于24h。对裸露、锈蚀的钢筋应进行除锈处理。

（2）钢绞线网片施工。钢绞线网片应按设计文件的说明和加固的具体部位尺寸进行下料。下料尺寸应考虑钢绞线张拉时的施工余量和端头错开锚固的构造要求。钢绞线裁剪时不得使断口处钢丝散开。钢绞线网片固定端的安装应符合规定：将钢绞线网片中平行于主受力方向的钢绞线一端的端头穿过锚板通孔，套上专用金属固定接头，用专用机具压制形成固定端头。确认钢绞线网片布置的纵横方向及正反面，平行于主受力方向的钢绞线网片在加固面外侧，垂直于主受力方向钢绞线网片在加固面内侧。钢绞线网片的张拉、固定应符合下列规定：应对钢绞线网片使用张力器或其他张拉措施进行张拉；张拉力应以钢绞线网片绷紧并满足设计要求为准，张拉到位后对张拉端进行固定。

（3）界面剂施工。喷涂界面剂前，应用高压气泵将构件加固面上因作业带来的浮尘、浮渣等清理干净；并应提前6h对被加固构件表面进行喷水养护，保持湿润且无明水。基层养护完成后即可涂刷或喷涂界面剂。界面剂施工应按聚合物砂浆抹灰施工段进行，界面剂应随用随搅拌，喷涂应分布均匀。

（4）聚合物砂浆施工。聚合物砂浆施工宜采用机械喷涂抹灰，也可采用人工抹灰。宜用砂浆搅拌机进行搅拌。采用机械喷涂时，喷涂顺序和路线宜先远后近、先上后下、先里后外。喷枪移动轨迹应规则有序，不宜交叉重叠，应在界面剂凝固前喷涂第一层聚合物砂浆，并应将砂浆均匀喷涂在被加固表面及钢绞线网片之间。喷涂厚度应基本覆盖网片，并完成一次喷涂。第一层喷涂表面应拉毛。后续聚合物砂浆的喷涂应在前次聚合物砂浆初凝后进行。后续喷涂分层厚度控制在10～15mm，喷涂要求均匀密实，应使前后喷涂层结合紧密。喷涂过程中应加强对成品的保护，对各部位喷溅粘附的砂浆应及时清除干净。人工抹灰也应在界面剂凝固前喷涂第一层聚合物砂浆。第一层聚合物砂浆施工时应使用铁抹子压实，使聚合物砂浆透过钢绞线网片与被加固构件基层结合紧密。第一遍抹灰厚度不宜超过 15mm，且宜覆盖钢绞线网片。第一层抹灰表面应拉毛。后续抹灰应在前次抹灰初凝后进行。聚合物砂浆抹灰范围应比设计抹灰范围外扩不小于 20mm。常温下，聚合物砂浆施工完毕 6h 内，应采取可靠保湿养护措施，养护时间不宜少于 7d，并应满足产品使用说明规定的时间。

3.1.8 增设支点加固法

1. 增设支点加固法的概念

增设支点加固法是指用增设支承点来减小结构计算跨度，达到减小结构内力及相应提高结构承载力的加固方法。适用于对使用空间和外观效果要求不高的梁、板、桁架、网架等水平结构构件加固。优点是受力明确，简便可靠且易拆卸、复原，具有文物和历史建筑加固要求的可逆性。缺点是显著影响使用空间；原结构构件存在二次受力的影响。

增设支点加固法也称为改变传力途径加固法，是结构力学知识的直接工程应用。它适用于外观和使用要求不高的梁、板、桁架、网架等的加固，此外还常用于应急及抢险工程。尽管这种方法的缺点较突出，但由于它具有简便、可靠和易拆卸的优点，是一种不可或缺的加固方法和手段。

2. 增设支点加固法的相关知识

按支承结构受力性能的不同可分为刚性支点加固法和弹性支点加固法两种。设计时，应根据被加固结构的构造特点和工作条件选用其中一种。

（1）刚性支点加固法通过支承结构的轴心受压或轴心受拉将荷载直接传给基础或柱子等构件，由于支承结构的轴向变形远远小于被加固结构的挠曲变形，对被加固结构而言，支承结构可简化按不动支点考虑，结构受力较为明确，内力计算大为简化。

（2）弹性支点加固法是通过支承结构的受弯或桁架作用间接地传递荷载的一种加固方法。由于支承结构的变形和被加固结构的变形属同一数量级，支承结构只能按弹性支点考虑，内力分析较为复杂。相对而言，刚性支点加固对结构承载能力提高幅度较大，弹性支点加固对结构使用空间的影响程度较低。

（3）采用增设支点加固法新增的支柱、支撑，其上端应与被加固的梁可靠连接，并应符合下列规定：当采用钢筋混凝土支柱、支撑为支承结构时，可采用钢筋混凝土套箍湿式连接；被连接部位梁的混凝土保护层应全部凿掉，露出箍筋；起连接作用的钢筋箍可做成Ⅱ形；也可做成Γ形，但应卡住整个梁截面，并与支柱或支撑中的受力筋焊接。钢筋箍的直径应由计算确定，但不应少于 2 根直径为 12mm 的钢筋。节点处后浇混凝土的强度等级，不应低于 C25。当采用型钢支柱、支撑为支承结构时，可采用型钢套箍干式连接。

（4）增设支点加固法新增的支柱、支撑，其下端连接，当直接支承于基础上时，可按一般地基基础构造进行处理；当斜撑底部以梁、柱为支承时，可采用下列构造：对钢筋混凝土支撑，可采用湿式钢筋混凝土围套连接。对受拉支撑，其受拉主筋应绕过上、下梁（柱），并采用焊接；对钢支撑，可采用型钢套箍干式连接。

3.1.9 外加预应力加固法

1. 外加预应力加固法的概述

外加预应力加固法是指通过施加体外预应力，使原结构、构件的受力得到改善或调整的一种间接加固法。适用于原构件刚度偏小,改善正常使用性能,提高极限承载能力的梁、板、柱和桁架的加固。优点是不存在应力滞后的缺陷,原结构杆件内力可相应降低,基本不影响结构使用空间,便于在结构使用期内检测、维护和更换。缺点是施工工艺较复杂,新增的预应力拉杆、撑杆、缀板以及各种紧固件和锚固件等均应进行可靠的防腐处理。

2. 外加预应力加固法的相关知识

外加预应力加固法适用于下列混凝土结构构件的加固:以无粘结钢绞线为预应力下撑式拉杆时,宜用于连续梁和大跨简支梁的加固;以普通钢筋为预应力下撑式拉杆时,宜用于一般简支梁的加固;以型钢为预应力撑杆时,宜用于柱的加固。不适用于素混凝土构件(包括纵向受力钢筋一侧配筋率小于 0.2% 的构件)的加固。采用体外预应力方法对钢筋混凝土结构、构件进行加固时,其原构件的混凝土强度等级不宜低于 C20。其新增的预应力拉杆、锚具、垫板、撑杆、缀板以及各种紧固件等均应进行可靠的防锈蚀处理。其长期使用的环境温度不应高于 60°。当被加固构件的表面有防火要求时,应按现行国家标准《建筑设计防火规范》GB 50016 规定的耐火等级及耐火极限要求,对预应力杆件及连接进行防护。

混凝土构件外加预应力工程的施工方法,应根据设计规定的预应力大小和工程条件进行选择。预应力值较大时宜用机张法;若张拉力值较小,且张拉工艺允许时,可采用人工张拉法。必要时,还可辅以花篮螺栓收紧;当采用预应力撑杆时,宜采用横向拉紧螺栓建立预应力。

施工流程包括:清理原结构-画线标定预应力拉杆(或撑杆)的位置-预应力拉杆(或撑杆)制作及锚夹具试装配-剔凿锚固件安装部位的混凝土,并做好界面处理-安装并固定预应力拉杆(或撑杆)及其锚固装置、支承垫板、撑棒、拉紧螺栓等零部件-安装张拉装置(必要时)-按施工技术方案进行张拉并固定-防护面层施工。

预应力拉杆采用的钢筋或型钢,制作和安装的质量对保证混凝土结构构件加固后的受力性能和承载力十分重要,制作和安装时,必须复查其品种、级别、规格、数量和安装位置。复查结果必须符合设计要求。预应力杆件锚固区的钢托套、传力预埋件、挡板、撑棒以及其他锚具、紧固件等的制作和安装质量必须符合设计要求。施工过程中应避免电火花损伤预应力杆件或预应力筋;受损伤的预应力杆件或预应力筋应予以更换。

预应力拉杆张拉前,应检测原构件的混凝土强度;其现场推定的强度等级应基本符合现行国家标准《混凝土结构设计规范》GB 50010 对预应力混凝土结构的混凝土强度等级的规定。若构件锚固区填充了混凝土,其同条件养护的立方体试件抗压强度,在张拉时,不应低于设计规定的强度等级的 80%。当采用机张法张拉预应力拉杆时,其张拉力、张拉顺序和张拉工艺应符合现行国家标准《混凝土结构工程施工质量验收规范》GB 50204 的有关要求。

3.2 混凝土结构加固技术

对于混凝土结构,在选择加固方法的同时还需选择相应的配套技术。其中施工技术一般有:

1. 后锚固技术

后锚固是通过相关技术手段将被连接件连接锚固到已有结构上的技术。相应于传统的预埋件-先锚，后锚固具有设计灵活、施工方便等优点，是房屋装修、设备安装、旧房改造及工程加固必不可少的专用技术，可植入普通钢筋，也可植入螺栓式锚筋，已广泛应用于已有建筑物的加固改造工程。如：施工中漏埋钢筋或钢筋偏离设计位置的补救，构件加大截面加固的补筋，上部结构扩跨、顶升对梁、柱的接长，房屋加层接柱和高层建筑增设剪力墙的植筋等。缺点是后锚固产品种类繁多，破坏形态多种多样，质量较难控制。

植筋作为后锚固连接技术，主要用于连接原结构构件与新增构件。植筋技术主要用在混凝土承重结构和砌体承重结构中。所谓植筋，就是在原结构补强部位钻孔埋植钢筋，并采用植筋胶粘剂使新增的钢筋与原混凝土粘接牢固，从而使作用在植筋上的拉力通过植筋胶向混凝土中传递，以此增强结构的承载力或增加砌体的拉结力。种植钢筋必须达到能满足设计荷载的承载力要求，混凝土基材的质量、钢筋的质量、种植钢筋的深度、施工的温度以及施工人员的技术水平、植筋胶的质量等因素都非常重要。植筋胶能够将钢筋或螺杆植埋在混凝土的锚孔中，使钢筋或螺杆承受所需要的拉拔力或剪切力。植筋胶要求本体强度高，粘结力强，弹性模量高，固化速度快，不宜流淌，施工方便。植筋胶对钢筋的锚固作用，不是靠锚筋和基材之间的胀压与摩擦产生的拉力来承受钢筋的受拉荷载，而是利用其自身的粘结强度与机械合力，来达到增强承载力的目的。

《既有建筑鉴定与加固通用规范》GB 55021—2021 中规定，当结构加固采用植筋技术进行锚固时，应符合下列规定：当采用种植全螺纹螺杆技术等植筋技术，新增构件为悬挑结构构件时，其原构件混凝土强度等级不得低于C25；当新增构件为其他结构构件时，其原构件混凝土强度等级不得低于C20。采用植筋或全螺纹螺杆锚固时，其锚固部位的原构件混凝土不应有局部缺陷。植筋不得用于素混凝土构件，包括纵向受力钢筋一侧配筋率小于0.2%的构件。素混凝土构件及低配筋率构件的锚固应采用锚栓，并应采用开裂混凝土的模式进行设计。当混凝土构件加固采用锚栓技术进行锚固时，应符合下列规定：混凝土强度等级不应低于C25。承重结构用的机械锚栓，应采用有锁键效应的后扩底锚栓；承重结构用的胶粘型锚栓，应采用倒锥形锚栓或全螺纹锚栓；不得使用膨胀锚栓作为承重结构的连接件。承重结构用的锚栓，其公称直径不得小于12mm；按构造要求确定的锚固深度不应小于60mm，且不应小于混凝土保护层厚度。锚栓的最小埋深应符合现行标准的规定。锚栓防腐蚀标准应高于被固定物的防腐蚀要求。

植筋流程包括：清理原结构—修整基材—标定孔位—钻孔—清孔—注胶—植筋—静置固化—质量检验。

首先按设计要求的孔位、孔径、孔深钻孔。用吹风机与刷子清理孔道直至孔内壁无浮尘水渍为止。要求钢筋必须顺直，植筋前应对原钢筋进行除锈，且除锈长度大于植筋长度。注胶采用粘胶灌注器边注边缓缓拔出灌注器。将处理好的钢筋旋转缓速插入孔道内，使植筋胶均匀附着在钢筋表面及螺纹缝隙中。插好的钢筋/锚栓不可再扰动，待植筋胶养护期结束后才可进行钢筋焊接、绑扎及其他各项工作。植筋焊接应在注胶前进行。若个别钢筋确需后焊时，除应采取断续施焊的降温措施外，尚应要求施焊部位距注胶孔顶面的距离不应小于15d，且不应小于200mm；同时必须用冰水浸渍的多层湿巾包裹植筋外露的根部。

基材清孔及钢筋除锈、除油和除污的工序完成后，应按隐蔽工程的要求进行检查和验收。植筋孔洞钻好后应先用钢丝刷进行清孔，再用洁净无油的压缩空气或手动吹气筒清除孔内粉尘，如此反复处理不应少于 3 次。必要时尚应用干净棉纱沾少量工业丙酮擦净孔壁。植筋工程施工过程中，应每日检查其孔壁的干燥程度。植筋孔壁应完整，不得有裂缝和其他局部损伤。植筋用的钢筋或螺杆在植入前需复查有无未打磨干净的旧锈和新锈。若有新旧锈斑，应用砂纸擦净。植筋孔壁清理洁净后，若不立即种植钢筋，应暂时封闭其孔口，防止尘土、碎屑、油污和水分等落入孔中影响锚固质量。

当采用现场配制的植筋胶时，应在无尘土飞扬的室内，按产品使用说明书规定的配合比和工艺要求严格执行，且应有专人负责。调胶时应根据现场环境温度确定树脂的每次拌合量；使用的工具应为低速搅拌器；搅拌好的胶液应色泽均匀，无结块，无气泡产生。在拌合使用过程中，应防止灰尘、油、水等杂质混入，并应按规定的可操作时间完成植筋作业。注入胶粘剂时，其灌注方式应不妨碍孔中的空气排出，灌注量应按产品使用说明书确定，并以植入钢筋后有少许胶液溢出为度。在任何工程中，均不得采用钢筋从胶桶中粘胶塞进孔洞的施工方法。注入植筋胶后，应立即插入钢筋，并按单一方向边转边插，直至达到规定的深度。从注入胶粘剂至植好钢筋所需的时间，应少于产品使用说明书规定的适用期（可操作时间）。否则应拔掉钢筋，并立即清除失效的胶粘剂，重新按原工序返工。植入的钢筋必须立即校正方向，使植入的钢筋与孔壁间的间隙均匀。胶粘剂未达到产品使用说明书规定的固化期前，应静置养护，不得扰动所植钢筋。植筋的胶粘剂固化时间到达 7d 的当日，应抽样进行现场锚固承载力检验。

除了种植钢筋，还可以植入锚栓。锚栓是将被连接件锚固到基材上的锚固组件产品，分为机械锚栓和化学锚栓。机械锚栓是利用锚栓与锚孔之间的摩擦作用或锁键作用形成锚固的锚栓，按照其工作原理分为两类：扩底型锚栓和膨胀型锚栓。扩底型锚栓是通过锚孔底部扩孔与锚栓组件之间的锁键形成锚固作用的锚栓，分为模扩底锚栓和自扩底锚栓。膨胀型锚栓是利用膨胀件挤压锚孔孔壁形成锚固作用的锚栓，分为扭矩控制式膨胀型锚栓和位移控制式膨胀型锚栓。化学锚栓是由金属螺栓和锚固胶组成，通过锚固胶形成锚固作用的锚栓。化学锚栓分为普通型化学锚栓和特殊倒锥形化学锚栓。化学锚栓的螺杆分为标准螺纹全牙螺杆和特殊倒锥形螺杆。普通化学锚栓的锚固胶应为改性环氧树脂类或改性乙烯基酯类材料。特殊倒锥形化学锚栓的锚固胶应为改性乙烯基酯类材料。

植筋施工图如图 3-1 所示。

图 3-1　植筋施工图

2. 裂缝修补技术

裂缝是混凝土建筑中最常见的一种缺陷。裂缝的产生涉及地基、材料、结构、施工以及环境等多方面因素。裂缝是混凝土结构物承载能力、耐久性及防水性降低的主要原因。裂缝对混凝土建筑的危害主要表现在结构耐久性和正常使用功能的降低。裂缝的存在及超限会引起钢筋锈蚀，降低结构使用年限；裂缝对建筑正常使用功能的影响，主要是降低了结构的防水性能和气密性，影响建筑美观，给人们造成一种不安全的精神压力和心理负担。裂缝危害性大小与裂缝性状、结构功能要求、环境条件及结构抗腐蚀能力有关。

裂缝修补技术根据混凝土裂缝的起因、性状和大小，采用不同封护方法进行修补，使结构因开裂而降低的使用功能和耐久性得以恢复；主要适用于已有建筑物中各类裂缝的处理，但对受力性裂缝，除修补外，尚应采用相应的加固措施。裂缝修补的目的是修复因结构开裂所降低的功能、耐久性、防水性及观感等。裂缝修补技术包括裂缝成因分析、危害性评定、裂缝修补方法及工艺要求等。裂缝成因分析主要包括宏观责任分析、裂缝产生的时间过程分析及裂缝形态分析。宏观责任分析主要是分析原材料的供应及质量状况、设计质量、施工质量以及使用管理情况。裂缝产生的时间过程分析，主要是检查裂缝出现的时段，是出现在施工阶段还是使用阶段。裂缝形态分析是裂缝原因分析最直接的方法，因为裂缝形态与产生原因密不可分，尤其是单因素典型裂缝，形态基本固定不变，如荷载裂缝、地震裂缝、不均匀沉降裂缝、温度收缩裂缝、锈蚀裂缝、反复冻融裂缝、混凝土沉缩裂缝、火灾裂缝、模板变形裂缝等，一般均可根据裂缝位置、起讫点、走向、形状、宽度、深度、长度、裂缝清晰度、边缘光滑度等形态特征加以区别和判断。

混凝土结构的裂缝按其形态可分为静止裂缝、活动裂缝、尚在发展的裂缝三类。静止裂缝是指尺寸和数量均已稳定不再发展的裂缝。修补时，仅需依裂缝粗细选择修补材料和方法。活动裂缝是指在现有环境和工作条件下始终不能保持稳定、易随着结构构件的受力、变形或环境温、湿度的变化而时张、时闭的裂缝。修补时，应先消除其成因，并观察一段时间，确认已稳定后，再按静止裂缝的处理方法修补；若不能完全消除其成因，但可确认对结构、构件的安全性不构成危害时，可使用具有弹性和柔韧性的材料进行修补，并根据裂缝特点确定修补时机。尚在发展的裂缝是指长度、宽度或数量尚在发展，但经历一段时间后将会终止的裂缝。对此类裂缝应待其停止发展后，再进行修补或加固。

混凝土结构裂缝修补方法，主要有表面封闭法、注射法、压力注浆法和填充密封法，分别适用于不同情况。应根据裂缝成因、性状、宽度、深度、裂缝是否稳定、钢筋是否锈蚀以及修补目的的不同分别进行选用。

裂缝修补的施工程序：裂缝复查—制订修补技术方案—清理、修整原结构、构件—界面处理及原构件含水率控制—裂缝修补施工—修补质量检验。

表面封闭法施工：粘贴封闭材料修补裂缝前，应复查裂缝两侧原构件表面打磨的质量是否合格。若已合格，应采用工业丙酮擦拭一遍。

压力灌注法施工：采用压力灌注法注入低黏度胶液或注浆料修补混凝土、砌体裂缝时，应根据裂缝宽度、深度和内部情况，选用定压注射器自动注胶法或机控压力注浆法。其选择应符合下列原则：

（1）当混凝土或砌体的水平构件和竖向构件中，宽度 0.5～1.5mm，深度不超过300mm 的贯穿或不贯穿裂缝时，宜采用定压注射器注胶法施工。注射器安装的方法和间距应符合产品使用说明书的规定。这种方法所产生的压力应不小于 0.2MPa。若压力过低，应改用其他产品。

（2）裂缝宽度大于 0.5mm 且走向蜿蜒曲折或为体积较大构件的混凝土深裂缝，宜采用机控压力注胶；注入压力应根据产品使用说明书确定。

（3）当裂缝宽度大于 2mm 时，应采用注浆料，以压力灌注法施工。

压力灌注装置的安装和试压检验应符合下列要求：

注胶嘴（或注浆嘴）及其基座应按裂缝走向设置。针筒注胶嘴间距为 100～300mm；机控注胶（浆）嘴间距为 300～500mm；同时尚应设在裂缝交叉点、裂缝较宽处和端部。注胶（浆）嘴之间的裂缝表面应采用封缝胶封闭。每条裂缝上还必须设置排气嘴。对现浇板裂缝，注胶（浆）嘴可设在板底，也可设在板面，但均应保证裂缝上下表面的密封；

封缝胶固化后应进行压气实验，沿封缝胶泥处涂刷皂液，从注胶（浆）嘴压入压缩空气，观察是否有漏气的气泡出现。若有漏气，应用胶泥修补，直至无气泡出现，检查密封效果；观察注胶（浆）嘴之间的连通情况。当注胶（浆）嘴中气压达到 0.5MPa 时，若仍有不通气的注胶（浆）嘴，则应重新埋设注胶（浆）嘴，并缩短其间距。

注胶（浆）压力控制与注胶（浆）作业应符合下列规定：

（1）注胶（浆）压力应按产品使用说明书进行控制；

（2）压力注胶（浆）作业按从下到上的顺序进行；

（3）注浆过程中出现下列标志之一时，即可确认裂缝腔内已注满胶（浆）液，可以转入下一个注胶（浆）嘴进行注胶（浆），直至注完整条裂缝：①在注胶（浆）压力下，上部注胶（浆）嘴有胶（浆）液流出；②在胶（浆）液适用期内，吸胶（浆）率小于 0.05L/min。

当上部注胶（浆）嘴或排气嘴有胶（浆）液流出时，应及时关闭上部注胶嘴，并维持压力 1～2min。待缝内的胶（浆）液初凝时，应立即拆除注胶（浆）嘴和排气嘴，并用环氧胶泥将嘴口部位抹平、封闭。

裂缝处理施工图如图 3-2 所示。

图 3-2　裂缝处理施工图

3. 阻锈技术

既有混凝土结构中钢筋的防锈与锈蚀损坏的修复所使用阻锈剂分为掺加型和渗透型两类。掺加型是将阻锈剂掺入混凝土或砂浆中使用，适用于局部混凝土缺陷及钢筋锈蚀的修补处理。渗透型，亦称喷涂型，是直接将阻锈剂喷涂或涂刷在病害混凝土表面或局部剔凿后的混凝土表面。混凝土结构钢筋的防锈，宜采用喷涂型阻锈剂。承重构件应采用烷氧基类或氨基类喷涂型阻锈剂。

钢筋阻锈剂是通过抑制混凝土与钢筋界面孔溶液中发生的阳极或阴极电化学反应来保护钢筋。钢筋阻锈剂直接参与界面化学反应，使钢筋表面形成钝化膜或吸附膜，直接阻止或延缓钢筋锈蚀的电化学过程。根据钢筋阻锈剂试验研究及钢筋阻锈剂工程实践发现，钢筋阻锈剂对混凝土或砂浆的初、终凝时间、抗压强度或坍落度等会有影响。使用钢筋阻锈剂时，需要确保钢筋阻锈剂性能满足设计及施工要求。使用钢筋阻锈剂做防护时，需要确保混凝土质量。钢筋阻锈剂与高质量的混凝土配合，能延缓并减少腐蚀介质扩散到钢筋表面，充分发挥钢筋阻锈剂的效能。

《钢筋阻锈剂应用技术规程》JGJ/T 192—2009 中规定，当使用内掺型钢筋阻锈剂的混凝土或砂浆对既有钢筋混凝土工程进行修复时，施工应符合下列规定：

（1）应先剔除已被腐蚀、污染或中性化的混凝土层，并应采用除锈剂或机械手段清除钢筋表面锈层后再进行修复。

（2）当损坏部位较小、修补较薄时，宜采用砂浆进行修复。修复时，每层厚度应根据工程具体情况调整。每层施工间隔不宜小于30min。大面积施工时，可采用喷射或喷、抹结合的施工方法。

（3）当损坏部位较大、修补较厚时，宜采用混凝土进行修复。当混凝土或砂浆初凝后，不得继续使用。混凝土或砂浆的养护应符合现行国家标准《混凝土质量控制标准》GB 50164 的规定。

外涂型钢筋阻锈剂施工应符合下列规定：

（1）钢筋阻锈剂应直接涂覆在混凝土表面。施工时，应采取防止日晒或雨淋的措施。施工完成后，宜覆盖薄膜养护7d。

（2）当混凝土表面有油污、油脂、涂层等影响渗透的物质时，应先去除后再进行涂覆操作。当混凝土表面出现空鼓、松动及剥落等破损时，可先修复破损的混凝土后再进行涂覆操作。钢筋阻锈剂涂覆的用量、涂覆的次数及间隔时间应符合设计要求。

还应注意的是若混凝土表面已涂刷过涂料或各种防护液或其他原因致该混凝土表面不具备可渗性时，不应采用外涂型钢筋阻锈剂进行阻锈处理。

4. 喷射混凝土技术

喷射混凝土是利用压缩空气将混凝土喷射到指定部位结构表面的一种混凝土浇筑技术，将胶凝材料、骨料等按一定比例拌制的混凝土拌合物送入喷射设备，借助压缩空气或其他动力输送，高速喷至受喷面。分为干喷与湿喷，我国目前主要采用干喷，优点是施工简便、不用支模，与基层的粘结力强，密实度高，费用较低。缺点是设备复杂，技术要求较高。适用于旧房改造、结构加固及非平面结构等薄壁层（30～80mm）混凝土浇筑，宜用于墙、板类构件。

根据《喷射混凝土应用技术规程》JGJ/T 372—2016，加固施工前准备工作应符合下列规定：

（1）应清除待喷面表面的装饰层。对于混凝土结构，尚应对原结构层进行凿毛处理，用钢丝刷等工具清除原构件混凝土表面松动的骨料、砂砾、浮渣和粉尘，并用压缩空气和水交替清洗干净；对于砌体结构，尚应对受侵蚀砌体或疏松灰缝进行处理，灰缝处理深度宜为 10mm。

（2）混凝土碳化深度超出规定时，应清除混凝土深度至第一层钢筋下至少 20mm 深度，且原混凝土的清除总深度不小于 50mm。

（3）混凝土的氯离子含量超过限值时，应清除混凝土至第一层钢筋下至少 30mm 深度，且氯离子含量合格的混凝土面至原混凝土表面不小于 100mm。

（4）加固部位的钢筋松脱或突出混凝土表面达钢筋直径 1/2 时，应清除混凝土深度至第一层钢筋下至少 20mm。

（5）钢筋表面出现锈蚀现象时，钢筋表面应进行除锈；当钢筋锈蚀造成的截面面积削弱达原截面的 1/12 以上时，应按设计要求处理。

（6）采用置换混凝土加固法时，清除被置换的混凝土应在达到缺陷边缘后，再向边缘外延伸清除一段，其长度不应小于 50mm；对缺陷范围较小的构件，应从缺陷中心向四周扩展，其长度和宽度均不应小于 200mm。

（7）结构表面有渗、漏水时，应事先做好治防水工作。

（8）基底应进行预湿处理至饱和面干。

3.3 砖混结构加固方法

砌体结构加固时对可靠性不足或业主要求提高可靠度的砌体结构、构件及其相关部分采取增强、局部更换或调整其内力等措施，使其具有现行设计规范及业主所要求的安全性、耐久性和适用性。

抗震加固的目的是提高房屋的抗震承载能力、变形能力和整体抗震性能，为了达到以上要求，可根据房屋的实际情况，选用一种或多种加固措施。增强构件自身承载能力，如修补结构构件的裂缝缺陷、砌体外包钢丝网水泥砂浆等。增设构件加强整体性，如增设砖砌体抗震墙、外包圈梁、钢筋混凝土柱，砌体内增补构造柱等。增强构件之间的连接，如砖墙与构造柱之间增设拉结钢筋，悬挑构件下加设圈梁，加强墙体与结构构件的连接等。具体常用的加固改造的方法有如下几种：

3.3.1 钢筋混凝土面层加固法

钢筋混凝土面层加固方法是在原砌体柱、墙体侧面增配钢筋混凝土面层，以提高其受压、受剪承载力的方法，是属于复合截面加固法的一种。适用于各类砌体墙、柱的受压、受剪及抗震加固。优点是施工工艺简单、适应性强，受力可靠加固费用低廉，砌体加固后承载力有较大提高，并具有成熟的设计和施工经验，适用于柱、墙和带壁柱墙的加固。缺点是现场施工的湿作业时间长，养护期长，对生产和生活有一定的影响，且加固后的建筑物使用面积有一定的减小。构造要求较严，纵向钢筋需要连续，且应有基础。

《砌体结构加固设计规范》GB 50702 中的构造规定包括：钢筋混凝土面层的截面厚度不应小于 60mm；当用喷射混凝土施工时，不应小于 50mm。加固用的混凝土，其强度等级应比原构件混凝土高一级，且不应低于 C20 级；当采用 HRB400 级钢筋或受有振动作用时，混凝土强度等级尚不应低于 C25 级。在配制墙、柱加固用的混凝土时，不应采用膨胀剂；必要时，可掺入适量减缩剂；加固用的竖向受力钢筋，宜采用 HRB400 级钢筋。竖向受力钢筋直径不应小于 12mm，其净间距不应小于 30mm。纵向钢筋的上下端均应有可靠的锚固；上端应锚入有配筋的混凝土梁垫、梁、板或牛腿内；下端应锚入基础内。纵向钢筋的接头应为焊接；当采用围套式的钢筋混凝土面层加固砌体柱时，应采用封闭式箍筋；箍筋直径不应小于 6mm。箍筋的间距不应大于 150mm。柱的两端各 500mm 范围内，箍筋应加密，其间距应取为 100mm。若加固后的构件截面高 h 不小于 500mm，尚应在截面两侧加设竖向构造钢筋，并相应设置拉结钢筋作为箍筋；当采用两对面增设钢筋混凝土面层加固带壁柱墙或窗间墙时，应沿砌体高度每隔 250mm 交替设置不等肢 U 形箍和等肢 U 形箍。不等肢 U 形箍在穿过墙上预钻孔后，应弯折成封闭式箍筋，并在封口处焊牢。U 形筋直径为 6mm；预钻孔的直径可取 U 形筋直径的 2 倍；穿筋时应采用植筋专用的结构胶将孔洞填实。对带壁柱墙，尚应在其拐角部位增设竖向构造钢筋与 U 形箍筋焊牢；当砌体构件截面任一边的竖向钢筋多于 3 根时，应通过预钻孔增设复合箍筋或拉结钢筋，并采用植筋专用结构胶将孔洞填实。

《既有建筑鉴定与加固通用规范》GB 55021—2021 中规定：当采用钢筋混凝土面层加固砌体构件时，原砌体与后浇混凝土面层之间应做界面处理。砌体构件外加混凝土面层加固的构造，应符合下列规定：钢筋混凝土面层的截面厚度不应小于 60mm；当采用喷射混凝土施工时，不应小于 50mm。混凝土强度等级不应低于 C25。竖向受力钢筋直径不应小于 12mm，纵向钢筋的上下端均应锚固。当采用围套式的钢筋混凝土面层加固砌体柱时，应采用封闭式箍筋。柱的两端各 500mm 范围内，箍筋应加密，其间距应取为 100mm。若加固后的构件截面高度 h 不小于 500mm，尚应在截面两侧加设竖向构造钢筋，并应设置拉结钢筋。当采用两对面增设钢筋混凝土面层加固带壁柱墙或窗间墙时，应沿砌体高度每隔 250mm 交替设置不等肢 U 形箍和等肢 U 形箍。不等肢 U 形箍在穿过墙上预钻孔后，应弯折焊成封闭箍。预钻孔内用结构胶填实。对带壁柱墙，尚应在其拐角部位增设竖向构造钢筋与 U 形箍筋焊牢。

3.3.2 钢筋网水泥砂浆面层加固法

钢筋网水泥砂浆面层加固法是指在原砌体柱、墙体侧面增抹一定厚度的有钢筋网的水泥砂浆，形成组合墙体的加固方法，属于复合截面加固法的一种。钢筋网包括：钢板网、焊接钢筋网片、绑扎钢筋网等。适用于各类砌体墙、柱的受压、受剪及抗震加固。也可用于增强砌体墙的抗裂性能。优点是施工简单、适应性强，加固费用低廉，砌体加固后承载力有一定提高，并具有成熟的设计和施工经验。缺点是现场施工的湿作业时间长，养护期长，对生产和生活有一定的影响，且加固后的建筑物使用面积有一定的减小。

《既有建筑鉴定与加固通用规范》GB 55021—2021 中规定：当采用钢筋网水泥砂浆面层加固砌体构件时，应符合下列规定：对于受压构件，原砌筑砂浆的强度等级不应低于 M2.5；对砌块砌体，其原砌筑砂浆强度等级不应低于 M2.5。块材严重风化的砌体，不应采用钢筋网水泥砂浆面层进行加固。钢筋网水泥砂浆面层的构造，应符合下列规定：当采用钢筋网水泥砂浆面层加固砌体承重构件时，其面层厚度，对室内正常湿度环境，35～45mm；对于露天或潮湿环境，应为 45～50mm。加固用的水泥砂浆强度及钢筋网保护层厚度应符合下列要求：加固受压构件用的水泥砂浆，其强度等级不应低于 M15；加固受剪构件用的水泥砂浆，其强度等级不应低于 M10。受力钢筋的砂浆保护层厚度，对墙不应小于 20mm，对柱不应小于 30mm；受力钢筋距砌体表面的距离不应小于 5mm。当加固柱或壁柱时，其构造应符合下列规定：竖向受力钢筋直径不应小于 10mm；受压钢筋一侧的配筋率不应小于0.2%；受拉钢筋的配筋率不应小于0.15%。柱的箍筋应采用闭合式，其直径不应小于6mm，间距不应大于150mm。柱的两端各500mm范围内，箍筋间距应为100mm。在壁柱中，不穿墙的U形筋应焊在壁柱角隅处的竖向构造筋上，其间距与柱的箍筋相同；穿墙的箍筋，在穿墙后应形成闭合箍；其直径应为8～10mm，每隔500～600mm替换一根不穿墙的U形箍筋。箍筋与竖向钢筋的连接应为焊接。加固墙体时，应采用点焊方格钢筋网，网中竖向受力钢筋直径不应小于8mm；水平分布钢筋的直径应为6mm；网格尺寸不应大于300mm。当采用双面钢筋网水泥砂浆时，钢筋网应采用穿通墙体的S形钢筋拉结；其竖向间距和水平间距均不应大于500mm。钢筋网四周应与楼板、梁、柱或墙体可靠连接。

《砌体结构加固设计规范》GB 50702中的构造规定包括：当采用钢筋网水泥砂浆面层加固砌体承重构件时，其面层厚度，对室内正常湿度环境，应为35～45mm；对于露天或潮湿环境，应为45～50mm。加固受压构件用的水泥砂浆，其强度等级不应低于M15；加固受剪构件用的水泥砂浆，其强度等级不应低于M10。结构加固用的钢筋，宜采用HRB400级钢筋，也可采用HPB300级钢筋。加固墙体时，宜采用点焊方格钢筋网，网中竖向受力钢筋直径不应小于8mm；水平分布钢筋的直径宜为6mm；网格尺寸不应大于300mm。当采用双面钢筋网水泥砂浆时，钢筋网应采用穿通墙体的S形或Z形钢筋拉结，拉结钢筋宜成梅花状布置，其竖向间距和水平间距均不应大于500mm。钢筋网四周应与楼板、大梁、柱或墙体可靠连接。墙、柱加固增设的竖向受力钢筋，其上端应锚固在楼层构件、圈梁或配筋的混凝土垫块中；其伸入地下一端应锚固在基础内。锚固可采用植筋方式。钢筋网的横向钢筋遇有门窗洞时，对单面加固情形，宜将钢筋弯入洞口侧面并沿周边锚固；对双面加固情形，宜将两侧的横向钢筋在洞口处闭合，且尚应在钢筋网折角处设置竖向构造钢筋；此外，在门窗转角处，尚应设置附加的斜向钢筋。

钢筋网水泥砂浆面层加固法的施工流程包括：

(1) 宜按下列顺序施工：原有墙面清底—钻孔并用水冲刷—孔内干燥后安设锚筋并铺设钢筋网—浇水湿润墙面—喷射或浇筑混凝土并养护—墙面装饰。

(2) 原墙面碱蚀严重时，应先清除松散部分并用M10或1∶3水泥砂浆抹面，已松动的勾缝砂浆应剔除。

(3) 在墙面钻孔时，应按设计要求先画线标出锚筋或穿墙筋的位置，并应采用电钻在砖缝处打孔，穿墙孔直径宜比S形筋大2mm；锚筋孔直径宜采用锚筋直径的1.5～2.5倍，其孔深大于等于120mm，锚筋应采用胶粘剂灌注填实。应注意的是：在清理、修整原构件和钻孔安装拉结筋过程中，都会对原构件产生一定的扰动和损伤，因此必须观察墙体及其相邻的结构构件是否有新的开裂、变形等异常情况发生，以便及时采取必要的措施。

(4) 铺设钢筋网时，竖向钢筋应靠墙面并采用钢筋头支起，钢筋网片与墙面的空隙率宜大于等于10mm，钢筋网外保护层厚度大于等于15mm。

(5) 钢筋混凝土面层可支模浇筑或采用喷射混凝土工艺，应采取措施使墙顶与楼板交界处混凝土密实，浇筑后应加强养护。砌体或混凝土构件外加钢筋网采用普通砂浆或复合砂浆面层时，其强度等级必须符合设计要求。

施工应注意的是：钢筋网的安装及砂浆面层的施工，应按先基础后上部结构、由下而上的顺序逐层进行；同一楼层尚应分区段加固；不得擅自改变施工图规定的程序。由下到上的施工顺序，易于施工操作，且保证工程质量。墙体在钢筋网面层施工完成后质量会大大增加，若不按此顺序施工对墙体的受力是很不利的。同层分区段加固，是保证原结构在施工过程中稳定的重要措施之一。砖墙加固采用钢筋网时，其拉结采用穿墙S形筋虽然最为牢靠，但应注意的是S形筋不宜过长，否则，不易卡紧，反而影响钢筋网的整体刚度。同时，S形筋过长，还会使保护层偏薄，从而使墙面易出现锈斑。采用机械钻孔，对墙体和楼板的损伤和扰动较小。拉结施工完毕，还应采用锚固型胶粘剂将孔填实。绑扎的钢筋网片在上墙前必须调直钢筋；在安装过程中，应检查其钢筋间距是否有错动，并及时加以纠正。若采用钢板网片或焊接的钢筋网片，上墙前必须加工平整。钢筋网之间的搭接宽度不应小于100mm。砌体或混凝土构件外加面层的砂浆，虽可采用人工抹灰或喷射方法施工。但不论采用哪种方法施工，其砂浆强度的检验结果均应符合规范及设计的要求，否则将很难保证粘结的质量。

3.3.3 外包型钢加固法

外包型钢加固法是指在原有的砌体柱外包角钢、扁钢等构成的钢构架，以提高其受压承载力的方法。适用于各类砌体柱的受压及抗震加固。尤其适用于不允许增大原构件截面尺寸，却又要求大幅度提高截面承载力的砌体柱的加固。优点是施工简单、现场工作量和湿作业少，受力可靠。缺点是加固费用较高，并需采用防锈、防火处理措施。

《砌体结构加固设计规范》GB 50702中的构造规定包括：当采用外包型钢加固砌体承重柱时，钢构架应采用Q235钢制作；钢构架中的受力角钢和钢缀板的最小截面尺寸应分别为60mm×60mm×6mm和60mm×6mm；钢构架的四肢角钢，应采用封闭式缀板作为横向连接件，以焊接固定。缀板的间距不应大于500mm。为使角钢及其缀板紧贴砌体柱表面，应采用水泥砂浆填塞角钢及缀板，也可采用灌浆料进行压注；钢构架两端应有可靠的连接和锚固；其下端应锚固于基础内；上端应抵紧在该加固柱上部（上层）构件的底面，并与锚固于梁、板、柱帽或梁垫的短角钢相焊接。在钢构架（从地面标高向上量起）的2h和上端的1.5h（h为原柱截面高度）节点区内，缀板的间距不应大于250mm。与此同时，还应在柱顶部位设置角钢箍予以加强。在多层砌体结构中，若不止一层承重柱需增设钢构架加固，其角钢应通过开洞连续穿过各层现浇楼板；若为预制楼板，宜局部改为现浇，使角钢保持通长。

采用外包型钢加固砌体柱时，型钢表面宜包裹钢丝网并抹厚度不小于25mm的1：3水泥砂浆作防护层。否则，应对型钢进行防锈处理。加固完成后，之所以还需在型钢表面喷抹高强度水泥砂浆保护层，主要为了防腐蚀和防火，但若型钢表面积较大，很可能难以保证抹灰质量。此时，可在构件表面先加设钢丝网或用胶粘方法分散洒布一层豆石，然后再抹灰，便不会发生脱落和开裂。

3.3.4 粘贴纤维复合材加固法

粘贴纤维复合材加固法是采用结构胶粘剂将纤维复合材料粘贴于墙体表面，共同受力，以提高其承载力的一种加固方法。适用于烧结普通砖墙平面内受剪加固和抗震加固。被加固的砖墙应无开裂、腐蚀、老化；实测砖强度等级不得低于MU7.5；砂浆强度等级不得低于M2.5。优点是施工简单、加固后基本不增加原构件重量，不影响结构外形。缺点是存在有机胶的耐久性和耐火性问题、纤维复合材的锚固问题。

《纤维片材加固砌体结构技术规范》JGJ/T 381—2016 中的规定：采用粘贴碳纤维片材对砌体结构进行加固时所用的材料，应包括纤维片材、粘结材料和表面防护材料。宜采用底胶、粘接胶和浸渍胶作为粘结材料，应采用专门配制的改性环氧树脂胶粘剂，砌体结构加固工程中不得使用不饱和聚酯树脂、醇酸树脂等胶粘剂，底胶应与浸渍胶、粘结胶相适配。当表面不平整时，应采用找平材料进行表面找平处理。根据工程实际情况，也可采用免底涂胶粘剂。找平材料宜采用聚合物改性水泥砂浆。

对加固修复后的砌体结构表面应进行防护处理，防护材料应与纤维片材可靠粘结。当被加固砌体结构的表面有防火要求时，应按现行国家标准建筑设计防火规范规定的耐火等级及耐火极限要求进行防护。当被加固砌体结构处于其他特殊环境时，应根据具体环境情况选择有效的防护材料与处理方法。

加固施工应遵循下列工序进行：施工准备—砌体表面处理—找平—涂刷底胶—涂刷粘接胶或浸渍胶—粘贴纤维片材—表面防火。

加固施工前宜卸除作用在结构上的活荷载。砌体粘贴表面处理应符合下列规定：应凿除被加固砌体结构的抹灰层，当砌体粘贴表面出现风化、疏松和腐蚀等劣化现象时，应予清除；被加固砌体存在裂缝、孔洞等缺陷时，应按设计进行灌缝或封闭处理；砌体粘贴表面应清理干净并保持干燥。砌体粘贴表面找平应符合下列规定：按规范规定的性能指标要求配备找平材料；采用找平材料对砌体灰缝、表面凹陷部位填补平整，且不应有棱角。涂刷底胶应符合下列规定：应按产品使用说明配制底胶，其性能指标符合规范要求；应在找平材料表面干燥后涂刷底胶；应采用滚筒刷或毛刷将底胶均匀涂抹于砌体表面。底胶表面指触干燥后，应立即粘贴纤维片材。

粘贴碳纤维布按下列步骤和要求进行：按设计尺寸裁剪碳纤维布；配制并在加固部位均匀涂抹浸渍胶；粘贴纤维布时，应采用专用滚筒顺纤维方向多次滚压，挤除气泡，使浸渍胶充分浸透，滚压按顺序从一个方向滚压或由中间向两边滚压，且不得损伤纤维；当粘贴多层纤维布时，重复以上步骤，且在纤维布表面浸渍胶指触干燥后立即进行下一层的粘贴；在最后一层纤维布的表面均匀涂抹浸渍胶，不得有漏涂或不饱满之处。

粘贴碳纤维板按下列步骤和要求进行：按设计尺寸裁剪碳纤维板；当采用表面未经粗糙化处理的纤维板时，应将纤维板粘贴面进行粗糙化处理；配制并涂抹碳纤维板胶粘剂；将纤维板粘贴面擦拭干净，并立即涂抹配制后的纤维板粘结胶，胶层应呈凸起状，最小厚度不宜小于2mm；将涂有胶粘剂的纤维板轻压粘于设计粘贴位置，采用橡皮滚筒顺纤维方向均匀滚压，保证密实；当粘贴两层纤维板时，应采用连续粘贴方式。底层纤维板的两面均应粗糙并擦拭干净。当不能立即粘贴下一层纤维板时，在开始粘贴纤维板前应对底层纤维板重新进行清理。

在粘贴纤维片材完成且加固粘结材料完全固化后应进行表面防护，符合国家现行标准《建筑防腐蚀工程施工规范》GB 50212 的规定，且应保证防护材料与纤维片材可靠粘结。

3.3.5 钢绞线（钢丝绳）网片-聚合物砂浆面层加固法

钢绞线网片聚合物砂浆加固是将钢绞线网片张拉固定在原构件的表面，通过加固专用聚合物砂浆喷抹，使钢绞线网片和聚合物砂浆复合加固层与原构件充分粘合，形成具有一定加固层厚度的整体性复合截面，以提高构件承载力和延性的加固方法。采用专用预制钢绞线网片及其配件和聚合物砂浆加固结构构件的新技术。适用于烧结普通砖墙的平面内受剪加固和抗震加固。优点是对结构自重影响较小。缺点是费用高、湿作业多、施工期长、高强材料强度不易发挥、不易锚固。

详细施工要求可参照《钢绞线网片聚合物砂浆加固技术规程》JGJ 337—2015。同3.1.7 类似。

3.3.6 增设砌体附壁柱加固法

增设砌体附壁柱加固法是在砌体墙侧面增设砌体柱，形成整体，共同受力的加固方法。适用于抗震设防烈度为 6 度及以下地区的砌体墙的稳定性和受压加固。优点是施工简单、加固费用低廉，砌体加固后承载力有一定提高。缺点是养护期长，对生产和生活有一定影响，加固后影响室内空间。

根据《民用建筑修缮工程施工标准》JGJ/T 112—2019 中的相关规定，外加混凝土构造柱的施工应符合下列规定：应按查勘设计在墙面上弹线，标出外加构造柱及增设的相关构件和连接件的位置；外加构造柱范围内，墙体的酥碱层、抹灰饰面层及油污等应清除干净；构造柱与墙体圈梁或拉杆应连接成整体，当与圈梁无法连接时，应采取措施与现浇混凝土楼屋面进行可靠连接，连接方式可采用植筋；浇筑混凝土前，模板内的杂物应清理干净，墙体与模板应浇水湿润；混凝土应连续浇筑，当需留施工缝时，宜留在楼层和圈梁交界处。施工缝应留直槎，二次浇筑混凝土前，应处理好施工缝接槎；拆模时，应及时拆除临时设置的连接件，墙面上孔眼应采用水泥砂浆堵严、抹压平整；扶壁柱的竖向钢筋，每层内应连续，上下层柱钢筋的搭接位置应在每层圈梁顶面以上部位；当扶壁柱穿过阳台、雨篷或挑檐板时，剔凿洞口尺寸应与扶壁柱断面相同，剔凿洞口时，不得损伤需保留构件的钢筋。混凝土应分层连续浇筑，每层浇筑高度不应大于 500mm。

3.3.7 增设圈梁构造柱加固法

增设圈梁构造柱加固法是针对结构的整体性构造缺陷，用新增圈梁、构造柱的办法，来提高结构的整体性，改善抗震性能。适用于无圈梁或圈梁设置不符合现行规范要求，或纵横墙交接处咬槎有明显缺陷，或房屋的整体性较差。增设构造柱加固适用于：无构造柱或构造柱设置不符合现行规范要求。优点是能有效改善结构整体性，提高抗震性能。缺点是现场施工的湿作业时间长，养护期长，对生产和生活有一定的影响。

根据《民用建筑修缮工程施工标准》JGJ/T 112—2019 中的相关规定，外加混凝土结构增设圈梁的施工应符合下列规定：应按查勘设计在墙面上弹线，标出外加圈梁及增设的相关构件和连接件的位置；外加固梁范围内，墙体的风化层、抹灰饰面层及油污等，应清除干净；当圈梁遇水落管等管线时，应将管线局部拆移，不得将管线埋入圈梁内；当圈梁与原有钢筋混凝土梁端部连接时，应与原梁钢筋焊接。圈梁沿钢筋混凝土挑檐板、雨罩或阳台下部设置时，如查勘设计无明确规定，应在构件上每隔 1m 凿 150mm×150mm 的洞口，并不得损伤原构件的钢筋，洞口内应设竖向吊筋与圈梁钢筋连接；圈梁沿钢筋混凝土挑檐板、雨篷上部设置时，如查勘设计无明确规定，应在构件上每隔 1m 植筋，并应与圈梁钢筋连接；浇筑混凝土前，模板内的杂物应清理干净。墙体与模板应浇水湿润；混凝土应连续浇筑，当需留施工缝时，宜留在距圈梁两支点的 1/3 处。施工缝应留直槎，二次浇筑混凝土前，应处理好施工缝接槎。当浇筑圈梁拐角、销键及圈梁与构造柱相交处的混凝土时，应加密振点、振捣密实；拆模时，应及时拆除临时设置的连接件，墙面上孔眼应采用水泥砂浆堵严抹压平整；圈梁的顶面应抹水泥砂浆泛水，底面应做滴水线槽。

增设构造柱的规定同 3.3.6。

钢筋网水泥复合砂浆砌体组合圈梁、构造柱，应符合下列规定：施工前，应拆除墙体上的管线和装饰层，剔除损坏的砌体，墙面耕缝应清理干净，并应浇水湿润；水泥复合砂浆性能指标应符合现行国家标准《砌体结构加固设计规范》GB 50702 的规定，并应满足查勘设计要求；穿墙的钢筋孔洞，宜采用机钻成孔。穿墙钢筋位置应在丁砖上（单面组合圈梁）或丁砖缝上（双面组合圈梁），应与墙固定牢靠。钢筋绑扎应横平竖直，并应与锚固筋绑牢。对承重墙，不宜采用单面组合圈梁、构造柱；水泥复合砂浆抹面层厚度宜为 30～45mm，应全部罩抹钢筋网，并应有适当厚度的保护层。

3.3.8　局部拆砌加固法

局部拆砌加固法是指砌体墙体局部破裂，尚未影响承重及安全时，可将原破裂墙体局部拆除，并按提高一级砂浆强度等级用整砖填砌，适用于局部破裂砌体墙体的加固修复，优点是施工简单、加固费用低廉，缺点是拆除时，上部结构应做好支撑。

据《民用建筑修缮工程施工标准》JGJ/T 112—2019 中的相关规定，砖石墙拆砌的施工应符合下列规定：拆除砖石墙体，应由上向下逐层进行，随拆随清，分类堆放整齐，严禁整面墙体推、拉拆除。砖墙拆砌，应符合下列规定：拆砌部分墙体，应留直槎，接缝设在墙面上；拆砌整面墙体应留大直槎，接缝应设在拐向相邻墙体不小于 500mm 处；拆砌前后檐墙时，应在相连的内墙上留设中直槎；拆砌内墙时，应在与外墙相连处的内墙上，留设中直槎。在原墙上留置的砖槎，应顺直牢固，砖不得松动；拆砌整面墙体，应抄平设置皮数杆，根据砖的规格和原墙留槎，确定水平灰缝的厚度；接槎砌筑前，应把原墙留槎清理干净，浇水湿润，将松动的砖剔砌整齐；墙按槎，应砂浆饱满、平顺、垂直、大直槎，应进退层数一致；设立砖时，上下应垂直顺线，阴阳角应成 90°八字相接，灰缝应均匀。墙两端的大直槎，应对称一致。

毛石墙拆砌，应符合下列规定：拆砌部分墙体，接缝可设在墙面上，宜沿裂缝留置斜槎或剔留直槎。拆砌整面墙，接缝设在拐向相邻墙上，宜沿裂缝留斜槎。当转角处为砖砌体时，宜一并拆砌；接槎砌筑前，应铲除灰浆泥垢及已风化开裂质地松散的毛石，清理干净，浇水冲净；新砌的毛石墙应符合现行国家标准《砌体结构工程施工规范》GB 50924 的规定；新旧毛石墙接槎砌筑时，应留大直槎，其毛石伸入砖墙槎内不应小于 120mm，接槎砂浆应饱满、平顺、垂直。

3.4　砖混结构加固技术

与结构加固改造方法配套使用的相关技术种类很多，主要有裂缝修补技术、喷射混凝土技术等。

（一）裂缝修补技术

砌体结构的裂缝按照其成因可以分为受力裂缝和非受力裂缝。砌体结构裂缝修补前，应进行裂缝成因分析及危害性鉴定，对于承载力不足引起的裂缝，除进行裂缝修补外，尚应进行必要的结构加固处理。

砌体结构的裂缝形态可分为：静止裂缝、活动裂缝、尚在发展的裂缝。静止裂缝是指形态、尺寸和数量均已稳定不再发展的裂缝。修补时，仅需依裂缝宽度选择修补材料和方法。活动裂缝是指宽度在现有环境和工作条件下始终不能保持稳定，易随着结构构件的受力、变形或环境温、湿度的变化而时张、时闭的裂缝。修补时，宜先消除其成因，并观察一段时间，确认已稳定后，再按静止裂缝的处理方法修补；若不能完全消除其成因，但确认对结构、构件的安全性不构成危害时，可使用具有弹性和柔韧性的材料进行修补。尚在发展的裂缝是指若长度、宽度或数量尚在发展，应进行裂缝成因分析及危害性鉴定。对于经历一段时间后将会终止的裂缝，应待其停止发展后，进行修补或加固；对于继续发展的裂缝，应消除裂缝成因，再进行修补或加固。

砌体结构裂缝的修补应根据其种类、性质及出现的部位进行设计，选择适宜的修补材料、修补方法和修补时间。常用的裂缝修补方法有填缝法、压浆法、外加网片法和置换法等。根据工程需要，这些方法可组合使用。

(1) 填缝法：适用于处理砌体中宽度大于 0.5mm 的裂缝。修补裂缝前，首先应剔凿干净裂缝表面的抹灰层，然后沿裂缝开凿 U 形槽，当为静止裂缝时，槽深不宜小于15mm，槽宽不宜小于20mm，可改用改性环氧砂浆、改性氨基甲酸乙酯胶泥或改性环氧胶泥等进行充填；当为活动裂缝时，槽深宜适当加大，且应凿成光滑的平底，可采用丙烯酸树脂、氨基甲酸乙酯、氯化橡胶或可挠性环氧树脂等为填充材料，并可采用聚乙烯片、蜡纸或油毡片等为隔离层。

(2) 压浆法：即压力灌浆法，适用于处理裂缝宽度大于 0.5mm 且深度较深的裂缝、压浆的材料可采用无收缩水泥基灌浆料、环氧基灌浆料等。压浆法的工艺流程为：清理裂缝—安装灌浆嘴—封闭裂缝—压气试漏—配浆—压浆—封口处理。

(3) 外加网片法：适用于增强砌体抗裂性能，限制裂缝开展，修复风化、剥蚀砌体。外加网片所用的材料可包括钢筋网、钢丝网、复合纤维织物网等。当采用钢筋网时，其钢筋直径不宜大于4mm。当采用无纺布替代纤维复合材料修补裂缝时，仅允许用于非承重构件的静止细裂缝的封闭性修补。网片覆盖面积除应按裂缝或风化、剥蚀部分的面积确定外，尚应考虑网片的锚固长度。网片短边尺寸不宜小于500mm。网片的层数：对钢筋和钢丝网片，宜为单层；对复合纤维材料，宜为1～2层；设计时需根据实际情况确定。

(4) 置换法：适用于砌体受力不大、砌体块材和砂浆强度不高的开裂部位的加固，局部风化、剥蚀部位也可采用。置换用的砌体块材可以是原砌体材料，也可以是其他块材如配筋混凝土实心砌块等。把需要置换部分及周边砌体表面抹灰层剔除，然后沿着灰缝将被置换砌体凿掉。在剔凿过程中，应避免扰动不置换部分的砌体。仔细把粘在砌体上的砂浆剔除干净，清除浮尘后充分湿润墙体，修复过程中应保证填补砌体材料与原有砌体可靠嵌固。砌体修补完成后，再做抹灰层。

(二) 喷射混凝土技术

喷射混凝土是采用压缩空气将一定比例配合的混凝土拌合料，通过管道输送并以高速高压喷射到受喷表面的一种混凝土浇筑技术，分干喷与湿喷，我国目前主要采用干喷。优点是施工简便，不用支模，与基层的粘结力强、密实度高，费用较低。缺点是设备复杂，技术要求较高。适用于旧房改造、结构加固及非平面结构等薄壁层（30～80mm）混凝土浇筑。

喷射混凝土的原材料包括水泥、粗骨料、细骨料和拌合水。喷射混凝土用的水泥应优先采用硅酸盐或普通硅酸盐水泥，也可采用矿渣硅酸盐水泥或火山灰质硅酸盐水泥。当有防腐、耐高温等要求时，应采用特种水泥，水泥强度等级应不低于 32.5MPa。粗骨料应采用坚硬耐久性好的卵石或碎石，粒径不应大于 12mm，宜采用连续级配；当掺入短纤维材料时，粗骨料粒径不应大于 10mm。细骨料应采用坚硬耐久性好的中粗砂，细度模数不宜大于 2.5，使用时，砂子含水宜控制在 5%～7%。喷射混凝土拌合用水的水质应与普通混凝土相同。

喷射混凝土的配合比宜通过试配试喷确定，其强度应符合设计要求，且应满足节约水泥、回弹量少、粘附性好等要求。配合比应符合下列规定：胶骨比宜为 1:(3.5～4.5)；砂率比宜为 1:(0.45～0.55)；水灰比宜为 1:(0.4～0.5)。当喷射混凝土掺入外加剂和短纤维时，其掺量和配合比应通过试配试喷确定。

加固和修复采用的喷射混凝土强度等级不应低于 C20。用于结构构件强度加固时，喷射混凝土的设计厚度不应小于 50mm；用于结构耐久性修复时，喷射混凝土的设计厚度不宜小于 30mm。加固修复的混凝土表面应清除装饰层、抹灰层，露出原结构层后进行凿毛，再用压缩空气和水交替冲洗干净；对砌体结构表面，除清除装饰层、抹灰层外，还应对受侵蚀砌体或松散灰缝进行处理，灰缝的处理深度宜为 10mm。在喷射作业前应对受喷表面进行喷水湿润。喷射作业应按施工技术方案要求分片、分段进行，且应按先侧面后顶面的喷射顺序自下而上施工。当设计的加固层厚度大于 70mm 时，可分层喷射，分层喷射时，前后两层喷射的时间间隔不应小于混凝土的终凝时间。当在混凝土终凝 1h 后再进行喷射时，应先喷水湿润前一层混凝土的表面。当在间隔时间内，前层混凝土表面有污染时，应采用风、水清洗干净。混凝土喷射时，喷头与受喷面应基本垂直，喷射距离宜保持0.6～1m。应控制喷射混凝土作业的回弹率，墙面不宜大于 20%，楼板（向上喷射）或拱面不宜大于 30%。落地的回弹料宜及时收集并打碎，防止结块。回弹料应过筛分类，其粒径满足《喷射混凝土加固技术规程》CECS161：2004 的要求时可再利用，已污染的回弹料不得再用于结构加固。最后一层喷射混凝土终凝 2h 后，应淋水养护；养护时间不得少于 14d。当气温低于+5℃时，不宜喷水养护，应采取保水养护。

采用喷射混凝土板墙对砌体结构进行抗震加固时，应采用呈梅花状布置锚筋、穿墙筋与原有砌体结构连接。喷射板墙厚度宜为 60～100mm；采用双面板墙加固且总厚度不小于 140mm 时，其增强系数可按增设混凝土抗震加固法取值。

3.5 结构加固材料

3.5.1 加固材料的总体要求
（一）《混凝土结构加固构造》13G311 中混凝土结构加固材料的总体要求

结构加固所用材料（钢材、水泥、纤维及胶粘剂等）质量应符合相关标准的规定。结构加固用的混凝土，其强度等级应比原结构提高一级，且不宜低于 C25。混凝土粗骨料粒径对现场拌合混凝土，不宜大于 20mm；对喷射混凝土，不宜大于 12mm；对短纤维混凝土，不宜大于 10mm；粗骨料的质量应符合国家标准《普通混凝土用砂、石质量及检验方法标准》JGJ 52—2006 的规定。加固材料的选用，应考虑加固部分应变滞后的特点，一般可选用屈服变形较小的普通钢筋、钢材和弹性模量较高的高弹模纤维；对于高强钢筋

（如钢绞线、高强钢丝）和高强纤维，宜采用预应力技术。混凝土结构加固所用浇筑材料和粘结材料，应考虑新旧两部分的整体工作共同受力问题。对于混凝土和砂浆，要求粘结力强，收缩性小，宜微膨胀；对于粘结剂和灌浆材料，要求粘结强度高，耐老化，无收缩，无毒。结构加固用的型钢、钢板、钢筋之间的焊缝规格尺寸应由设计确定，焊缝的构造工艺要求应满足相关规范的规定。加固用螺杆可采用带肋钢筋套扣或丝杆。

（二）《砖混结构加固与修复》15G611中砌体结构加固材料的总体要求

结构加固所用材料（块体、水泥、钢材、纤维、钢绞线及胶粘剂等）质量应符合相关标准的规定。砌体结构加固所用浇筑材料和粘结材料，应考虑新旧两部分的整体工作共同受力问题。对于混凝土和砂浆，要求粘结力强，收缩性小，宜微膨胀；对于胶粘剂和灌浆材料，要求粘结强度高，耐老化，无收缩，无毒。砌体结构加固用的块体（块材），宜采用与原构件同品种块体；块体质量不应低于一等品，其强度等级应按原设计的块体等级确定，且不应低于MU10。砌体结构外加面层用的水泥砂浆，若设计为普通水泥砂浆，其强度等级不应低于M10；若设计为水泥复合砂浆，其强度等级不应低于M25。砌体结构加固用的砌筑砂浆，可采用水泥砂浆或水泥石灰混合砂浆；但对防潮层、地下室以及其他潮湿部位，应采用水泥砂浆或水泥复合砂浆。在任何情况下，均不得采用收缩性大的砌筑砂浆，加固用的砌筑砂浆，其强度等级应比原砌体使用的砂浆强度等级提高一级，且不得低于M10。

其他结构加固用的水泥，应采用强度等级不低于32.5级的硅酸盐水泥和普通硅酸盐水泥；也可采用矿渣硅酸盐水泥或火山灰质硅酸盐水泥，但其强度等级不应低于42.5级；必要时，还可采用快硬硅酸盐水泥或复合硅酸盐水泥。当被加固结构有耐腐蚀、耐高温要求时，应采用相应的特种水泥。配制聚合物砂浆和水泥复合砂浆用的水泥，其强度等级不应低于42.5级，且应符合其产品说明书的规定。水泥性能和质量应符合国家标准《通用硅酸盐水泥》GB 175—2007的有关规定。结构加固用的混凝土，粗骨料粒径对现场拌合混凝土，不宜大于20mm；对喷射混凝土，不宜大于12mm；对掺有短纤维的混凝土，不宜大于10mm。

配制结构加固用的混凝土，其骨料的质量应符合行业标准《普通混凝土用砂、石质量及检验方法标准》JGJ 50—2006的有关规定。混凝土拌合用水应采用饮用水或水质符合行业标准《混凝土用水标准》JGJ 63—2006规定的天然洁净水。砌体结构加固用的混凝土，可使用商品混凝土，但其所掺的粉煤灰应是Ⅰ级灰，且其烧失量不应大于5%。当结构加固材料选用聚合物混凝土、微膨胀混凝土、钢纤维混凝土、合成纤维混凝土或喷射混凝土时，应在施工前进行试配，其性能经检验符合设计要求后方可使用。

砌体结构加固用的钢筋，宜采用HRB400级的热轧或冷轧带肋钢筋；也可采用HRB300级的热轧光圆钢筋。抗震设防区砌体结构加固用的钢筋宜优先选用热轧带肋钢筋。砌体结构加固用的钢板、型钢、扁钢和钢管，应采用Q235或Q345钢材；对重要结构的焊接材料，若采用Q235级钢，应选用Q235-B级钢。结构加固用的型钢、钢板、钢筋之间的焊缝规格尺寸应由计算确定，焊缝的构造工艺要求应满足相关规范的规定。一切外露钢件均应按相关规定进行防腐和防火处理。当砌体结构锚固件和拉结间采用植筋时，应使用热轧带肋钢筋，不得使用光圆钢筋。当锚固件为钢螺杆时，应采用全螺纹的螺杆，不得采用锚入部位无螺纹的螺杆，螺杆的钢材等级宜为Q235级。

砌体结构加固用的焊接材料，其型号和质量应符合下列规定：焊条型号应与被焊接钢材的强度相适应；焊条的质量应符合国家标准《非合金钢及细晶粒钢焊条》GB/T 5117—2012 和《热强钢焊条》GB/T 5118—2012 的有关规定；焊接工艺应符合行业标准《钢筋焊接及验收规程》JGJ 18—2012 或《钢结构焊接规范》GB 50661—2011 的有关规定；焊接连接的设计原则及计算指标应符合国家标准《钢结构设计标准》GB 50017—2017 的有关规定。未注明的钢筋在混凝土中的保护层厚度、锚固和搭接长度应符合《混凝土结构设计规范》GB 50010—2010 的有关规定。

采用钢绞线网-聚合物砂浆面层加固砌体结构、构件时，其钢绞线的选用应符合下列规定：重要结构或结构处于腐蚀性介质环境、高温环境和露天环境时，应选用不锈钢绞制作的网片；处于正常温、湿度环境中的一般结构，可采用低碳钢镀锌钢绞线制作的网片，应采取有效的阻锈措施。纤维复合材用的纤维应为连续纤维，其品种和性能应符合下列规定：承重结构加固用的碳纤维，应选用聚丙烯腈基 12K 或 12K 以下的小丝束纤维，严禁使用大丝束纤维；当有可靠工程经验时，允许使用 15K 碳纤维；承重结构加固用的玻璃纤维，应选用高强度的 S 玻璃纤维或碱金属氧化物含量低于 0.8% 的 E 玻璃纤维，严禁使用高碱的 A 玻璃纤维或中碱的 C 玻璃纤维；当被加固结构有防腐蚀要求时，允许用玄武岩纤维替代 E 玻璃纤维。承重结构粘贴纤维复合材加固规定：当采用涂刷法施工时，不得使用单位面积质量大于 $300g/m^2$ 的碳纤维织物；当采用真空灌注法施工时，不得使用单位面积质量大于 $450g/m^2$ 的碳纤维织物；现场粘贴条件下，尚不得采用预浸法生产的碳纤维织物。

砌体加固工程用的结构胶粘剂，应采用 B 级胶，使用前，必须进行安全性能检验。浸渍、粘贴纤维复合材的胶黏剂及粘贴钢板、型钢的胶粘剂必须采用专门配置的改性环氧树脂胶粘剂，承重结构加固工程中不得使用不饱和聚氨树脂、醇酸树脂等胶粘剂。砌体加固用的聚合物砂浆及复合水泥砂浆，其品种的选用应符合下列规定：对重要构件，应采用改性环氧类聚合物配制；对一般构件，可采用改性环氧类聚合物、改性丙烯酸酯共聚物乳液、丁苯乳胶或氯丁胶乳配制；复合水泥砂浆应采用高强矿物掺合料配制；不得使用主成分不明的聚合物砂浆或复合水泥砂浆。

3.5.2 混凝土或水泥基灌浆料

《建筑材料术语标准》JGJ/T 191—2009 中的定义：混凝土是以水泥、骨料和水为主要原材料，也可加入外加剂和矿物掺合料等原料，经拌合、成型、养护等工艺制作的、硬化后具有强度的工程材料。普通混凝土是干表观密度为 $2000\sim2800kg/m^3$ 的混凝土。轻骨料混凝土是用轻粗骨料、轻砂或普通砂等配制的干表观密度不大于 $1950kg/m^3$ 的混凝土。自密实混凝土是无需外力振捣，能够在自重作用下流动密实的混凝土。

《既有建筑鉴定与加固通用规范》GB 55021—2021 中规定，结构加固用的混凝土，应符合下列规定：凝土强度等级应高于原结构、构件的强度等级，且不低于最低强度等级要求；加固工程使用的混凝土应在施工前试配，经检验其性能符合设计要求后方允许使用；结构加固新增的钢构件和钢筋，应选用较低强度等级的牌号；当采用高强度等级牌号时，应考虑二次受力的不利影响。结构加固用的植筋应采用带肋钢筋或全螺纹螺杆，不得采用光圆钢筋；锚栓应采用有锁键效应的后扩底机械锚栓，或栓体有倒锥或全螺纹的胶粘型锚栓。

《混凝土结构加固设计规范》GB 50367 中对混凝土的规定：结构加固用的混凝土，其强度等级应比原结构、构件提高一级，且不得低于 C20 级；其性能和质量应符合现行国家标准《混凝土结构设计规范》GB 50010 的规定。结构加固用的混凝土，可使用商品混凝土，但所掺的粉煤灰应为 I 级灰，且烧失量不应大于 5%。当结构加固工程选用聚合物混凝土、减缩混凝土、微膨胀混凝土、钢纤维混凝土、合成纤维混凝土或喷射混凝土时，应在施工前进行试配，经检验其性能符合设计要求后方可使用。

水泥基灌浆材料是以水泥为基本材料，掺加骨料、外加剂和矿物料等原材料在专业化工厂按比例计量混合而成，在使用地点按规定比例加水或配套组分拌合，用于螺栓锚固、结构加固、预应力管道等灌浆的材料。具有流动性大、早强、微膨胀等性能。目前有行业标准《水泥基灌浆材料》JC/T 986—2018。《水泥基灌浆材料应用技术规范》GB/T 50448—2015 规定：水泥基灌浆材料应根据强度要求、设备运行环境、灌浆层厚度、地脚螺栓表面与孔壁的净间距、施工环境等因素选择；生产厂家应提供水泥基灌浆材料的工作环境温度、施工环境温度及相应的性能指标。在施工时，应按照要求的用水量拌合，不得通过增加用水量提高流动性。在应用过程中，避免操作人员吸入粉尘和造成环境污染。

按流动度，水泥基灌浆料分为四类：I、II、III、IV类。按抗压强度分为四个等级：A50、A60、A70 和 A85。按产品名称、类别、标准编号顺序进行标记。如 I 类、A50 水泥基灌浆材料的产品标记为：水泥基灌浆材料 I A50 JC/T 986—2018。

混凝土柱采用加大截面法加固，一般要求混凝土柱与模板的间距不宜小于 60mm 时，且应采用第 IV 类水泥基灌浆材料。如图 3-3 所示。

混凝土柱采用外粘型钢法加固，当混凝土柱表面与型钢的间距小于 60mm 时，宜采用第 I、II、III 类水泥基灌浆材料。如图 3-4 所示。

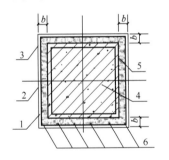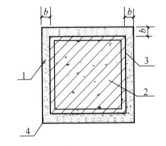

图 3-3　混凝土柱加大截面法灌浆加固
1—水泥基灌浆材料；2—模板；
3—新增箍筋；4—原混凝土柱；
5—原混凝土面；6—新增纵向钢筋

图 3-4　混凝土柱外粘型钢法灌浆加固
1—水泥基灌浆材料；2—原混凝土柱；
3—原混凝土面；4—外粘型钢

混凝土梁采用加固截面法加固，当梁侧表面与模板之间的最小间距不小于 60mm，或梁的底面与模板之间的最小间距不小于 80mm 时，应采用第 IV 类水泥基灌浆材料。如图 3-5 所示。楼板采用叠合层法增加板厚加固，当楼板上层加固增加的板厚不小于 40mm，或楼板下层加固增加的板厚不小于 80mm 时，应采用第 IV 类水泥基灌浆材料。如图 3-6 所示。当混凝土结构施工中出现的蜂窝、孔洞以及柱子烂根的修补，当灌浆层厚度不小于 60mm 时，应采用第 IV 类水泥基灌浆材料。

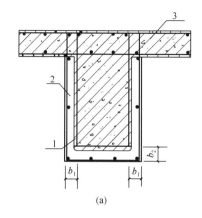 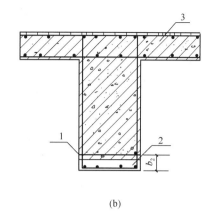

图 3-5　混凝土梁加大截面法灌浆加固

（a）混凝土梁侧及底面加大截面法灌浆加固；（b）混凝土梁底面加大截面法灌浆加固
1—原混凝土梁；2—水泥基灌浆材料；3—原梁截面

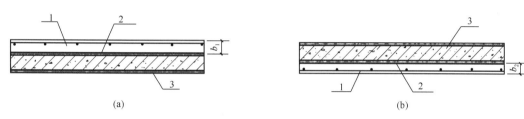

图 3-6　混凝土板叠合层法增加板厚灌浆加固

（a）楼板上层加固；（b）楼板下层加固
1—水泥基灌浆材料；2—原混凝土面；3—原混凝土楼板

用于混凝土结构改造时，水泥基灌浆料材料接触的混凝土表面应充分凿毛。混凝土结构缺陷修补时，应剔除酥松的混凝土并露出钢筋，沿修补深度方向剔除垂直形状，深度不应小于 20mm。灌浆前应清除碎石、粉尘或其他杂物，并应湿润基层混凝土表面。应将拌合均匀的灌浆材料灌入模板中并适当敲击模板。当灌浆层厚度大于 150mm 时，应防止产生温度裂缝。

目前有三种灌浆方法：自重型灌浆是指水泥基灌浆材料在灌浆过程中，利用其良好的流动性，依靠自身重力自行流动满足灌浆要求的方法；高位漏斗法灌浆是指在水泥基灌浆材料在灌浆过程中，利用高位漏斗提高位能差，满足灌浆要求的方法；压力法灌浆是指水泥基灌浆材料在灌浆过程中，采用灌浆增压设备，满足灌浆要求的方法。

3.5.3　钢材及焊接材料

《混凝土结构加固设计规范》GB 50367 中对钢材及焊接材料的规定：

混凝土结构加固用的钢筋，其品种、质量和性能应符合下列规定：宜选用 HPB300 级普通钢筋；当有工程经验时，可使用 HRB400 级钢筋；也可采用 HRB500 级 HRBF500 级的钢筋。对体外预应力加固，宜使用 UPS15.2—1860 低松弛无粘结钢绞线。钢筋和钢绞线的质量应分别符合现行国家标准《钢筋混凝土用钢　第 1 部分：热轧光圆钢筋》GB1499.1、《钢筋混凝土用钢　第 2 部分：热轧带肋钢筋》GB 1499.2 和《无粘结预应力钢绞线》JG 161 的规定。钢筋性能的标准值和设计值应按现行国家标准《混凝土结构设计规范》GB 50010 的规定采用。不得使用无出厂合格证、无中文标志或未经进场检验的钢筋及再生钢筋。

混凝土结构加固用的钢板、型钢、扁钢和钢管，其品种、质量和性能应符合下列规定：应采用 Q235 级或 Q345 级钢材；对很重要结构的焊接构件，当采用 Q235 级钢，应选用 Q235-B 级钢；钢材质量应分别符合现行国家标准《碳素结构钢》GB/T 700 和《低合金高强度结构钢》GB/T 1591 的规定；钢材的性能设计值应按现行国家标准《钢结构设计规范》GB 50017 的规定采用；不得使用无出厂合格证、无中文标志或未经进场检验的钢材。

当混凝土结构的后锚固件为植筋时，应使用热轧带肋钢筋，不得使用光圆钢筋。当后锚固件为钢螺杆时，应采用全螺纹的螺杆，不得采用锚入部位无螺纹的螺杆。螺杆的钢材等级应为 Q345 级或 Q235 级；其质量应分别符合现行国家标准《低合金高强度结构钢》GB/T 1591 和《碳素结构钢》GB/T 700 的规定。

混凝土结构加固用的焊接材料，其型号和质量应符合下列规定：焊条型号应与被焊接钢材的强度相适应；焊条的质量应符合现行国家标准《非合金钢及细晶粒钢焊条》GB/T 5117 和《热强钢焊条 GB/T 5118 的规定；焊接工艺应符合现行国家标准《钢结构焊接规范》GB 50661 和现行行业标准《钢筋焊接及验收规程》JGJ 18 的规定；焊缝连接的设计原则及计算指标应符合现行国家标准《钢结构设计规范》GB 50017 的规定。

3.5.4　纤维和纤维复合材

《建筑材料术语标准》JGJ/T 191—2009 中的定义是：碳纤维由聚丙烯腈纤维、沥青纤维或粘胶纤维等经氧化、碳化等过程制得的含碳量在 90% 以上的纤维。纤维复合材是采用高强度的连续纤维按一定规则排列，经用胶粘剂浸渍、粘结、固化后形成的具有纤维增强效应的复合材料，包括纤维布和纤维板。常用于建筑加固的纤维复合材主要有碳纤维复合材、玻璃纤维复合材及芳纶纤维复合材三种。

碳纤维片材是碳纤维布和碳纤维增强复合材料板的总称。碳纤维布是由单向连续碳纤维组成、未经树脂浸渍固化的布状碳纤维制品；碳纤维增强复合材料板简称碳纤维板，由单向连续碳纤维组成并经树脂浸渍固化的板状碳纤维制品。适用于钢筋混凝土受弯、轴心受压、大偏心受压及受拉构件的加固。

《混凝土结构加固设计规范》GB 50367 中对纤维和纤维复合材的规定：纤维复合材的纤维必须为连续纤维，其品种和质量应符合下列规定：承重结构加固用的碳纤维，应选用聚丙烯腈基不大于 15K 的小丝束纤维；承重结构加固用的芳纶纤维，应选用饱和吸水率不大于 4.5% 的对位芳香族聚酰胺长丝纤维。且经人工气候老化 5000h 后，1000MPa 应力作用下的蠕变值不应大于 0.15mm；承重结构加固用的玻璃纤维，应选用高强度玻璃纤维、耐碱玻璃纤维或碱金属氧化物含量低于 0.8% 的无碱玻璃纤维，严禁使用高碱的玻璃纤维和中碱的玻璃纤维；承重结构加固工程，严禁采用预浸法生产的纤维织物。结构加固用的纤维复合材的安全性能必须符合现行国家标准《工程结构加固材料安全性鉴定技术规范》GB 50728 的规定。纤维复合材抗拉强度标准值，应根据置信水平为 0.99、保证率为 95% 的要求确定。

国家建筑工业行业标准《结构加固修复用玻璃纤维布》JG/T 284—2019 中规定了适用于由 S 玻璃纤维或 E 玻璃纤维编织而成，混凝土结构、木结构、砌体结构等加固修复用的玻璃纤维布的术语和定义、规格和标记、要求、试验方法、检验规则、标志、包装、运输与贮存。

结构加固修复用玻璃纤维布是由单向连续玻璃纤维组成、未经树脂浸渍固化、用于结构加固修复的布状玻璃纤维制品。其计算厚度是指实测的玻璃纤维布单位面积质量除以玻璃纤维密度而得到的厚度值。玻璃纤维布按纤维布单位面积质量分为 $300g/m^2$、$450g/m^2$、$600g/m^2$ 和 $900g/m^2$ 规格，特殊规格由供需双方协商确定。玻璃纤维布的标记按产品代号、单位面积质量规格、宽度规格、玻璃纤维种类和标准编号顺序编写。如：单位面积质量为 $450g/m^2$，宽度为 500mm，玻璃纤维种类为 S 玻璃纤维的玻璃纤维布的标记为：GFS-450-500-S JG/T 284—2019；单位面积质量为 $300g/m^2$，宽度为 500mm，玻璃纤维种类为 E 玻璃纤维的玻璃纤维布的标记为：GFS-300-500-E JG/T 284—2019。

3.5.5 结构加固用胶粘剂

根据《建筑材料术语标准》JGJ/T 191—2009 中的定义可知：结构胶是用于承重结构构件粘结的、能长期承受设计应力和环境作用的胶粘剂。

粘钢结构胶是在粘贴钢板施工时，在混凝土及钢板表面采用刮涂工艺所用的建筑结构胶。主要为环氧类产品，常用于粘贴钢板加固。灌注结构胶是在粘贴钢板施工时，在混凝土与钢板缝隙间采用注入工艺所用的建筑结构胶。主要为环氧类产品，常用于粘贴钢板加固。植筋结构胶是将带肋钢筋或全螺纹螺杆锚固于基材混凝土中的建筑结构胶。主要为环氧类产品，常用于植筋加固。纤维复合材用结构胶是将纤维复合材粘贴于混凝土结构构件的建筑结构胶。纤维复合材用结构胶按实际用途又分为底层树脂、找平材料及浸渍树脂。底层树脂是指用于被加固构件表面处理，为增强构件基层或提高粘结力而使用的树脂；找平材料是指用于对被加固构件表面进行找平处理的材料；浸渍树脂是指用于浸透并粘贴纤维布的树脂。

《混凝土结构加固设计规范》GB 50367 中对结构用胶粘剂的规定：

（1）承重结构用的胶粘剂，宜按其基本性能分为 A 级胶和 B 级胶；对重要结构、悬挑构件、承受动力作用的结构、构件，应采用 A 级胶；对一般结构可采用 A 级胶或 B 级胶。

（2）承重结构用的胶粘剂，必须进行粘结抗剪强度检验。检验时，其粘结抗剪强度标准值，应根据置信水平为 0.90、保证率为 95% 的要求确定。

（3）承重结构加固用的胶粘剂，包括粘贴钢板和纤维复合材，以及种植钢筋和锚栓的用胶，其性能均应符合国家标准《工程结构加固材料安全性鉴定技术规范》GB 50728—2011 的规定。

（4）承重结构加固工程中严禁使用不饱和聚酯树脂和醇酸树脂作为胶粘剂。

以环氧树脂为主的建筑结构胶是建筑加固与修补的主要材料，近几年在技术开发、品种、用量、标准规范等方面增长迅速，建筑结构胶包括粘钢加固胶、钢筋锚固胶、碳纤维复合树脂、裂缝修补注入树脂、缺陷修补胶粘剂等品种，应用范围涉及民用建筑、工业建筑、道路桥梁、水工建筑等行业。以环氧树脂为主的建筑结构胶性能全面、应用广泛，使用效果取决于配方设计、加工工艺、储存条件、胶接设计、表面处理、固化工艺六大因素，性能检验包括浇注体性能、粘接性能、耐老化性能三个方面，并制订了相应的检验标准和施工规范，以保证使用的安全性和耐久性。

（1）锚固胶

根据国家标准《混凝土结构工程用锚固胶》GB/T 37127—2018 中规定了适用于混凝土用锚固胶的术语和定义、分类和标记、要求、试验方法、检验规则及标志、包装、运输与贮存。锚固胶是指用于粘接固定钢筋、螺杆和锚栓等金属杆件，并能传递结构作用效应的胶粘剂。锚固胶按主要原料组成分为改性环氧树脂类（H）、改性乙烯基酯类（Y）和不饱和聚酯树脂类（J）；以环氧树脂为主要原料制得的锚固胶称为改性环氧树脂类锚固胶；以乙烯基树脂为主要原料制得的锚固胶称为改性乙烯基类锚固胶；以不饱和聚酯树脂为主要原料制得的锚固胶称为不饱和聚酯树脂类锚固胶。其中改性环氧树脂类和改性乙烯基酯类锚固胶可用于承重结构的锚固，不饱和聚酯树脂类锚固胶可用于非承重结构的锚固。锚固胶按包装形式分为桶装（T）和注射筒装（Z）。锚固胶按性能分为 A 级胶和 B 级胶。锚固胶的标记方式如：改性环氧树脂类注射筒装 A 级锚固胶标记为：H-Z-A-GB/T 37127—2018；改性乙烯基酯类注射筒装 A 级锚固胶标记为：Y-Z-A-GB/T 37127—2018；

（2）粘钢胶

国家建筑工业行业标准《粘钢加固用建筑结构胶》JG/T 271—2019 中规定了适用于混凝土结构、钢结构粘钢加固用建筑结构胶的术语和定义、分类和标记、要求、试验方法、检验规则、标志、包装、运输与贮存。

在混凝土、钢表面采用刮涂工艺所用的粘钢胶称为刮涂加固型建筑结构胶；在混凝土与钢、钢与钢缝隙间采用注入工艺所用的粘钢胶称为灌注加固型建筑结构胶。按施工方法分为刮涂加固型 S 和灌注加固型 G。按施工环境温度分为常温固化型 N（10～40℃）和低温固化型 L（－5～10℃）。产品的标记由产品代号、施工方法代号、施工环境温度代号和标准编号组成。如：刮涂加固建筑结构胶，施工环境温度为常温型标记为：SA-S-N JG/T 271—2019。灌注加固型建筑结构胶，施工环境温度为低温型标记为：SA-G-L JG/T 271—2019。

（3）纤维片材粘结树脂

国家建筑工业行业标准《纤维片材加固修复结构用粘结树脂》JG/T 166—2016 中规定了适用于使用纤维片材对混凝土结构进行加固修复的粘接树脂的术语和定义、分类和标记、要求、试验方法、检验规则、标志与包装、运输与贮存。

由碳纤维、玻璃纤维、芳纶纤维或玄武岩纤维等组成的纤维织物或纤维增强复合材料板称为纤维片材，粘结树脂按实际用途分为底层树脂（PR）、找平材料（PF）、浸渍树脂（SR）和纤维板粘结剂。底层树脂是指对加固构件表面处理，增强构件基层或提高粘结力的树脂。找平材料是对加固构件表面进行找平处理的材料。浸渍树脂是指浸透并粘贴纤维布的树脂。纤维板粘结剂是粘贴纤维增强复合材料板的黏合剂。粘结树脂按施工环境湿度、施工基层环境湿度分为常温干燥型 CD（10～35℃）、常温潮湿型 CM（混凝土处于饱水状态且表面无明水）、低温干燥型 LD（≤10℃）和低温潮湿型 LM（≤10℃且混凝土处于饱水状态且表面无明水）4 类。粘结树脂的标记由分类代号、施工环境温度和施工基层环境湿度代号组成。如：底层树脂、低温潮湿型，标记为：PR-LM JG/T 166—2016；浸渍树脂，常温干燥型，标记为：SR-CD JG/T 166—2016。

（4）混凝土裂缝修复灌浆树脂

国家建筑工业行业标准《混凝土裂缝修复灌浆树脂》JG/T 264—2010 中规定了适用

于对混凝土裂缝进行修复的灌浆树脂的术语和定义、型号和标记、要求、试验方法、检验规则、标志与包装、运输与贮存。

灌浆树脂是指采用灌注工艺进行混凝土裂缝修复的树脂。按施工环境温度可分为：常温（10～40℃）固化型，其代号为 N；低温（－5～10℃）固化型，其代号为 L。标记由代号（GR）和施工环境温度型号组成。如：灌浆树脂，施工环境温度为常温固化型标记为：GR-N。

3.5.6 钢丝绳和钢绞线

《混凝土结构加固设计规范》GB 50367 中对钢丝绳的规定：采用钢丝绳网-聚合物砂浆面层加固钢筋混凝土结构、构件时，其钢丝绳的选用应符合下列规定：重要结构、构件，或结构处于腐蚀介质环境、潮湿环境和露天环境时，应选用高强度不锈钢丝绳制作的网片；处于正常温、湿度环境中的一般结构、构件，可采用高强度镀锌钢丝绳制作的网片，但应采取有效的阻锈措施。制绳用的钢丝应符合下列规定：当采用高强度不锈钢丝时，应采用碳含量不大于 0.15％及硫、磷含量不大于 0.025％的优质不锈钢制丝；当采用高强度镀锌钢丝时，应采用硫、磷含量均不大于 0.03％的优质碳素结构钢制丝；其锌层重量及镀锌质量应符合国家现行标准《钢丝及其制品　锌或锌铝合金镀层》YB/T 5357对 AB 级的规定；钢丝绳的抗拉强度标准值应按其极限抗拉强度确定，且应具有不小于95％的保证率及不低于90％的置信水平。

预应力钢绞线是指由冷拉光圆钢丝及刻痕钢丝捻制而成的钢丝束。《钢绞线网片聚合物砂浆加固技术规程》JGJ 337—2015 中有关于钢绞线的规定：钢绞线的各项性能指标应符合现行国家标准《混凝土结构加固设计规范》GB 50367 的规定。钢绞线网片应无锈蚀、无破损、无散束，卡扣无开口、脱落，主筋和横向筋间距均匀，表面不得涂有油脂、油漆等污物。网片主筋规格和间距应满足设计要求。

3.5.7 聚合物改性水泥砂浆

聚合物改性水泥砂浆是指掺有聚合物乳液或聚合物胶粉的水泥砂浆，是以有机聚合物作为水泥砂浆的组成材料制备而成的，聚合物的加入大大提高水泥砂浆的性能，与普通水泥砂浆相比，具有较小的弹性模量、较好的力学性能、优异的抗渗性能、抗生物酸侵蚀性、抗化学腐蚀性等特点。目前已经广泛应用于工业与民用建筑、道路桥梁、地下建筑、海港建筑等修补加固中。

《钢绞线网片聚合物砂浆加固技术规程》JGJ 337 中对聚合物砂浆的规定：聚合物砂浆的各项性能指标应符合现行国家标准《混凝土结构加固设计规范》GB 50367 的规定；初凝时间不应小于 45min。终凝时间不应大于 12h；配制聚合物砂浆用的聚合物乳液，其挥发性有机化合物和游离甲醛含量应符合规定；聚合物砂浆乳液应在有效期内使用，不得受冻，应无分层离析、无杂质及结絮现象；配制聚合物砂浆的粉料应在有效使用期内使用，不得受潮、结块；聚合物砂浆可采用现行国家标准《混凝土结构加固设计规范》GB 50367 规定的Ⅰ级或Ⅱ级砂浆，其抗压强度设计值和正拉粘结强度应符合规定。

《混凝土结构加固设计规范》GB 50367 中对聚合物改性水泥砂浆的规定：采用钢丝绳网-聚合物改性水泥砂浆面层加固钢筋混凝土结构时，其聚合物品种的选用应符合下列规定：对重要结构的加固，应选用改性环氧类聚合物配制；对一般结构的加固，可选用改性环氧类、改性丙烯酸酯类、改性丁苯类或改性氯丁类聚合物乳液配制；不得使用聚乙烯醇类、氯偏类、苯丙类聚合物以及乙烯醋酸乙烯共聚物配制；在结构工程中不得使用聚合物成分及主要添加剂成分不明的任何型号聚合物砂浆；不得使用未提供安全数据清单的任何品种聚合物；也不得使用在产品说明书规定的储存期内已发生分相现象的乳液。

国家建筑工业行业标准《混凝土结构加固用聚合物砂浆》JG/T 289 中规定了适用于混凝土结构加固用聚合物砂浆的术语和定义、分类和标记、要求、试验方法、检验规则、标志、包装、运输与贮存。将聚合物与水泥、细骨料、掺合料、添加剂等按适当比例混合而成用于加固混凝土结构的高强度水泥砂浆称为混凝土结构加固用聚合物砂浆。按聚合物砂浆中使用聚合物材料的状态应分为干粉类和乳液类两类，分别用代号 P 和 E 表示。按聚合物砂浆的性能应分为Ⅰ级、Ⅱ级两类，分别用代号Ⅰ、Ⅱ表示。聚合物砂浆应按代号、状态、性能和标准号方式进行标记，如：聚合物材料为干粉类、聚合物性能为Ⅰ级应标记为：PMSC-P/I-JG/T 289—2010。

3.5.8 阻锈剂

钢筋锈蚀是导致混凝土结构耐久性提前退化的主要原因，钢筋阻锈剂作为阻止或减缓钢筋锈蚀的化学物质，可以通过掺入混凝土中或涂敷在混凝土结构表面而起作用。钢筋阻锈剂按使用方式和应用对象可分为掺入型和渗透型两类。掺入型是掺加到混凝土中，主要用于新建工程也可用于修复工程。渗透型是在混凝土表面涂覆后，逐渐渗透到混凝土内部，到达钢筋周围后起到对老混凝土工程的修复作用。《钢筋混凝土阻锈剂耐蚀应用技术规范》GB/T 33803—2017 中的定义，钢筋阻锈剂是掺入混凝土（或砂浆）中或涂刷在混凝土（或砂浆）表面，通过对混凝土（或砂浆）中钢筋的直接作用，能够阻止或延缓钢筋锈蚀的外加剂。单功能钢筋阻锈剂是指阻止或延缓混凝土（或砂浆）中钢筋锈蚀的外加剂；多功能钢筋阻锈剂是指阻止或延缓混凝土（或砂浆）中钢筋锈蚀作用，提高混凝土（或砂浆）的抗硫酸盐侵蚀能力的外加剂。有机型钢筋阻锈剂是以有机化合物为主的具有阻止或延缓混凝土（或砂浆）锈蚀作用的外加剂；外涂型钢筋阻锈剂是指涂敷在混凝土（或砂浆）表面，能渗透到钢筋周围起到阻止或延缓钢筋锈蚀作用的表面处理剂。

《混凝土结构加固设计规范》GB 50367 中对阻锈剂的规定：既有混凝土结构钢筋的防锈，宜按规范规定采用喷涂型阻锈剂。承重构件应采用烷氧基类或氨基类喷涂型阻锈剂；喷涂型阻锈剂的质量应符合规范的规定；对掺加氯盐、使用除冰盐或海砂，以及受海水浸蚀的混凝土承重结构加固时，应采用喷涂型阻锈剂，并在构造上采取措施进行补救；对混凝土承重结构破损部位的修复，可在新浇的混凝土中使用掺入型阻锈剂；但不得使用以亚硝酸盐为主成分的阳极型阻锈剂。

3.5.9 界面剂

混凝土界面处理剂是指用于改善混凝土、加气混凝土、粉煤灰砌块等表面粘结性能，增强界面附着能力的处理剂。用于新老混凝土之间的界面处理等，有利于新老混凝土之间的粘结。

国家建材行业标准《混凝土界面处理剂》JC/T 907—2018 中规定了适用于改善砂浆层与水泥混凝土、加气混凝土或以粉煤灰、石灰、页岩、陶粒等为主要原材料制成的砌块或砖等材料基面粘结性能的水泥基界面剂的术语和定义、分类和标记、一般要求、技术要求、试验方法、检验规则以及标志、随行文件、包装和贮存。

按组成分为两种类别：干粉类界面剂，用符号 P 表示；液体类界面剂，用符号 D 表示。干粉类界面剂是指由水泥、聚合物胶粉、填料和相关的外加剂组成的干粉类产品，使用时需与水或其他液体混合物拌和。液体类界面剂是指含聚合物分散液的液状产品，需与水泥和水等按比例拌和后使用。界面剂按适用的基面分为两种型号：Ⅰ型适用于水泥混凝土的界面处理；Ⅱ型适用于加气混凝土或以粉煤灰、石灰、页岩、陶粒等为主要原材料制成的砌块或砖等材料的界面处理。标记是由产品名称、标准号、类别和型号构成，如：用于水泥混凝土界面的干粉类界面处理剂标记为：混凝土界面处理剂 JC/T 907—2018 PⅠ。

界面剂的各项性能指标应符合现行国家标准《混凝土结构加固设计规范》GB 50367 的规定。宜采用改性环氧类，其挥发性有机化合物和游离甲醛含量应符合规范的规定。界面剂乳液应在有效使用期内使用，不得受冻，应无分层离析、无杂质及结絮现象。配置界面剂的粉料应在有效使用期内使用不得受潮、结块。

思 考 与 练 习

一、简答题

1. 常用的混凝土结构加固方法有哪些？

2. 混凝土结构的加固技术有哪些？

3. 常用的砖混结构加固方法有哪些？

4. 砖混结构的加固技术有哪些？

二、问答题

1. 和新建的建筑相比，加固改造技术有哪些特点？

2. 相对于混凝土，高强灌浆料有哪些优点？对项目造价有哪些影响？

3. 加固技术和加固方法对项目的造价有哪些影响？

第 4 章　混凝土结构加固工程的计量与计价

4.1　混凝土加大截面加固

常见的混凝土加大截面包括：基础加大截面、柱加大截面、梁加大截面、板加大截面、剪力墙加大截面等。通常基础加大截面采用的主要材料是混凝土，其他三种构件加大截面采用水泥基灌浆料，新旧结构的连接通常采用植筋等后锚固方式。

4.1.1　混凝土基础加大截面

1. 混凝土基础加大截面的相关规定

《混凝土结构加固构造》13G311-1 图集中给出了基础加大底面积的做法。当既有建筑的地基承载力或基础底面尺寸不满足规范要求时，可采用钢筋混凝土套加大基础底面积进行加固。主要加固方法包括：独立基础改条形基础、条形基础改十字正交条形基础、条形基础改筏形基础。

当独立基础不宜采用钢筋混凝土套加大基础底面积时，可将原独立基础串联起来改变成为柱下条形基础。与独立基础相比，条形基础不仅基底面积显著增大，而且整个基础结构的刚度和整体性也大幅度增强。一字形条形基础不宜采用钢筋混凝土套加大基础底面面积时，可在原条形基础垂直方向增设新条形基础，新旧条形基础组成十字正交条形基础，共同承担上部结构荷载。与原基础相比，十字正交条形基础不仅底面积显著增大，而且垂直方向整个基础结构刚度和整体性也大幅度增强。正交条形基础底面积不满足要求时，可设置筏板，与原基础组成筏形基础。新增筏形基础形式分为平板式和肋梁式，净跨较小时可采用平板式，否则应采用肋梁式或双向肋梁式。新旧基础的连接宜用刚接。

为加强新旧混凝土基础的粘结力，新旧混凝土界面处理应符合规范要求，并附加 L 形锚筋，加固改造施工中必须做好对新旧混凝土结合面的处理，新旧混凝土结合面充分凿毛（凹凸深度 6～8mm），浇筑混凝土前，混凝土结合面冲洗干净，涂一层混凝土界面剂，应在界面剂凝固前浇筑混凝土，保证连接面的质量及可靠性。混凝土基面的处理对保证改造施工十分重要，在施工中应严格控制。对加宽部分，地基上应铺设厚度和材料均与原基础相同的垫层。地基土应按现行国家标准《建筑地基基础设计规范》GB 50007 的有关规定进行夯实压密处理。对条形基础加宽时，应按 1.5～2.0m 划分为单独区段，分批、分段、间隔进行施工。

钢筋混凝土套加宽钢筋混凝土条形基础的构造图如图 4-1 所示。

2. 混凝土基础加大截面工程量的计算内容

（1）混凝土基础加大截面，工程计量的内容一般包括：

1）地面破除及挖土、垃圾外运。需考虑原有地面装饰面层破除、地面垫层破除、基础挖土方、垃圾清理集中堆放后外运等的费用。

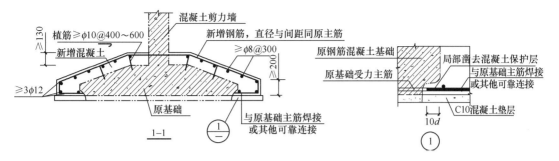

图 4-1　混凝土基础加大截面构造图

2）基础部分混凝土的破除。在基础底部，一般需要局部凿除混凝土保护层，留出新增钢筋与原基础钢筋焊接的工作面，单面焊接一般是 $10d$，双面焊接 $5d$。

3）新旧混凝土结合面凿毛并刷界面剂。新旧混凝土结合面需按照规范和图纸设计的要求进行充分凿毛，并涂刷结合界面剂。

4）混凝土、钢筋、模板、植筋费用。按图纸设计需全面考虑基础加大部分的混凝土、新增钢筋、新增插筋、基础模板等费用，因原基础钢筋与新增钢筋需焊接，这里需要单独计算焊接的个数并单独计取焊接的费用，包括清理原钢筋的焊接部位的费用等。插筋的植筋费用需在清单编制中注明植筋的深度、植筋的价格与植筋深度等密切相关。

5）回填、垫层及面层恢复。基础加固施工完成后，还应考虑基坑回填、地面垫层恢复、地面面层恢复，如果是外围基础，还可能需要恢复室外散水等的费用。

（2）工程量计算规则：

《房屋建筑加固工程消耗量定额》TY01-01（04）—2018 中相关子目的计算规则：

1）混凝土工程量计算的一般规则：混凝土工程量除另有规定者外，均按设计图示尺寸以体积计算，不扣除构件内钢筋、预埋铁件及墙、板中 $0.3m^2$ 以内的孔洞所占体积。型钢混凝土中型钢骨架所占体积按型钢骨架密度 $7850kg/m^3$ 扣除。

2）基础混凝土按设计图示尺寸以体积计算，不扣除伸入承台基础的桩头所占体积。

3）构件混凝土凿毛、剔除基层混凝土和基层表面阻锈按所需处理构件表面积以"m^2"计算。

4）现浇构件钢筋按设计图示钢筋长度乘以单位理论质量计算。钢筋工程中措施钢筋按设计图纸规定及施工规范要求计算，按品种、规格执行相应项目，采用其他材料时另行计算。钢筋搭接长度按设计图示及规范要求计算，设计图示及规范要求未标明搭接长度的，不另计算搭接长度。钢筋的搭接（接头）数量应按设计图示及规范要求计算，设计图示及规范要求未标明的，按以下规定计算：$\Phi10$ 以内的钢筋按每 12m 计算一个钢筋搭接接头；$\Phi10$ 以上的钢筋按每 9m 计算一个钢筋搭接接头。设计图示及规范要求钢筋接头采用机械连接或焊接时，按数量计算，不再计算该处的钢筋搭接长度。直径 25mm 以上的钢筋连接按机械连接考虑。铺钢丝网、钢丝绳网片按其外边尺寸以"m^2"计算。

5）结构植钢筋按数量计算，植入钢筋按外露和植入部分之和长度乘以单位理论质量计算。

6）模板及支架按模板与混凝土的接触面面积以"m^2"计算，不扣除小于等于 $0.3m^2$

预留孔洞面积，洞侧壁模板也不增加。

7）土石方的开挖、运输均按开挖前的天然密实体积计算。土方回填按回填后的竣工体积计算。基础施工的工作面宽度按施工组织设计（经批准）计算，施工组织设计无规定时，按下列规定计算：

① 当组成基础的材料不同或施工方式不同时，基础施工的工作面宽度按表 4-1 计算。

基础施工工作面宽度计算表

表 4-1

基础材料	每面增加工作面宽度（mm）
砖基础	200
毛石、方整石基础	250
混凝土基础（支模板）	400
混凝土基础垫层（支模板）	150
基础垂直面做砂浆防潮层	400（自防潮层面）
基础垂直面做防水层	1000（防水层面）
支挡土板	100（另加）

② 基础施工需要搭设脚手架时，基础施工的工作面宽度，条形基础按 1.50m 计算（只计算一面），独立基础按 0.45m 计算（四面均计算）。

③ 基坑土方大开挖需做边坡支护时，基础施工的工作面宽度按 2.00m 计算。

8）基础土方的放坡：

① 土方放坡的起点深度和放坡坡度按施工组织设计计算，施工组织设计无规定时，按表 4-2 计算。

土方放坡起点深度和放坡坡度表

表 4-2

土壤类别	起点深度（m，>）	放坡深度			
		人工挖土	机械挖土		
			基坑内作业	基坑上作业	沟槽上作业
一、二类土	1.20	1：0.50	1：0.33	1：0.75	1：0.50
三类土	1.50	1：0.33	1：0.25	1：0.67	1：0.33
四类土	2.00	1：0.25	1：0.10	1：0.33	1：0.25

② 基础土方放坡自基础（含垫层）底标高算起。

③ 混合土质的基础土方，其放坡的起点深度和放坡坡度按不同土类厚度加权平均计算。

④ 计算基础土方放坡时，不扣除放坡交叉处的重复工程量。

9）沟槽土石方按设计图示沟槽长度乘以沟槽断面面积以体积计算。

① 条形基础的沟槽长度按设计规定计算，设计无规定时，按下列规定计算：外墙沟槽按外墙中心线长度计算。突出墙面的墙垛按墙垛突出墙面的中心线长度并入相应工程量

内计算。内墙沟槽、框架间墙沟槽按基础（含垫层）之间垫层（或基础底）的净长度计算。

② 沟槽的断面积应包括工作面宽度、放坡宽度或石方允许超挖量的面积。

10）一般土石方按设计图示基础（含垫层）尺寸，另加工作面宽度、土方放坡宽度或石方允许超挖量乘以开挖深度，以体积计算。机械施工坡道的土石方工程量并入相应工程量内计算。

11）挖淤泥流沙以实际挖方体积计算。人工挖（含爆破后挖）冻土按设计图示尺寸，另加工作面宽度，以体积计算。挖灰土以实际挖方体积计算。

12）原土夯实按施工组织设计规定的尺寸，以面积计算。施工组织无规定时，按实际发生面积计算。

13）沟槽、基坑的回填按挖方体积减去设计室外地坪以下建筑物、基础（含垫层）的体积计算。房心回填按主墙间净面积（扣除连续底面积 2m² 以上的设备基础等面积）乘以回填厚度以体积计算。回填灰土、零星灰土、砂夹石、三合土、砂的工程量均按夯实后的体积计算。基底钎探以垫层（或基础）底面积计算。

14）土方运输按挖土总体积减去回填土（折合天然密实体积），总体积为正，则为余土外运；总体积为负，则为取土内运。

这里需说明的是：这里是根据《房屋建筑加固工程消耗量定额》TY01-01（04）—2018 给出的工程量计算参考，在编制工程量清单时，因没有全国加固工程相应子目的工程量清单计算规则，这里在编制加固项目的工程量清单时，清单工程量的计算参考该定额的工程量计算规则进行计算。

本章其他项目的清单工程量计算说明同上。

3. 混凝土基础加大截面工程量计算案例

案例 4-1：独立基础加大截面

某独立基础加大截面平面图和剖面图如图 4-2、图 4-3 所示。该基础位于室内，改造房间的原室内地面自上而下的做法为：地面瓷砖（面层＋结合层30mm），100mm 混凝土垫层，150mm 厚三七灰土垫层，下面是普通土。原基础尺寸为2000mm×2000mm，每边加大 800mm，加固构件的混凝土强度等级为 C30，商品混凝土，人工场内倒运 20m，基础加大截面下 C15 混凝土垫层同时进行铺设，厚度100mm，加固后按原做法恢复地面，基础保护层 40mm，插筋⸬12 的外露水平段和垂直段均为 200mm。人工开挖，混凝土基础工作面 400mm，按每边放坡 1：0.5 计算，柱子原尺寸为 400mm×400mm，加大截面后为 600mm×600mm，计算该基础加大截面的清单工程量，列入工程量计算表。

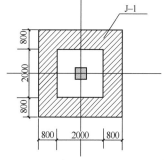

图 4-2 独立基础加大截面平面图

计算说明：①基础开挖时应根据原图纸的建筑做法计算面层、垫层、土方的破除。室内场地狭窄，本题采用人工破除面层和挖土，从室内至垫层底的开挖深度为 －2.6m，采用 1：0.5 放坡。开挖上口尺寸为 2.6×0.5×2＋3.6＋0.4＝6.6m，下口尺寸为：0.4＋3.6＋0.4＝4.4m。地面瓷砖面层及结合层厚度按 0.03m 计算。在计算地面垫层破除时，

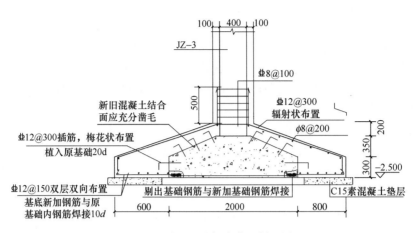

图 4-3　独立基础加大截面剖面图

本题近似按上口尺寸计算。②新旧混凝土结合面的面积按实际接触面积计算，包括独立基础的侧面、顶面及0.2m高的柱侧四周。③根据详图，原基础底部需要剔出基础钢筋，清理后与新加基础钢筋焊接，后恢复剔除部位的混凝土，这里的工程量按个或处计算，在报价时可综合考虑此费用。④植筋子目不含钢筋，其中钢筋单独计算，并入钢筋子目中，植筋按数量计算。⑤这里应注意基础加固和柱加固的分界线。本题是以基础的加固后扩大面为分界线。柱加大截面的加固做法单独另行计算。

　　解：基础加大截面的清单工程量计算见表4-3。

基础加大截面工程量计算表

表 4-3

序号	计算内容	工程量计算式	单位	计算结果
1	地面瓷砖破除	$6.6 \times 6.6 - 0.4 \times 0.4$	m²	43.4
2	地面混凝土垫层破除	$(6.6 \times 6.6 - 0.4 \times 0.4) \times 0.1$	m³	4.34
3	三七灰土垫层破除	$(6.6 \times 6.6 - 0.4 \times 0.4) \times 0.15$	m³	6.51
4	基础挖土方	$(6.6 \times 6.6 + 4.4 \times 4.4 + 4.4 \times 6.6) \times 1/3 \times (2.5 + 0.1 - 0.1 - 0.25 - 0.03) - (2.2 \times 2.2 \times 0.1 + 2.0 \times 2.0 \times 0.3 + (2 \times 2 + 0.5 \times 0.5 + 2.0 \times 0.5)/3 \times 0.35) - 0.4 \times 0.4 \times (2.5 + 0.1 - 0.1 - 0.15 - 0.03 - 0.1 - 0.3 - 0.35)$	m³	65.50
5	新旧混凝土结合面凿毛并刷界面剂	$2 \times 4 \times 0.3 + (0.5 + 2.0)/2 \times \sqrt{(0.35 \times 0.35 + 0.75 \times 0.75)} \times 4 + (0.5 \times 0.5 - 0.4 \times 0.4) + 0.4 \times 4 \times 0.2$	m²	6.95
6	加固独立基础混凝土	$3.6 \times 3.6 \times 0.3 + (0.6 \times 0.6 + 3.6 \times 3.6 + 3.6 \times 0.6) \times 0.55/3 - 2 \times 2 \times 0.3 - (2 \times 2 + 0.5 \times 0.5 + 2.0 \times 0.5) \times 0.35/3 - 0.4 \times 0.4 \times 0.2$	m³	4.88
7	独立基础模板	$3.6 \times 4 \times 0.3$	m²	4.32

序号	计算内容	工程量计算式	单位	计算结果
8	独立垫层混凝土	$(3.8 \times 3.8 - 2.2 \times 2.2) \times 0.1$	m^3	0.96
9	垫层模板	$3.8 \times 4 \times 0.1$	m^2	1.52
10	Φ12钢筋-底部	$0.888 \times (0.8 + 0.12 - 0.04) \times (2/0.15) \times 4 + 0.888 \times (3.6 - 0.04 \times 2) \times (0.8/0.15) \times 4$	kg	108.36
11	Φ12钢筋-上部斜向	$0.888 \times (0.5 + \sqrt{(1.6 \times 1.6 + 0.55 \times 0.55)} + 0.3 - 0.04) \times [(3.6 + 0.4)/2 \times 0.55/0.3] \times 4$	kg	31.93
12	Φ12箍筋	$0.888 \times (20 \times 0.012 + 0.2 + 0.2) \times (2/0.3 + \sqrt{(0.35 \times 0.35 + 1 \times 1)}/0.3 \times (0.5 + 2.0)/2/0.3) \times 4$	kg	48.61
13	Φ12钢筋焊接10d-底部	$(2/0.15) \times 4$	个	53
14	Φ12钢筋植筋20d	$(2/0.3 + \sqrt{(0.35 \times 0.35 + 1 \times 1)}/0.3 \times (0.5 + 2.0)/2/0.3) \times 4$	个	86
15	基础底部剔槽及恢复	$(2/0.15) \times 4$	个	53
16	基础回填	$(6.6 \times 6.6 + 4.4 \times 4.4 + 4.4 \times 6.6) \times 1/3 \times (2.5 + 0.1 - 0.1 - 0.15 - 0.03) - (3.8 \times 3.8 \times 0.1 + 3.6 \times 3.6 \times 0.3 + (3.6 \times 3.6 + 0.6 \times 0.6 + 3.6 \times 0.6)/3 \times 0.55) - 0.6 \times 0.6 \times (2.5 + 0.1 - 0.1 - 0.15 - 0.03 - 0.1 - 0.3 - 0.55)$	m^3	62.45
17	三七灰土恢复	$(6.6 \times 6.6 - 0.6 \times 0.6) \times 0.15$	m^3	6.48
18	地面垫层恢复	$(6.6 \times 6.6 - 0.6 \times 0.6) \times 0.1$	m^3	4.32
19	地面瓷砖面层恢复	$6.6 \times 6.6 - 0.6 \times 0.6$	m^2	43.2

4.1.2 混凝土柱加大截面

1. 混凝土柱加大截面的相关规定

《混凝土结构加固构造》13G311-1 中对于柱加大截面加固法的说明：

（1）加大截面法加固柱应根据柱的类型、截面形式、所处位置及受力情况等的不同，采用相应的加固构造方式。增大截面法适用于提高柱的正截面承载力、斜截面承载力，降低轴压比的加固，依据现场实际情况及受力状况可采用四面围套、三面、二面围套及单面增大。

（2）新增纵向受力钢筋应由计算确定，但直径不应小于 14mm，一般情况宜大于等于 16mm。钢筋在加固楼层范围内应通长设置。纵筋布置以不与梁相交为宜，若相交则应采用植筋技术锚固于梁中，且满足植筋边距、间距与深度的要求。

（3）纵向受力钢筋上下两端应有可靠锚固。纵筋下端应伸入基础并应满足锚固要求；上端应穿过楼板与上层柱连接或在屋面板处封顶锚固。

（4）新增箍筋应使新旧两部分整体工作，箍筋直径与原箍筋相同。箍筋在加密区范围和考虑原箍筋的配筋量应满足《建筑抗震设计规范（2016 年版）》GB 50011—2010 的相关规定，一般情况宜≥Φ8@200/400。

（5）箍筋形式可采用单一封闭箍、U形箍、L形箍，或者封闭箍＋U形箍、L形箍；新增箍筋与原箍筋可焊接连接，单面焊接时焊接长度不小于$10d$，双面焊接时焊接长度不小于$5d$。

（6）节点部位，即纵横框架梁区域，为减小箍筋穿梁钻孔工作量和对原结构的损伤，箍筋可等效换算为直径和间距较大的等代筋，等代筋的间距可取为200mm。

（7）新增钢筋与原混凝土之间的间隙不宜小于钢筋直径d；新增混凝土厚度应满足《混凝土结构设计规范（2015年版）》GB 50010—2010对混凝土保护层厚度的规定。

（8）新增混凝土层厚度应由计算确定，新增混凝土强度等级应比原柱提高一级，且不宜低于C25。新增混凝土可通过楼板开浇筑孔施工，开孔时应避免损伤楼板钢筋。

（9）新旧混凝土界面处理应符合混凝土结构加固规范的相关规定。

（10）新增钢筋穿原结构梁、板、墙的孔洞应采用胶粘剂灌注锚固。

（11）植筋应满足锚固深度和最小边距、间距的要求；穿孔部位应采用胶粘剂灌注锚固。

（12）新增受力钢筋在基础的锚固宜采用植筋的方式。当基础埋置深度较深，不易植筋锚固时，可采用新增混凝土围套锚固的做法。

2. 柱加大截面的平面注写方法

《建筑结构加固施工图设计表示方法》和《建筑结构加固施工图设计深度图样》SG111-1～2图集中给出了混凝土结构和砌体结构体系的柱、墙、梁、板等构件加固施工图的设计表示方法。在进行加固工程内容的计量前，若图纸采用了平面表示方法，还需要首先清楚柱加固平法施工图的含义。柱构件类型代号表示为：框架柱（JKZ）、框支柱（JKZZ）梁上柱（JLZ）剪力墙上柱（JJZ）。

柱加固施工图表示方法有列表注写、截面注写或平面注写方法等。柱列表注写方法，系根据加固方法在分标准层绘制的柱平面布置图上对同一编号的柱选择一个截面分别标注柱编号、柱段起止标高、原柱截面尺寸、加固截面尺寸、加固材料的类型及具体数量。平面注写方法，系根据加固方法在分标准层绘制的柱平面布置图上，对不同编号的柱分别在其上注写柱编号、柱原截面尺寸及加固材料具体数值的方法来表达柱加固施工图，楼层起止标高在图中另行注明。截面注写方法，系根据加固方法在分标准层绘制的柱平面布置图的柱截面上，对同一编号的柱分别直接注写原柱截面尺寸、加大截面厚度和加固材料具体数值的方法来表达柱加固施工图。

（1）列表注写方法（表4-4）

对于加大截面加固柱，需要注明一面、二面、三面或四面加大截面的厚度（$b_1/b_2-h_1/h_2$），b_1、b_2分别为宽度b左、右侧增加的厚度，h_1、h_2分别为高度h上、下面增加的厚度。例：$400×500（80/60-80/60）$，表示原柱为矩形柱，原柱截面的宽度$b=400$，高度$h=500$，左侧加厚$b_1=80$，右侧加厚$b_2=60$，上面加厚$h_1=80$，下面$h_2=60$，具体见表4-4中的JKZ1。其中表中JKZ1的标高为$5.1000～10.000$，是指该加固柱段的起止标高。框架柱和框支柱的根部标高系指基础顶面标高；梁上柱根部标高系指梁顶标高；剪力墙上柱根部标高为墙顶面标高，还有三面、两面加固或单面加固的情形，见JKZ2、JKZ3、JKZ4等。圆形柱的加固注写方式为$D500（80）$，表示原截面为圆形，直径$D=500$，半径加厚80，见JKZ5。

表 4-4

加大截面柱列表注写方法示例

	JKZ1	JKZ22	JKZ3	JKZ4	JKZ5	JKZ6
截面						
编号	JKZ1	JKZ22	JKZ3	JKZ4	JKZ5	JKZ6
标高	5.100~10.000	5.100~10.000	5.100~10.000	5.100~10.000	5.100~10.000	5.100~10.000
原截面尺寸及增加的厚度 $b \times h$（$b_1/b_2 - h_1/h_2$）	400×500 (80/60—80/60)	400×500 (80/60—80/0)	400×500 (80/60—0/0)	400×500 (0/60—80/0)	400×500 (0/60—0/0)	D500(80)
角筋	4Φ22	4Φ22	4Φ22	3Φ22	2Φ22	8Φ22
b一侧中部钢筋	2Φ18	2Φ20	—	1Φ20	—	—
h一侧中部钢筋	3Φ20	2Φ20	1Φ20	2Φ20	1Φ18	—
箍筋	Φ10@150(1200)/300	Φ10@200	Φ10@150(1200)/300	Φ10@200	Φ10@20C	Φ10@150(1200)/300
拉筋	Φ6@300	—	—	—	—	—
截面示意图						

（2）平面注写方法

加大截面柱施工图平面注写的内容包括：柱编号、原柱截面尺寸、加大截面后增加的厚度、新增纵筋和新增箍筋，见图4-4示例。JKZ1中的纵筋为4Φ22＋2Φ18＋3Φ20，表示纵筋为HRB400钢，4根角筋，Φ22；沿宽度b方向截面中部配2根钢筋，Φ18；沿高度h方向截面中部配3根钢筋，直径为20，JKZ1是四面均加大截面，应注意纵筋的总根数为4＋2×2＋3×2＝14根。箍筋Φ10@150（1200）/300，表示箍筋为HRB400钢，Φ为10，加密区间距为150，加密区段的长度为1200，中间的非加密区间距为300。若箍筋表示为Φ10@200，表示箍筋沿柱全高间距为200均匀分布。

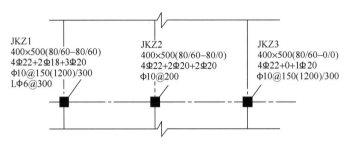

JKZ1
400×500(80/60−80/60)
4Φ22+2Φ18+3Φ20
Φ10@150(1200)/300
LΦ6@300

JKZ2
400×500(80/60−80/0)
4Φ22+2Φ20+2Φ20
Φ10@200

JKZ3
400×500(80/60−0/0)
4Φ22+0+1Φ20
Φ10@150(1200)/300

图4-4　加大截面加固柱平面注写方法示例

（3）截面注写方法

加大截面柱施工图截面注写见图4-5示例。JKZ1表示加固框架柱1，原柱尺寸是500×550，是四面加大截面，应注意纵筋的总根数为4＋2×2＋3×2＝14根。其中纵筋为4Φ

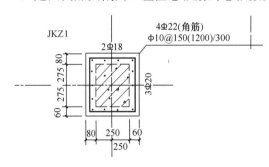

JKZ1

4Φ22(角筋)
Φ10@150(1200)/300

2Φ18

3Φ20

80　250　60
250

图4-5　加大截面加固柱截面注写方法示例

22（角筋），表示HRB400钢，角筋为4根Φ22；2Φ18表示纵筋为沿宽度b方向截面中部配2根Φ18钢筋；3Φ20表示沿高度h方向截面中部配3根Φ20钢筋，JKZ1是四面均加大截面，箍筋Φ10@150（1200）/300，表示箍筋为HRB335钢，直径为10，加密区间距为150，加密区段的长度为1200，中间的非加密区间距为300。和列表注写的表达内容一致。

3.混凝土柱加大截面工程量的计算内容

（1）混凝土柱加大截面，工程计量的内容一般包括：

1）拆除影响加固施工的墙体及恢复。加固柱加大截面时柱周边的墙体或门窗可能会有一定的影响，需要拆除影响的墙体，拆除部分的墙体需满足加固柱工作面的要求，加固柱施工完成后，应再恢复墙体，并恢复墙体上的装饰面层做法，如果影响到了门窗，还需要考虑门窗的拆除及恢复等的费用。

2）柱基础加固。柱加大截面时，有时原柱的基础同样需要加大截面，施工时需要破除地面及挖土、垃圾外运。需考虑原有地面装饰面层破除、地面垫层破除、基础挖土方、垃圾清理集中堆放后外运等的费用。基础加固的钢筋、混凝土、模板、插筋植筋费用等均需要根据设计图纸计算。插筋的植筋费用需在清单编制中注明植筋的深度。基础加固施工完成后，还应考虑基坑回填、地面垫层恢复、地面面层恢复，如果是外围基础，还可能需要恢复室外散水等的费用。

3）剔除柱面装饰层、抹灰层等。柱加大截面是需要在结构层外面加大，原柱上的装饰面层、抹灰层等建筑做法，需要首先剔除掉，露出结构面，清理干净，以便进行下一步的新旧混凝土结合面的处理。还应注意的是，柱加大截面还可能需要考虑占用的楼面、吊顶、梁面等的装饰做法的拆除及恢复。

4）新旧混凝土结合面凿毛并刷界面剂。新旧混凝土结合面需按照规范和图纸设计的要求进行充分凿毛，并涂刷结合界面剂。

5）混凝土或高强免振捣水泥基灌浆料。柱子的截面加大宽度一般在100mm左右，普通混凝土无法振捣，设计图纸中通常会对加固构件采用免振捣的高强灌浆料代替混凝土。计算时按设计图示尺寸以体积计算，上部遇到梁、板节点应扣除其所占用的体积。

6）钢筋、植筋。按图纸设计全面计算新增竖向主筋，但应全面理解图纸中关于柱梁节点处的钢筋做法，在基础处，主筋需要植入原混凝土基础中，在梁柱节点处，遇到原梁时，柱主筋应植入原梁或贯穿原梁，遇到上部原楼板时，应贯穿原楼板后伸入上一层。

对于四面加大截面的柱子的箍筋一般有外围大箍筋，大箍筋通长采用两个U形箍的抄手焊接，在计算完箍筋的工程量后，还需要计算每根箍筋会有两个焊接，对于原柱每侧中的小U形箍通常需植入到原柱中，还需要计算箍筋的植筋工程量。对于非四面加大截面的柱子，还会产生原箍筋与新箍筋的连接费用，通过剔槽，剔凿出原箍筋的焊接长度，一般单面焊是 $5d$，双面焊是 $10d$，新旧箍筋焊接后再恢复表面。

在梁柱节点部位，根据13G311规范图集中的要求，会产生等代箍筋，等代箍筋会贯穿周边纵横梁后互焊，除了计算等代箍筋的钢筋工程量外，每根等代箍筋需要根据图纸计算贯穿原梁的植筋费用和焊接费用。如图 4-6 所示。

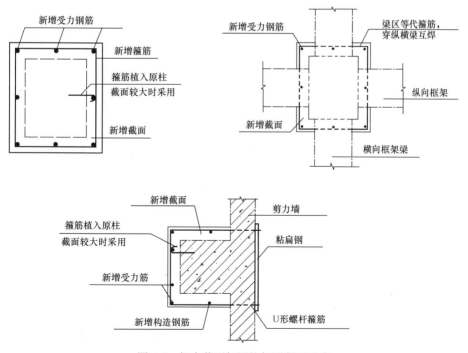

图 4-6　加大截面加固柱加固断面示意

钢筋的计算规则是按设计图示钢筋长度乘以单位理论重量计算。植筋区分不同钢筋植筋和植筋深度按根数计算。这里应注意的是：植筋中的钢筋需要按重量单独计算列入钢筋的工程量中；植筋需要根据钢筋的直径、直径深度分别计算，分别列清单子目。

7）模板、脚手架等费用。加固柱的模板、施工脚手架等措施费用。模板的计算规则是按模板与混凝土的接触面积以"m²"计算，不扣除≤0.3m²预留孔洞面积、洞侧壁模板也不增加，不扣除梁头占用的柱模板的面积，模板按 3.6m 高度考虑，每增加 1m，按超高一次计算。在屋顶和基础处的加固示意做法如图 4-7 所示。柱加大截面施工图如图 4-8所示。

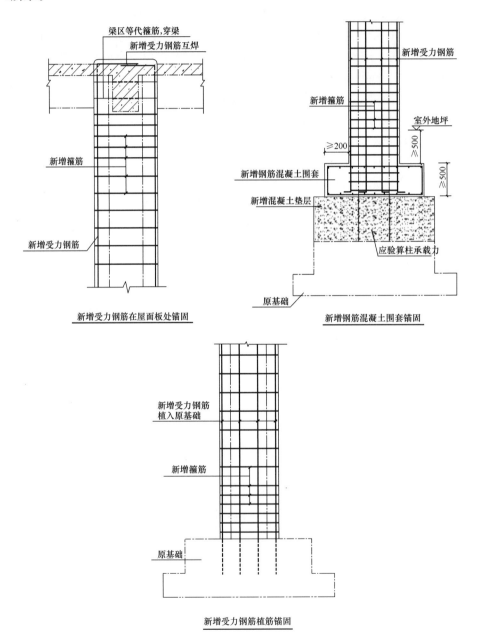

图 4-7　加大截面加固柱在屋顶和基础处示意

图 4-8 柱加大截面施工图

（2）工程量计算规则：

《房屋建筑加固工程消耗量定额》TY01-01(04)—2018 中相关子目的计算规则：

1）混凝土工程量计算的一般规则：混凝土工程量除另有规定者外，均按设计图示尺寸以体积计算，不扣除构件内钢筋、预埋铁件及墙、板中 0.3m² 以内的孔洞所占体积。型钢混凝土中型钢骨架所占体积按型钢骨架密度 7850kg/m³ 扣除。

2）柱混凝土按设计图示尺寸以体积计算。有梁板的柱高应自柱基上表面（或楼板上表面）至上一层楼板上表面之间的高度计算；无梁板的柱高应自柱基上表面（或楼板上表面）至柱帽下表面之间的高度计算；框架柱的柱高应自柱基上表面至柱顶面高度计算；构造柱高度自柱基至柱顶上表面；马牙槎并入构造柱混凝土体积。

3）构件混凝土凿毛、剔除基层混凝土和基层表面阻锈按所需处理构件表面积以"m²"计算。

4）现浇构件钢筋按设计图示钢筋长度乘以单位理论质量计算。

5）结构植钢筋按数量计算，植入钢筋按外露和植入部分之和长度乘以单位理论质量计算。

6）模板及支架按模板与混凝土的接触面面积以"m²"计算，不扣除≤0.3m² 预留孔洞面积，洞侧壁模板也不增加。混凝土构件截面加大的，为满足浇筑需要所增加的模板工程量并入相应构件模板计算。构造柱按设计图示外露部分计算模板面积，带马牙槎构造柱的宽度按马牙槎的宽度计算。

7）外脚手架、里脚手架均按搭设长度乘以搭设高度以"m²"计算，不扣除门窗洞口及穿过建筑物的管道等所占的面积。

柱加大截面脚手架在《房屋建筑加固工程消耗量定额》TY01-01(04)—2018 中没有具体的计算规则，这里是按加固柱外围结构周长另加 3.6m 后乘以设计柱高计算。

4. 混凝土柱加大截面工程量计算案例

案例 4-2：柱四面加大截面

某加固中柱 JGZ1 的平面、立面、梁区的做法如图 4-9 所示。原柱尺寸为 1000mm×

800mm，四面均加大100mm，基础无需加固，基础顶面无回填等其他做法，共加固三层（标高−5.85m 至 3.9m），柱表面无装饰面层，梁面、板顶板底均无装饰做法。加大截面材料采用高强灌浆料，植筋胶采用 A 级胶，钢筋采用单面焊接 10d，原抗震等级为三级，柱侧周边框架梁尺寸均为 400mm×600mm，每层板厚均为 120mm。主筋在屋顶处钢筋弯折处先凿毛，焊接后抹高强度聚合物砂浆 20mm。主筋与箍筋均为 HRB400，主筋下部植入原基础内 24d，上部遇到梁贯穿至上一层，其余主筋遇板处贯穿板至上一层。外围大 U 形箍筋抄手焊接，单面焊接 10d，小 U 形箍筋的植筋深度为 15d，混凝土保护层按30mm，其他内容如图 4-9 所示。计算该混凝土柱加大截面相关的工程量。

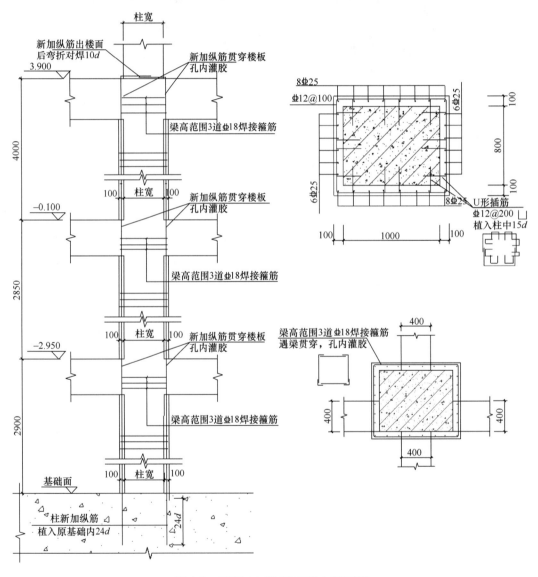

图 4-9　四面加大截面加固柱加固详图

计算说明：①本题根据图纸，柱基础无需加固，柱的竖向钢筋直接植入原基础中；②新旧混凝土结合面的面积按实际接触面积计算；③新加竖向主筋在基础部位均需植入原基础中，上部在梁板部位，分成两种情况，一种是上部遇到原梁，需要植入梁一定的设计深度，或者直接垂直贯穿原梁伸入上一层；另一种情况是上部遇到原楼板，需要贯穿原楼板伸入上一层，贯穿梁板的部位均需打孔灌胶；④外套大箍筋计算时不能加工成传统的箍筋套，需要加工成两个U形箍筋，并在施工时进行搭接焊，一般设计要求单面焊接10d或双面焊接5d；还有柱侧四周的小U形箍，每个小U形箍的两头均需按设计要求植入原柱中15d；⑤这里应注意梁柱接头位置处的做法产生的多项工程量计算内容，在此部位因为均遇到了梁，会采用等代箍筋3道Φ18的方式，如图4-9所示，等代箍筋遇到原梁需要贯穿，并且需要加工成小L形，在施工时水平贯穿原梁后进行焊接，一般也采用搭接焊的方式单面焊接5d或双面焊接10d；根据该加固柱的位置，是中柱、边柱还是角柱会影响到等代箍筋穿梁的次数和焊接的个数，本题是中柱，四个侧面均有梁，因此每道等代箍筋会贯穿四侧的梁宽，根据详图，会发生六次焊接；⑥加固柱模板计算时，未扣除梁头占用的柱模板的面积；⑦加固柱脚手架暂按(柱结构周长＋3.6m)×(层高－板厚)计算。

　　解： 柱加大截面工程量计算见表4-5。

工程量计算表　　　　　　　　　　　　　　　　　　表 4-5

序号	计算内容	工程量计算式	单位	计算结果
一	－5.85m 至－2.95m(层高 2.90m)			
1	新旧混凝土结合面凿毛并刷界面剂	$(1.0 \times 2 + 0.8 \times 2) \times (2.9 - 0.12) - 0.4 \times (0.6 - 0.12) \times 4 + (1.2 \times 1 - 1 \times 0.8) \times 2$	m³	10.04
2	加固柱灌浆料	$(1.2 \times 1 - 1 \times 0.8) \times (2.9 - 0.12) - 0.4 \times (0.6 - 0.12) \times 4 \times 0.01$	m²	1.10
3	加固柱模板	$(1.2 \times 2 + 1 \times 2) \times (2.9 - 0.12)$	m²	12.23
4	加固柱脚手架	$(1.2 \times 2 + 1 \times 2 + 3.6) \times (2.9 - 0.12)$	m²	22.24
5	Φ25钢筋(仅本层长度)	$3.85 \times 28 \times (24 \times 0.025 + 2.9 + 10 \times 0.025)$	kg	404.25
6	Φ25钢筋植筋24d(植入基础)	28	个	28
7	Φ25钢筋植筋600mm(贯穿梁)	10	个	10
8	Φ25钢筋植筋120mm(贯穿板)	18	个	18
9	Φ25钢筋焊接	28	个	28
10	Φ12箍筋	$0.888 \times (1.2 \times 2 + 1.0 \times 2 + 2 \times 10 \times 0.012 - 0.03 \times 8) \times ((2.9 - 0.6)/0.1) + 0.888 \times (0.35 + 0.1 \times 2 + 0.012 \times 15 \times 2) \times 8 \times ((2.9 - 0.6)/0.2)$	kg	164.21
11	Φ12钢筋焊接	$2 \times ((2.9 - 0.6)/0.1)$	个	46
12	Φ12钢筋植筋15d	$16 \times ((2.9 - 0.6)/0.2)$	个	184
13	Φ18等代箍筋	$2.0 \times (1.2 \times 2 + 1 \times 2 + 6 \times 10 \times 0.018 - 0.03 \times 8) \times 3$	kg	31.44
14	Φ18钢筋贯穿梁400mm	4×3	个	12
15	Φ18钢筋焊接	6×3	个	18

序号	计算内容	工程量计算式	单位	计算结果
二	−2.95至−0.1m(层高2.85m)			
16	新旧混凝土结合面凿毛并刷界面剂	(1.0×2+0.8×2)×(2.85−0.12)−0.4×(0.6−0.12)×4+(1.2×1−1×0.8)×2	m³	9.86
17	加固柱灌浆料	(1.2×1−1×0.8)×(2.85−0.12)−0.4×(0.6−0.12)×4×0.01	m²	1.08
18	加固柱模板	(1.2×2+1×2)×(2.85−0.12)	m²	12.01
19	加固柱脚手架	(1.2×2+1×2+3.6)×(2.85−0.12)	m²	21.84
20	Φ25钢筋	3.85×28×(2.85+10×0.025)	kg	334.18
21	Φ25钢筋植筋24d	10	个	10
22	Φ25钢筋植筋120mm	18	个	18
23	Φ25钢筋连接	28	个	28
24	Φ12箍筋	0.888×(1.2×2+1.0×2+2×10×0.012−0.03×8)×((2.85−0.6)/0.1)+0.888×(0.35+0.1×2+0.012×15×2)×8×((2.85−0.6)/0.2)	kg	160.64
25	Φ12钢筋焊接	2×[(2.85−0.6)/0.1]	个	45
26	Φ12钢筋植筋15d	16×[(2.85−0.6)/0.2]	个	180
27	Φ18等代箍筋	2.0×(1.2×2+1×2+6×10×0.018−0.03×8)×3	kg	31.44
28	Φ18钢筋穿梁400mm	4×3	个	12
29	Φ18钢筋焊接	6×3	个	18
三	−0.1至3.9m(层高4.0m)			
30	新旧混凝土结合面凿毛并刷界面剂	(1.0×2+0.8×2)×(4.0−0.12)−0.4×(0.6−0.12)×4+(1.2×1−1×0.8)×2	m³	14
31	加固柱灌浆料	(1.2×1−1×0.8)×(4.0−0.12)−0.4×(0.6−0.12)×4×0.01	m²	1.54
32	加固柱模板	(1.2×2+1×2)×(4.0−0.12)	m²	17.07
33	加固柱模板支撑超高一次	(1.2×2+1×2)×(4.0−0.12−3.6)	m²	1.23
34	加固柱脚手架	(1.2×2+1×2+3.6)×(4.0−0.12)	m²	31.04
35	Φ25钢筋	3.85×28×(4.0+10×0.025)	kg	458.15
36	Φ25钢筋植筋24d	10	个	10
37	Φ25钢筋植筋120mm	18	个	18
38	Φ25钢筋连接	28	个	28
39	Φ12箍筋	0.888×(1.2×2+1.0×2+2×10×0.012−0.03×8)×((4.0−0.6)/0.1)+0.888×(0.35+0.1×2+0.012×15×2)×8×((4.0−0.6)/0.2)	kg	242.74
40	Φ12钢筋焊接	2×((4.0−0.6)/0.1)	个	68
41	Φ12钢筋植筋15d	16×((4.0−0.6)/0.2)	个	272

序号	计算内容	工程量计算式	单位	计算结果
42	ⓑ18 等代箍筋	$2.0\times(1.2\times2+1\times2+6\times10\times0.018-0.03\times8)\times3$	kg	31.44
43	ⓑ18 钢筋穿梁 400mm	4×3	个	12
44	ⓑ18 钢筋焊接	6×3	个	18
45	顶部ⓑ25 钢筋焊弯折互焊	14	个	14
46	顶部节点混凝土结合面凿毛	$1.2\times1.0-1.0\times0.8$	m²	0.4
47	高强聚合物砂浆 20mm	$1.2\times1.0-1.0\times0.8$	m²	0.4

案例 4-3：柱三面加大截面

某加固柱的加固平面、立面、梁区的做法如图 4-10 所示。共加固一层（标高 -14.7m 至 -10.35m），加固高度为 4.35m，原柱尺寸为 $800\text{mm}\times800\text{mm}$，原柱表面有抹灰层 20mm 厚，此柱属于边柱，一面不加固，其余三面均加大 100mm。基础无需加固，地面无需破除，柱顶三面连接处原梁尺寸 $500\text{mm}\times700\text{mm}$，板厚 200mm，加大截面材料采用高强免振捣灌浆料，植筋胶采用 A 级胶，主筋与箍筋均为 HRB400，钢筋采用单面焊接 $10d$，原抗震等级为三级，混凝土保护层按 30mm。其他内容如图 4-10 所示。计算该加大截面加固柱相关的工程量。

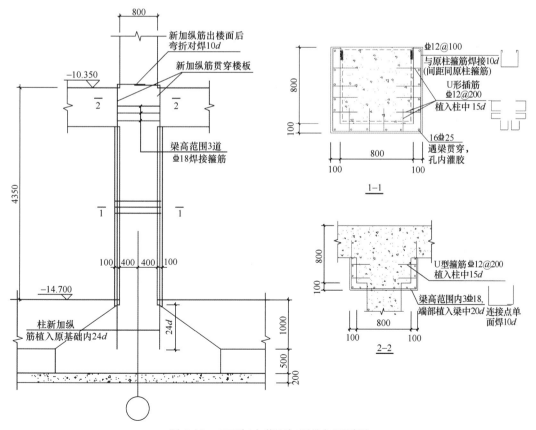

图 4-10　三面加大截面加固柱加固详图

计算说明：①本题根据图纸，该加固柱基础无需加固，柱的竖向钢筋直接植入原基础中；②外套大箍筋需要加工成带弯折的 U 形箍筋，对原柱中的箍筋需要进行剔槽，清理焊接部位的混凝土等杂物，并在施工时进行搭接单面焊接 10d；还有柱侧其他三面的小 U 形箍，每个小 U 形箍的两头均需按设计要求植入原柱中 15d；③这里应注意梁柱接头位置处的做法，此处等代箍筋需要加工成 2 个 L 形，在施工时水平贯穿三面原梁后进行一侧焊接，另两侧植入原梁 15d。

解： 柱三面加大截面工程量计算见表 4-6。

柱三面加大截面工程量计算表　　　　　　　　　　　　　　　　　表 4-6

序号	计算内容	工程量计算式	单位	计算结果
1	原柱表面抹灰层剔除并清理干净	$(4.35-0.2)\times0.8\times3-0.5\times(0.7-0.2)\times3$	m^2	9.21
2	原地面面层破除	$1.0\times0.9-0.8\times0.8$	m^2	0.26
3	顶面梁板接触面清理	$1.0\times0.9-0.8\times0.8+(0.8-0.5)\times(0.7-0.2)\times3$	m^2	0.71
4	新旧混凝土结合面凿毛并涂刷界面剂	$(4.35-0.2)\times0.8\times3-0.5\times(0.7-0.2)\times3+(1.0\times0.9-0.8\times0.8)\times2+(0.8-0.5)\times(0.7-0.2)\times3$	m^2	10.18
5	加固柱灌浆料	$(1\times0.9-0.8\times0.8)\times(4.35-0.2)-0.5\times(0.7-0.2)\times3$	m^3	0.33
6	加固柱模板	$(0.9+0.9+1.0+0.1+0.1)\times(4.35-0.2)$	m^2	12.45
7	加固柱模板支撑超高一次	$(0.9+0.9+1.0+0.1+0.1)\times(4.35-0.2-3.6)$	m^2	1.65
8	加固柱脚手架	$(1\times2+0.9\times2+3.6)\times(4.35-0.2)$	m^2	30.71
9	Φ25 钢筋	$(0.025\times24+4.35+1\times10\times0.025+0.3)\times16\times3.85$	kg	338.8
10	Φ25 钢筋焊接	16	个	16
11	Φ25 钢筋植筋 24d（植入基础）	16	个	16
12	Φ25 钢筋植筋 700mm（贯穿梁）	6	个	6
13	Φ25 钢筋植筋 200mm（贯穿楼板）	10	个	10
14	Φ12 箍筋	$(1-0.03\times2+0.9-0.03\times2+0.9-0.03\times2+0.1\times2-0.03\times2+10\times0.012\times2)\times0.888\times[(4.35-0.7-0.1)/0.1+1]$	kg	97.24
15	Φ12 箍筋剔槽及恢复	$2\times((4.35-0.7-0.1)/0.1+1)$	个	73
16	Φ12 箍筋焊接	$2\times((4.35-0.7-0.1)/0.1+1)$	个	73
17	Φ12 箍筋	$(0.25+0.1\times2+0.012\times15\times2)\times6\times0.888\times[(4.35-0.7-0.1)/0.2+1]$	kg	80.92
18	Φ12 钢筋植筋 15d	$2\times6\times[(4.35-0.7-0.1)/0.2+1]$	个	225

序号	计算内容	工程量计算式	单位	计算结果
19	Φ18箍筋	$2.0\times3\times(1.0+0.4\times2+20\times0.018\times2+10\times0.018)$	kg	16.2
20	Φ18箍筋焊接	3	个	3
21	Φ18钢筋植筋 $20d$	2×3	个	6
22	Φ18钢筋植筋 500mm	3	个	3
23	Φ25钢筋焊接	8	个	8
24	顶部节点混凝土结合面凿毛	$1.0\times0.9-0.8\times0.8$	m²	0.26
25	高强聚合物砂浆20mm	$1.0\times0.9-0.8\times0.8$	m²	0.26

案例4-4：柱两面加大截面

某加固柱的加固做法如图4-11所示。共加固两层（基础顶-5.3至4.47m），原柱尺寸为750×800mm，柱表面有抹面层，基础无需加固，地面及顶棚面均无装饰面层，一侧加大150mm，另一侧加大100mm。本柱为角柱，柱侧面原梁尺寸均为350mm×750mm，板厚120mm，加大截面材料采用高强免振捣灌浆料，植筋胶采用A级胶，主筋与箍筋均为HRB400，钢筋采用单面焊接$10d$，加固柱主筋植入基础的深度为$26d$，梁柱节点处共有3Φ22钢筋贯穿原梁深入上一层，其余主筋贯穿原板，并在4.47m处弯折焊接，外抹高强水泥砂浆，箍筋植入原柱的深度为$15d$，原抗震等级为三级，混凝土保护层按30mm。梁柱节点处，设3Φ16箍筋，箍筋植入梁内$15d$。其他内容如图4-11所示。计算该加大截面加固柱的相关工程量。

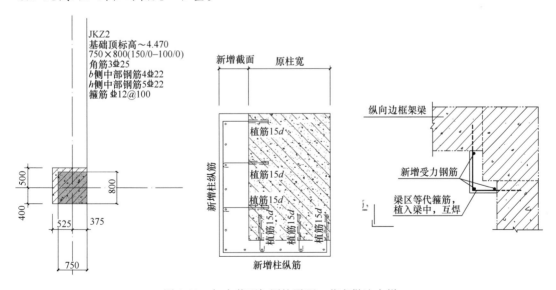

图4-11 加大截面加固柱平面、节点做法大样

计算说明：①本题根据图纸，该加固柱基础无需加固，柱的竖向钢筋直接植入原基础中；②外套大箍筋需要加工成带弯折的形状，本题的设计是大箍筋的两端植入原柱中

15d；还有柱侧其他两面的带弯头的小箍筋，一端需按设计要求植入原柱中15d；③这里应注意梁柱接头位置处的做法。此处等代箍筋需要加工成L形和I形，在施工时水平植入原梁15d，并产生搭接焊单面10d或双面5d。

解：柱两面加大截面工程量计算见表4-7。

柱两面加大截面工程量计算表

表 4-7

序号	计算内容	工程量计算式	单位	计算结果
一	地下室（-5.30至-0.03）			
1	加固柱表面抹灰层剔除并清理干净	$(0.75+0.8)\times(5.27-0.12)-0.35\times(0.75-0.12)\times2$	m²	7.54
2	新旧混凝土结合面凿毛并涂刷界面剂	$(0.75+0.8)\times(5.27-0.75)+(0.9\times0.9-0.75\times0.8)\times2+(0.75+0.8-0.35-0.35)\times(0.75-0.12)$	m²	7.96
3	加固柱灌浆料	$(0.9\times0.9-0.75\times0.8)\times(5.27-0.75)+(0.75+0.8-0.35-0.35)\times(0.75-0.12)\times(0.1+0.15)$	m³	1.08
4	加固柱模板	$(0.9+0.9+0.1+0.15)\times(5.27-0.12)$	m²	10.56
5	加固柱模板支撑超高	$(0.9+0.9+0.1+0.15)\times[1+(5.27-0.12-3.6-1)\times2]$	m²	4.31
6	加固柱脚手架	$(0.9+0.9+0.9+0.9+3.6)\times(5.27-0.12)$	m²	37.08
7	Φ25钢筋	$3.85\times3\times(26\times0.025+5.27+10\times0.025)$	kg	71.26
8	Φ25钢筋连接	3	个	3
9	Φ25钢筋植筋26d	3	个	3
10	Φ25钢筋植筋穿板120mm	3	个	3
11	Φ22钢筋	$2.98\times9\times(26\times0.022+5.27+10\times0.022)$	kg	162.58
12	Φ22钢筋连接	9	个	9
13	Φ22钢筋植筋26d	9	个	9
14	Φ22钢筋植筋穿板120mm	6	个	6
15	Φ22钢筋植筋穿梁750mm	3	个	3
16	Φ12箍筋	$0.888\times(0.9-0.03\times2+0.9-0.03\times2\times2+0.15-0.03+0.1-0.03+0.012\times15\times2)\times[(5.27-0.75)/0.1]+0.888\times(0.012\times15+10\times0.012+0.1+1.9\times0.012)\times2\times((5.27-0.75)/0.1)+0.888\times(0.012\times15+10\times0.012+0.1+1.9\times0.012)\times2\times[(5.27-0.75)/0.1]$	kg	154.98
17	Φ12钢筋植筋15d	$6\times[(5.27-0.75)/0.1]$	个	271
18	Φ16箍筋	$1.58\times3\times(0.9-0.35+0.9-0.35+2\times15\times0.016+10\times0.016)$	kg	8.25
19	Φ16钢筋植筋15d	3×2	个	6
20	Φ16钢筋焊接	3	个	3

序号	计算内容	工程量计算式	单位	计算结果
二	一层(−0.03 至 4.47)			
21	加固柱表面抹灰层剔除并清理干净	$(0.75+0.8)\times(4.5-0.12)-0.35\times(0.75-0.12)\times2$	m²	6.35
22	新旧混凝土结合面凿毛并涂刷界面剂	$(0.75+0.8)\times(4.5-0.75)+(0.9\times0.9-0.75\times0.8)\times2+(0.75+0.8-0.35-0.35)\times(0.75-0.12)$	m²	6.77
23	加固柱灌浆料	$(0.9\times0.9-0.75\times0.8)\times(4.5-0.75)+(0.75+0.8-0.35-0.35)\times(0.75-0.12)\times(0.1+0.15)$	m³	0.92
24	加固柱模板	$(0.9+0.9+0.1+0.15)\times(4.5-0.12)$	m²	8.98
25	加固柱模板支撑超高	$(0.9+0.9+0.1+0.15)\times[1+(4.5-0.12-3.6-1)\times2]$	m²	1.15
26	加固柱脚手架	$(0.9+0.9+0.9+2.7)\times(4.5-0.12)$	m²	23.65
27	$\Phi25$ 钢筋	$3.85\times3\times(26\times0.025+4.5+10\times0.025)$	kg	62.37
28	$\Phi25$ 钢筋连接	3	个	3
29	$\Phi25$ 钢筋植筋穿板	3	个	3
30	$\Phi22$ 钢筋	$2.98\times9\times(26\times0.022+4.5+10\times0.022)$	kg	141.93
31	$\Phi22$ 钢筋连接	9	个	9
32	$\Phi22$ 钢筋植筋穿板	6	个	6
33	$\Phi22$ 钢筋植筋穿梁 750mm	3	个	3
34	$\Phi12$ 箍筋	$0.888\times(0.9-0.03\times2+0.9-0.03\times2\times2+0.15-0.03+0.1-0.03+0.012\times15\times2)\times((5.27-0.75)/0.1)+0.888\times(0.012\times15+10\times0.012+0.1+1.9\times0.012)\times2\times((4.5-0.75)/0.1)+0.888\times(0.012\times15+10\times0.012+0.1+1.9\times0.012)\times2\times[(4.5-0.75)/0.1]$	kg	143.42
35	$\Phi12$ 钢筋植筋 15d	$6\times((4.5-0.75)/0.1)$	个	225
36	$\Phi16$ 箍筋	$1.58\times3\times(0.9-0.35+0.9-0.35+2\times15\times0.016+10\times0.016)$	kg	8.25
37	$\Phi16$ 钢筋植筋 15d	3×2	个	6
38	$\Phi16$ 钢筋焊接	3	个	3
39	$\Phi25$ 钢筋焊接	2	个	2
40	$\Phi22$ 钢筋焊接	4	个	4
41	顶部节点混凝土结合面凿毛	$0.9\times0.9-0.75\times0.8$	m²	0.21
42	高强聚合物砂浆 20mm	$0.9\times0.9-0.75\times0.8$	m²	0.21

4.1.3　混凝土梁加大截面加固

1. 混凝土梁加大截面的相关规定

《混凝土结构加固构造》13G311-1 中对于梁加大截面加固法的说明：

（1）加大截面法加固梁应根据梁的类型、截面形式、所处位置及受力情况等的不同，采用相应的加固构造方式。

（2）仅梁底正截面受弯承载力不足且相差不多时，可只增加钢筋而不增大混凝土截面。当正截面受弯承载力相差较多时，钢筋和混凝土截面应同时增大。对连续梁若梁顶负弯矩区受弯承载力不足时，可对支座负弯矩进行适度调幅，经调幅后梁顶面负弯矩承载力仍不足时，应双面加固。当梁受剪截面过小或斜截面受剪承载力过低必须箍筋和截面同时增大时，应采用包套加固。

（3）梁新增受力钢筋应由计算确定，纵筋直径一般大于等于 16mm，且不应小于 12mm。箍筋直径一般大于等于 8mm，在规定的范围内应加密，其加密区范围和间距应满足《建筑抗震设计规范》GB 50011—2010 的相关规定。

（4）新增钢筋与混凝土之间的间隙不宜小于钢筋直径 d；新增混凝土厚度应满足《混凝土结构设计规范（2016 年版）》GB 50010—2010 对混凝土保护层厚度的规定。

（5）新增混凝土强度等级应比原梁提高一级，且不宜低于 C20。

（6）新增受力钢筋应设保护层，只增加钢筋时可以采用高强水泥砂浆抹面保护。

（7）对于只增加钢筋不增大混凝土截面情况，新增受力钢筋与原钢筋间可采用短筋焊接连接，短筋直径不应小于 20mm，长度不小于 5d，短筋中距不应大于 500mm，端部取 250mm。

（8）混凝土围套加固箍筋应封闭，单面或双面加固可采用 U 形箍，U 形箍应与原箍筋焊接，焊缝长度：双面焊时不小于 5d，单面焊时不小于 10d；现浇梁顶板面 U 形箍亦可以采用植筋锚固于板。

（9）新旧混凝土界面处理应符合混凝土结构加固的相关规定。

（10）梁新增受力筋宜采用钻孔直通，并后灌胶粘剂。现场无条件时，也可齐柱边直通。

2. 梁加大截面的平面注写方法

《建筑结构加固施工图设计表示方法》和《建筑结构加固施工图设计深度图样》SG111-1～2 图集中给出了梁加固施工图的平面注写方法。平面注写方法是根据加固方法在分标准层绘制的梁平面布置图上，分别在不同编号的梁中各选一根梁，在其上注写相关截面尺寸和加固材料类型及具体数值的方法来表达梁加固施工图，楼层起止标高在图中另行注明。

加大截面梁平面注写的内容包括：梁编号、原梁截面尺寸、截面增加的厚度、新增纵筋和新增箍筋，如图 4-12 所示，注写内容的含义见表 4-8。

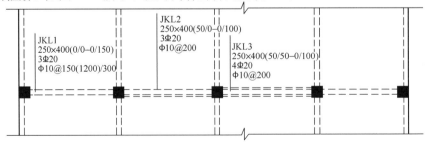

图 4-12　加大截面加固梁平面注写方法示例

注写内容	示例(mm)
原梁截面尺寸 $b \times h$ 和截面增加的厚度 $(b_1/b_2 - h_1/h_2)$	例：250×400(0/0−0/150)，表示原梁截面宽度 250，高度 400，左右侧和上面均不加厚，下面加厚 150，即单侧加大截面高度。 例：250×400(50/0−0/100)，表示原梁截面宽度 250，高度 400，左侧加厚 50，右侧和上面均不加厚，下面加厚 100，即双面扩大截面。 例：250×400(50/50−0/100)，表示原梁截面宽度 250，高度 400，左侧加厚 50，右侧加厚 50，上面不加厚，下面加厚 100，即三面扩大截面
新增纵筋	例：3 Φ 20，表示纵筋为 HRB400 钢，梁的下部配置 3 根钢筋，直径为 20。 例：4 Φ 20，表示纵筋为 HRB400 钢，梁的下部配置 3 根钢筋，直径为 20；梁的侧面配置钢筋
新增箍筋	例：Φ 10@150(1200)/300，表示箍筋为 HPB300 钢，直径 10，加密区间距 150，分布长度为 1200，中间非加密区间距为 300。 例：Φ 10@200，表示箍筋为 HPB300 钢，直径 10，沿梁全跨间距 200 均匀分布。 注：第一肢箍筋离柱边净距不大于 50

3. 混凝土梁加大截面工程量的计算内容

（1）混凝土梁加大截面，工程计量的内容一般包括：

1）拆除影响加固施工的墙体、管道及恢复。加固梁加大截面时梁下的墙体或门窗会有一定的影响，需要拆除影响的墙体，拆除部分的墙体需满足加固梁工作面的要求，加固梁施工完成后，应再恢复墙体，并恢复墙体上的装饰面层做法，如果影响到了门窗，还需要考虑门窗的拆除及恢复等的费用。如果有影响加固施工的吊顶也需要拆除，还有一些板底的管道等也可能影响施工。

2）剔除梁面装饰层、抹灰层等。梁加大截面是需要在结构层外面加大，原梁上的装饰面层、抹灰层等建筑做法，需要首先剔除掉，露出结构面，清理干净，以便进行下一步的新旧混凝土结合面的处理。

3）新旧混凝土结合面凿毛并刷界面剂。新旧混凝土结合面需按照规范和图纸设计的要求进行充分凿毛，并涂刷结合界面剂。

4）混凝土或高强免振捣水泥基灌浆料。梁的截面加大宽度一般在 100～200mm 左右，普通混凝土无法振捣，设计图纸中通常会对加固构件采用免振捣的高强灌浆料代替混凝土。

5）钢筋、植筋。按图纸设计计算新增梁主筋，梁主筋两侧需植入原混凝土柱中，需要注意的是：不论加固梁的长度是否达到了钢筋的定尺长度，因为需要两侧分别植入柱中，中间至少会产生一个钢筋的接头。原柱宽度如果能直接满足植筋的深度要求，可直接植入，不能满足时，需贯穿原柱后采用加钢板锚板的方式固定。

对于四面加大截面的梁的箍筋一般有外围大箍筋，大箍筋通长采用两个 U 形箍的抄手焊接，在计算完箍筋的工程量后，还需要计算每根箍筋会有两个焊接，而且每个箍筋会产生两个穿板植筋的费用。对于原梁底部的小 U 形箍通常需植入到原梁中，还需要计算箍筋的植筋工程量。对于仅底面加大的梁，还会产生原箍筋与新箍筋的连接费用，通过剔槽，剔凿出原箍筋的焊接长度，一般单面焊是 $5d$，双面焊是 $10d$，新旧箍筋焊接后再恢复表面。

6）模板、脚手架等费用。加固梁的模板、施工脚手架等常规费用。

以 13G311 第 65 页框架梁受弯、受剪承载力加固的设计图为例，其加固详图、加固剖面图如图 4-13、图 4-14 所示。加固施工图如图 4-15 所示。

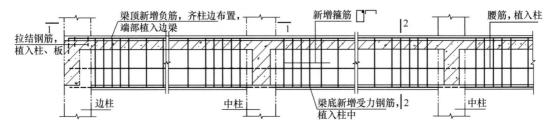

图 4-13　框架梁加固详图

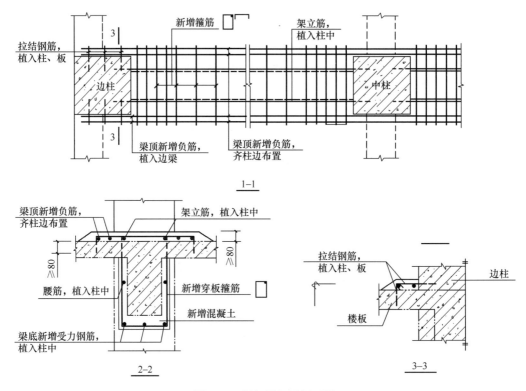

图 4-14　框架梁加固剖面图

（2）工程量计算规则：

《房屋建筑加固工程消耗量定额》TY01-01(04)—2018 中相关子目的计算规则：

1）混凝土工程量计算的一般规则：混凝土工程量除另有规定者外，均按设计图示尺寸以体积计算，不扣除构件内钢筋、预埋铁件及墙、板中 $0.3m^2$ 以内的孔洞所占体积。

2）梁混凝土按设计图示尺寸以体积计算，伸入砖墙内的梁头、梁垫并入梁体积内。

图 4-15　梁加大截面加固施工图

梁与柱连接时，梁长算至柱侧面；主梁与次梁连接时，次梁长算至主梁侧面。为满足浇筑需要所增加的混凝土工程量并入计算。

　　3）构件混凝土凿毛、剔除基层混凝土和基层表面阻锈按所需处理构件表面积以"m²"计算。

　　4）现浇构件钢筋按设计图示钢筋长度乘以单位理论质量计算。

　　5）结构植钢筋按数量计算，植入钢筋按外露和植入部分之和长度乘以单位理论质量计算。

　　6）模板及支架按模板与混凝土的接触面面积以"m²"计算，不扣除≤0.3m²预留孔洞面积，洞侧壁模板也不增加。混凝土构件截面加大的，为满足浇筑需要所增加的模板工程量并入相应构件模板计算。

　　7）外脚手架、里脚手架均按搭设长度乘以搭设高度以"m²"计算，不扣除门窗洞口及穿过建筑物的管道等所占的面积。

　　4. 混凝土梁加大截面工程量计算案例

案例 4-5：梁底加大截面

　　某加固梁详图、剖面图如图 4-16、图 4-17 所示。层高 3.6m，加大截面材料采用高强免振捣灌浆料，原梁尺寸为 350mm×800mm，梁底加大 100mm，植筋胶采用 A 级胶，主筋和箍筋均采用单面焊接 $10d$，原抗震等级为三级，新增外箍筋与原梁箍筋别槽焊接，原梁外有抹灰和涂刷乳胶漆。其他内容如图 4-16 所示。计算该加大截面加固梁的相关工程量。

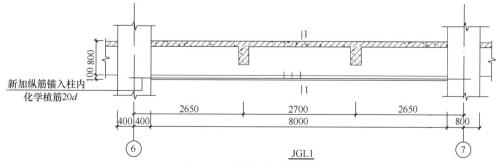

图 4-16　梁底加大截面详图

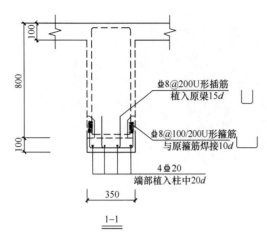

计算说明：①梁底主筋两侧均需要植入原柱中，无论加固梁净长是否超过钢筋定尺长度，这里都要产生一个钢筋的接头，一般也是采用焊接的方式；②梁底加大截面的外侧大箍筋需加工成 U 形箍，需要首先剔除原梁箍筋外侧的保护层，清理干净后与新箍筋单面焊接，然后外表面恢复，每根箍筋均会发生两次焊接施工和剔槽恢复。根据原梁的宽度，在中部还有小的 U 形箍，该 U 形箍按设计要求两头植入原梁内 15d；③由于梁底部加大截面，一般情况下普通混凝土无法浇筑振捣，设计采用了免振捣高强度灌浆料；④植入柱的钢筋长度和钢筋单面焊接 10d 的长度并入钢筋主筋工程量计算；⑤脚手架高度暂按算至原梁底，长度按加固梁的净长度。

解： 梁底加大截面工程量计算见表 4-9。

梁底加大截面工程量计算表

表 4-9

序号	计算内容	工程量计算式	单位	计算结果
1	原梁抹灰层和涂料层剔除	$0.35×(8−0.8)+0.35×0.1×2$	m²	2.59
2	新旧混凝土结合面凿毛并刷界面剂	$0.35×(8−0.8)+0.35×0.1×2$	m²	2.59
3	加固梁灌浆料	$0.35×0.10×(8−0.8)$	m³	0.25
4	加固梁模板	$(0.35+2×0.1)×(8−0.8)$	m²	3.96
5	加固梁脚手架	$(3.6−0.8)×(8−0.8)$	m²	20.16
6	Φ20 钢筋	$2.47×4×(8−0.8+10×0.02×2+20×2×0.02)$	kg	82.99
7	Φ20 钢筋焊接	4	个	4
8	Φ20 钢筋植筋 20d	$4×2$	个	8
9	Φ8 箍筋	$0.395×(0.35+0.1×2+2×10×0.008)×[(1.5×0.8−0.05)/0.1×2+(8−1.5×0.8×2)/0.2+1]+0.395×(0.2+0.1×2+2×0.008×12)×[(8−0.8−0.05×2)/0.2+1]$	kg	23.12
10	Φ8 箍筋剔槽恢复	$2×[(1.5×0.8−0.05)/0.1×2+(8−1.5×0.8)/0.2+1]$	个	116
11	Φ8 钢筋焊接	$2×[(1.5×0.8−0.05)/0.1×2+(8−1.5×0.8)/0.2+1]$	个	116
12	Φ8 钢筋植筋 15d	$2×[(8−0.8−0.05×2)/0.15+1]$	个	97

案例 4-6：梁单侧加大截面

某框架梁的加固详图如图 4-18 所示。梁的净长度为 5.4m，层高 3.6m，加大截面材料采用高强免振捣灌浆料，原梁尺寸为 350mm×650mm，原柱尺寸 600mm×600mm，原板厚 90mm，梁侧面加大 200mm，植筋胶采用 A 级胶，主筋两侧植入柱的深度为 22d，腰筋植柱的深度为 15d，主筋和箍筋均采用单面焊接 10d，钢筋保护层为 25mm，原抗震等级为三级抗震，原梁外有抹灰和涂刷乳胶漆。其他内容如图 4-18 所示。编制该加大截面加固梁的工程量清单并报价。

计算说明：①梁侧面的上下主筋及腰筋均需要植入原柱中，无论加固梁净长是否超过钢筋定尺长度，每根钢筋都会产生一个接头，一般采用焊接的方式进行连接；②根据原梁的高度，在中部还有小的拉结箍筋，该型箍筋一侧拉住箍筋，另一侧按设计要求植入原梁内 15d；排数和腰筋的排数相同；③该梁进行灌浆料浇筑时，需要在板顶开凿浇筑口，浇筑完成后进行

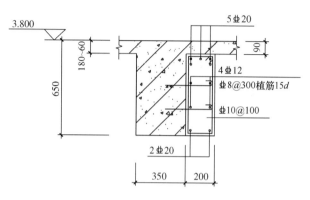

图 4-18 梁加固断面详图

恢复，浇筑口本题按个数，暂按 1m 的间距布置；④脚手架高度暂按算至板底，长度按加固梁的净长度。

解： 梁侧面加大截面工程量计算见表 4-10。

梁侧面加大截面工程量计算表   表 4-10

序号	计算内容	工程量计算式	单位	计算结果
1	原梁抹灰层和涂料层剔除	$(0.2+0.65-0.09)\times5.40+0.35\times(0.65-0.09)\times2$	m²	4.5
2	新旧混凝土结合面凿毛并刷界面剂	$(0.2+0.65-0.09)\times5.40+0.35\times(0.65-0.09)\times2$	m²	4.5
3	加固梁灌浆料	$0.2\times(0.65-0.09)\times5.40$	m³	0.6
4	加固梁模板	$(0.2+0.65-0.09)\times5.40$	m²	4.1
5	加固梁脚手架	$5.40\times(3.6-0.09)$	m²	18.95
6	Φ20 钢筋	$2.47\times7\times(5.40+10\times0.02\times1+22\times2\times0.02)$	kg	112.04
7	Φ20 钢筋焊接	7	个	7
8	Φ20 钢筋植筋 20d	7×2	个	14
9	Φ12 钢筋	$0.888\times4\times(5.4+10\times0.012\times1+15\times2\times0.012)$	kg	20.89
10	Φ12 钢筋焊接	4	个	4
11	Φ12 钢筋植筋 15d	4×2	个	8
12	Φ10 箍筋	$0.617\times(0.2-0.025\times2+(0.65-0.09-0.025\times2)\times2+11.9\times2\times0.01)\times[(5.40-0.05\times2)/0.1+1]$	kg	46.91

序号	计算内容	工程量计算式	单位	计算结果
13	Φ8箍筋	$0.395 \times (0.2 - 0.025 + 11.9 \times 0.008 + 15 \times 0.008) \times 2 \times [(5.40 - 0.05 \times 2)/0.3 + 1]$	kg	5.75
14	Φ8钢筋植筋15d	$2 \times [(5.40 - 0.05 \times 2)/0.3 + 1]$	个	37
15	浇筑口开凿及恢复	$5.4/1$	个	5

案例4-7：梁底面、顶面加大截面

某地下室车库顶加固梁平面图、剖面图如图4-19、图4-20所示。该加固梁采用平法标准，原梁尺寸为600mm×800mm，梁顶和梁底均加大100mm，梁侧不加大。梁底和梁顶均为4根Φ25钢筋，箍筋为4肢箍，层高5.4m，加大截面材料采用高强免振捣灌浆料，梁侧柱尺寸700mm×700mm，楼层板厚250mm，植筋胶采用A级胶，主筋植入柱的

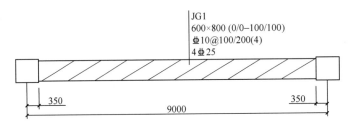

JG1
600×800 (0/0−100/100)
Φ10@100/200(4)
4Φ25

350   9000   350

图4-19 梁底面顶面加大截面平面图

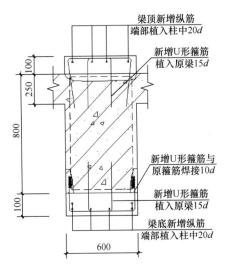

梁顶新增纵筋
端部植入柱中20d

新增U形箍筋
植入原梁15d

100
250
800
100

600

新增U形箍筋与
原箍筋焊接10d

新增U形箍筋
植入原梁15d

梁底新增纵筋
端部植入柱中20d

图4-20 梁底面顶面加大截面剖面图

深度为20d，箍筋植筋的深度为15d，主筋和箍筋均采用单面焊接10d，钢筋保护层为25mm，原抗震等级为三级，新增外箍筋与原梁箍筋别槽焊接，原梁外无抹灰和涂刷乳胶漆。其他内容如图4-19、图4-20所示。计算该加大截面加固梁的相关工程量。

计算说明：（1）梁顶面向上加大截面时需首先别除楼地面装饰面层，本题未考虑；（2）上部加大截面中的新加主筋需要按设计要求植入原梁内。上部外侧大U形箍筋和中部小U形箍筋均需按设计要求植入原梁内15d；（3）下部加大截面的计算内容同本章例题4-1；（4）脚手架高度暂按算至板底，长度按加固梁的净长度。加固梁的模板需考虑支撑超高。

解： 梁两面加大截面工程量计算见表4-11。

梁两面加大截面工程量计算表   表4-11

序号	计算内容	工程量计算式	单位	计算结果
	梁底			
1	新旧混凝土结合面凿毛并刷界面剂	$0.6 \times (9.0 - 0.7) + 0.6 \times 0.1 \times 2$	m²	5.1

序号	计算内容	工程量计算式	单位	计算结果
2	加固梁灌浆料	$0.6 \times (9-0.7) \times 0.11$	m³	0.55
3	加固梁模板	$(0.6+0.1 \times 2+10 \times 0.01 \times 2) \times (9-0.7)$	m²	8.3
4	加固梁模板支撑超高	$(0.6+0.1 \times 2+10 \times 0.01 \times 2) \times (9-0.7) \times 2$	m²	16.6
5	加固梁脚手架	$(5.4-0.8) \times 9.85$	m²	45.31
6	$\Phi 25$ 钢筋	$3.85 \times 4 \times (9-0.7+10 \times 0.025 \times 2+20 \times 2 \times 0.025)$	kg	150.92
7	$\Phi 25$ 钢筋焊接	4	个	4
8	$\Phi 25$ 钢筋植筋 $20d$	4×2	个	8
9	$\Phi 10$ 箍筋	$0.617 \times (0.6+0.1 \times 2+2 \times 10 \times 0.01) \times [(1.5 \times 0.8-0.05)/0.1 \times 2+(9-0.7-1.5 \times 0.8 \times 2)/0.2+1]$	kg	33.01
10	$\Phi 10$ 箍筋剔槽	$2 \times [(1.5 \times 0.8-0.05)/0.1 \times 2+(9-0.7-1.5 \times 0.8 \times 2)/0.2+1]$	个	107
11	$\Phi 10$ 箍筋焊接	$2 \times [(1.5 \times 0.8-0.05)/0.1 \times 2+(9-0.7-1.5 \times 0.8 \times 2)/0.2+1]$	个	107
12	$\Phi 10$ 箍筋	$0.617 \times (0.4+0.1 \times 2+0.01 \times 15 \times 2) \times [(1.5 \times 0.8-0.05)/0.1 \times 2+(9-0.7-1.5 \times 0.8 \times 2)/0.2+1]$	kg	29.71
13	$\Phi 10$ 钢筋植筋 $15d$	$2 \times [(1.5 \times 0.8-0.05)/0.1 \times 2+(9-0.7-1.5 \times 0.8 \times 2)/0.2+1]$	个	107
	梁顶			
14	新旧混凝土结合面凿毛并刷界面剂	$0.6 \times (9.0-0.7)+0.6 \times 0.1 \times 2$	m²	5.1
15	加固梁灌浆料	$0.6 \times (9-0.7) \times 0.11$	m³	0.55
16	加固梁模板	$(0.1 \times 2) \times (9-0.7)$	m²	1.66
17	$\Phi 25$ 钢筋	$3.85 \times 4 \times (9-0.7+10 \times 0.025 \times 2+20 \times 2 \times 0.025)$	kg	150.92
18	$\Phi 25$ 钢筋连接	4×1	个	4
19	$\Phi 25$ 钢筋植筋 $20d$	4×2	个	8
20	$\Phi 10$ 箍筋	$0.617 \times (0.6+0.1 \times 2+2 \times 15 \times 0.01) \times [(1.5 \times 0.8-0.05)/0.1 \times 2+(9-0.7-1.5 \times 0.8 \times 2)/0.2+1]+0.617 \times (0.4+0.1 \times 2+0.01 \times 15 \times 2) \times [(1.5 \times 0.8-0.05)/0.1 \times 2+(9-0.7-1.5 \times 0.8 \times 2)/0.2+1]$	kg	66.02
21	$\Phi 10$ 钢筋植筋 $15d$	$4 \times [(1.5 \times 0.8-0.05)/0.1 \times 2+(9-0.7-1.5 \times 0.8 \times 2)/0.2+1]$	个	214

案例 4-8：梁三面加大截面

某地下室车库顶加固梁详图、剖面图、节点锚固做法如图 4-21～图 4-23 所示。原梁尺寸为 350mm×600mm，层高 5.1m，加固跨净长 6.1m，加大截面材料采用高强免振捣灌浆料，梁侧柱尺寸 600mm×600mm，另一侧为剪力墙，墙厚 200mm，楼层板厚250mm，植筋胶采用 A 级胶，主筋一侧植入柱的深度为 22d，箍筋植筋的深度为 18d，另一侧植入剪力墙时植筋深度不够，需增加钢锚板，锚板尺寸为（梁宽＋0.15）×0.125，厚度 16mm。主筋和箍筋均采用单面焊接 10d，钢筋保护层为 25mm，原抗震等级为HRB400-Φ，新增外箍筋与原梁箍筋别槽焊接，原梁外无抹灰和涂刷乳胶漆。其他内容如图 4-21～图 4-23 所示。计算该加大截面加固梁的相关工程量。

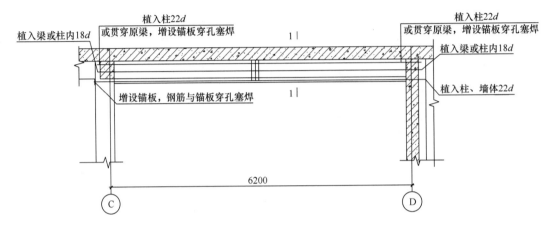

图 4-21　三面加大截面梁加固详图

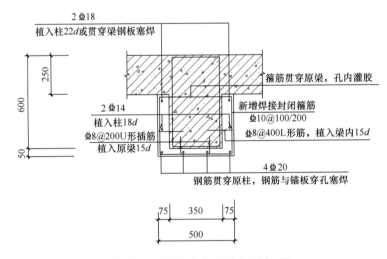

图 4-22　三面加大截面梁 1-1 剖面图

　　计算说明：①梁侧面的上下主筋及腰筋均需要植入原柱中，无论加固梁净长是否超过钢筋定尺长度，每根钢筋都会产生一个接头，一般采用焊接的方式进行连接；②梁主筋的锚固长度不够时，需要在端部加锚板，并与锚板塞焊；③加固大箍筋为焊接封闭箍筋，该大箍筋上端贯穿原梁，每个箍筋会产生两个焊接头。梁侧面有小的箍筋，一端拉住腰部钢筋，另一端按设计要求植入原梁内 15d。梁底中部还有小的拉结型 U 形箍箍筋，两端按设计要求植入原梁内 15d；④脚手架高度暂按算至板底，长度按加固梁的净长度。

　　解：梁三面加大截面工程量计算见表 4-12。

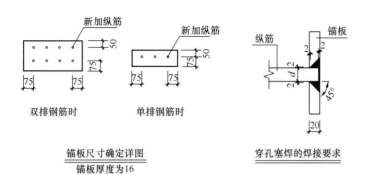

锚板尺寸确定详图
锚板厚度为16

穿孔塞焊的焊接要求

图 4-23 三面加大截面梁节点锚固

梁三面加大截面工程量计算表　　　　　　　　　　　　　　　表 4-12

序号	计算内容	工程量计算式	单位	计算结果
1	新旧混凝土结合面凿毛并刷界面剂	$[0.35+(0.6-0.25)\times 2]\times 6.1+(0.4\times 0.5-0.35\times 0.35)\times 2$	m²	6.56
2	梁灌浆料	$(0.4\times 0.5-0.35\times 0.35)\times 6.1$	m³	0.47
3	梁模板	$(0.5+0.4\times 2)\times 6.1$	m²	7.93
4	梁脚手架	$(5.1-0.25)\times 6.1$	m²	29.59
5	⊉20 钢筋	$2.47\times 4\times(6.1+10\times 0.02\times 2+22\times 0.02+0.2)$	kg	70.54
6	⊉20 钢筋焊接	4×2	个	8
7	⊉20 钢筋植筋 $22d$	4	根	4
8	⊉20 钢筋植筋 200mm	4	根	4
9	锚板重量	$(0.5+0.15)\times 0.125\times 1\times 16\times 7.85$	kg	10.21
10	⊉20 钢筋焊接	4×2	个	8
11	⊉18 钢筋	$2.0\times 2\times(6.1+10\times 0.018\times 2+22\times 0.018+0.2)$	kg	28.22
12	⊉18 钢筋焊接	2×2	个	4
13	⊉18 钢筋植筋 $22d$	2	根	2
14	⊉18 钢筋植筋 200mm	2	根	2
15	锚板重量	$(0.5+0.15)\times 0.125\times 1\times 16\times 7.85$	kg	10.21
16	⊉14 钢筋	$1.21\times 2\times(6.1+10\times 0.014\times 2+18\times 0.014+0.2)$	kg	16.53
17	⊉14 钢筋焊接	2×2	个	4
18	⊉14 钢筋植筋 $18d$	2	根	2
19	⊉14 钢筋植筋 200mm	2	根	2
20	锚板重量	$(0.5+0.15)\times 0.125\times 1\times 16\times 7.85$	kg	10.21
21	⊉8 箍筋	$0.395\times(0.3+0.05\times 2+15\times 2\times 0.008)\times[(6.1-0.05\times 2)/0.2+1]$	kg	7.84
22	⊉8 钢筋植筋 $15d$	$2\times[(6.1-0.05\times 2)/0.2+1]$	根	62
23	⊉8 箍筋	$0.395\times(15\times 0.008+0.05+11.9\times 0.008-0.025)\times 2\times[(6.1-0.05\times 2)/0.4+1]$	kg	3.04
24	⊉8 钢筋植筋 $15d$	$2\times[(6.1-0.05\times 2)/0.4+1]$	根	32
25	⊉10 箍筋	$0.395\times[(0.5-0.025)\times 2+(0.4-0.025\times 2)\times 2+2\times 10\times 0.008]\times[(1.5\times 0.6-0.05\times 2)/0.1\times 2+(6.1-1.5\times 0.6\times 2)/0.2+1]$	kg	27.53

序号	计算内容	工程量计算式	单位	计算结果
26	Φ10 钢筋植筋 350mm	$1\times(0.5\times2+0.4\times2+2\times10\times0.008)\times[(1.5\times0.6-0.05)/0.1\times2+(6.1-1.5\times0.6\times2)/0.2+1]$	根	78
27	Φ10 钢筋焊接	$2\times(0.5\times2+0.4\times2+2\times10\times0.008)\times[(1.5\times0.6-0.05)/0.1\times2+(6.1-1.5\times0.6\times2)/0.2+1]$	个	155

案例 4-9：梁四面加大截面

某商场加固梁详图、剖面图如图 4-24、图 4-25 所示。原梁尺寸为 500mm×1000mm，层高 5.4m，加大截面材料采用高强免振捣灌浆料，梁侧柱尺寸 800mm×1000mm，楼层板厚 350mm，植筋胶采用 A 级胶，主筋植入柱的深度为 22d，箍筋植筋的深度为 22d，主筋和箍筋均采用单面焊接 10d，钢筋保护层为 25mm，原抗震等级为三级，原梁箍筋加密区为 1.5h_b（原梁高）。新增外箍筋与原梁箍筋剔槽焊接，原梁外无抹灰和涂刷乳胶漆。其他内容如图 4-24、图 4-25 示。编制该加大截面加固梁的工程量清单并报价。

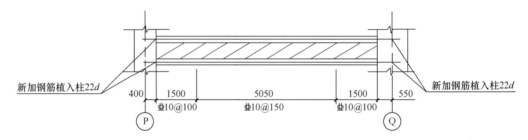

图 4-24　四面加大截面梁加固详图

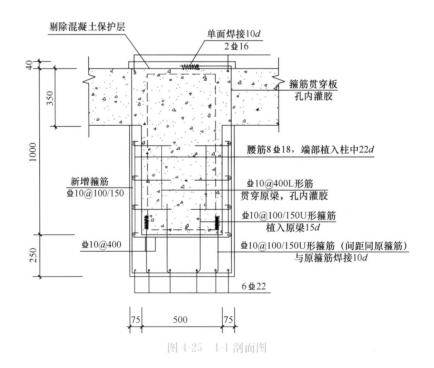

图 4-25　1-1 剖面图

计算说明：①梁侧面的上下主筋及腰筋均需要植入原柱中；②四面加大有大的外套封闭焊接箍筋，每个大箍筋贯穿楼板两次，并产生两次焊接，梁底范围的外侧箍筋需加工成U形箍，需要首先别除原梁箍筋外侧的保护层，清理干净后与新箍筋单面焊接，每根箍筋均会发生两次焊接施工和别槽恢复。梁底还有小的U形箍筋，按设计要求植入原梁内15d。根据原梁的高度，在中部还有小的拉结型箍筋，该型箍筋一侧拉住箍筋，另一侧按设计要求植入原梁内15d。排数和腰筋的排数相同；③脚手架高度暂按算至板底，长度按加固梁的净长度。

解： 梁四面加大截面工程量计算见表4-13。

梁四面加大截面工程量计算表 表 4-13

序号	计算内容	工程量计算式	单位	计算结果
1	新旧混凝土结合面凿毛并刷界面剂	$(9-0.4-0.55)\times(0.5+0.65\times2)+(0.65\times0.9-0.5\times0.65)\times2+(9-0.4-0.55)\times0.65+0.04\times0.65\times2$	m²	20.29
2	梁灌浆料	$(9-0.4-0.55)\times(0.65\times0.9-0.5\times0.65)+(9-0.4-0.55)\times0.65\times0.04$	m³	2.30
3	梁模板	$(9-0.4-0.55)\times(0.9\times2+0.65)+(9-0.4-0.55)\times2\times0.04$	m²	20.37
4	梁脚手架	$(9-0.4-0.55)\times(5.4-0.35)$	m²	40.65
5	$\underline{\Phi}22$钢筋	$2.98\times(8.05+22\times2\times0.022+10\times0.022\times2)\times6$	kg	169.11
6	$\underline{\Phi}22$钢筋焊接	6	个	6
7	$\underline{\Phi}22$钢筋植筋$22d$	6×2	根	12
8	$\underline{\Phi}18$钢筋	$2.0\times(8.05+22\times2\times0.018+10\times0.018\times2)\times8$	kg	147.23
9	$\underline{\Phi}18$钢筋连接	8	个	8
10	$\underline{\Phi}18$钢筋植筋$22d$	8×2	个	16
11	$\underline{\Phi}16$钢筋	$1.58\times(8.05+22\times2\times0.016+10\times0.016\times2)\times2$	kg	28.67
12	$\underline{\Phi}16$钢筋连接	2	个	2
13	$\underline{\Phi}16$钢筋植筋$22d$	2×2	个	4
14	$\underline{\Phi}10$箍筋	$0.617\times[(0.3+0.25\times2+15\times2\times0.01)+(0.65\times2+1.29\times2+1\times10\times0.01-0.025\times8)+(0.5+0.25\times2+10\times2\times0.01)]\times[(1.5\times1-0.05)\times2/0.1+(8.05-1.5\times1\times2)/0.15+1]+0.617\times(0.65-0.025\times2+2\times0.01\times11.9)\times1\times[(8.05-0.05\times2)/0.4+1]+0.617\times(0.075-0.025+0.01\times11.9+15\times0.01)\times6\times[(8.05-0.05\times2)/0.4+1]$	kg	274.28
15	$\underline{\Phi}10$箍筋植筋$15d$	$8\times[(1.5\times1-0.05)\times2/0.1+(8.05-1.5\times1\times2)/0.15+1]$	个	512
16	$\underline{\Phi}10$箍筋穿板350mm	$2\times[(1.5\times1-0.05)\times2/0.1+(8.05-1.5\times1\times2)/0.15+1]$	个	128
17	$\underline{\Phi}10$钢筋焊接	$3\times[(1.5\times1-0.05)\times2/0.1+(8.05-1.5\times1\times2)/0.15+1]$	个	192

案例4-10：板下新加梁

某商场板下新加梁平面图、详图如图4-26、图4-27所示。新加梁尺寸为200mm×400mm，层高3.6m，加大截面材料采用高强免振捣灌浆料，两侧梁的尺寸均为350mm×600mm，原楼层板厚100mm，该板下加梁净长2.7m，植筋胶采用A级胶，主筋和箍筋均采用单面焊接10d，钢筋保护层为25mm，原抗震等级为三级。原梁外无抹灰和涂刷乳胶漆。其他内容如图4-26、图4-27所示。编制该加大截面加固梁的工程量清单并报价。

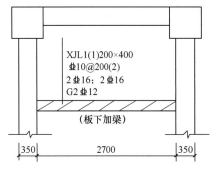

图4-26　板下加梁平面图　　　　图4-27　板下加梁详图

计算说明：①梁侧面的上下主筋及腰筋均需要植入两侧的梁中，无论加固梁净长是否超过钢筋定尺长度，每根钢筋都会产生一个接头；②板底新旧结合面凿毛涂刷界面剂处理；③这里应考虑浇筑的问题，一般需要从板上开浇筑口，暂按1m的间距开口，向下取整即可；④脚手架高度暂按算至板底，长度按加固梁的净长度。

解：板底新加梁工程量计算见表4-14。

板底新加梁工程量计算表　　　　　　　　　　　　　　　表4-14

序号	计算内容	工程量计算式	单位	计算结果
1	新旧混凝土结合面凿毛并刷界面剂	0.2×2.7+0.4×0.2×2	m²	0.70
2	板下梁灌浆料	0.4×0.2×2.7	m³	0.22
3	板下梁模板	(0.2+0.4×2)×2.7	m²	2.70
4	板下梁脚手架	(3.6−0.1)×2.7	m²	9.45
5	⊕16钢筋	1.58×2×(2.7+22×2×0.016+10×0.016×1)+1.58×2×(2.7+15×2×0.016+10×0.016×1)	kg	21.82
6	⊕16钢筋连接头	2+2	个	4
7	⊕16钢筋植筋22d	2×2	根	4
8	⊕16钢筋植筋15d	2×2	根	4
9	⊕12钢筋	0.888×2×(2.7+15×1×0.012+10×0.022×2)	kg	5.90
10	⊕12钢筋连接头	2	个	4
11	⊕12钢筋植筋15d	2×2	根	4

continued

序号	计算内容	工程量计算式	单位	计算结果
12	⊕10箍筋	$0.617\times[(0.2-0.025)\times2+(0.4-0.025\times2)\times2+2\times11.9\times0.01]\times[(2.7-0.05\times2)/0.2+1]$	kg	11.13
13	浇筑口	2.7/1	个	3

4.1.4 混凝土板加大截面加固

1. 加大截面加固板的平面注写方法

《建筑结构加固施工图设计表示方法》和《建筑结构加固施工图设计深度图样》SG111-1~2图集中给出了板加固施工图的平面注写方法。平面注写的内容包括：板编号、原板厚度、新增加的厚度和新增板配筋，如图4-28所示，注写内容的含义见表4-15。

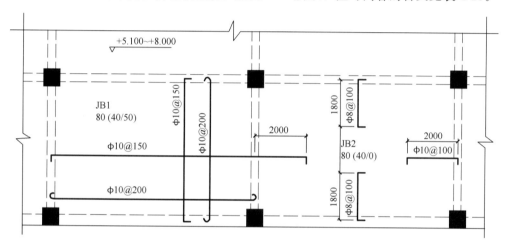

图4-28 加大截面加固板平面注写方法示例

加大截面加固板平面注写方法注写内容 表4-15

注写内容	示例（mm）
原板厚度h和新增加的厚度	例：80(40/50)，表示原板厚度h=80，板顶新增加厚度40，板底新增加厚度50。 例：80(40/0)，表示原板厚度h=80，板顶新增加厚度40，板底不加厚

2. 混凝土板加大截面工程量的计算内容

（1）混凝土板加大截面，工程计量的内容一般包括：

1）剔除楼地面装饰面层、顶棚装饰层等。板加大截面是需要在结构层外面加大，原板上或板下的装饰面层等建筑做法，需要首先剔除掉，露出结构面，清理干净，以便进行下一步的新旧混凝土结合面的处理。

2）新旧混凝土结合面凿毛并刷界面剂。新旧混凝土结合面需按照规范和图纸设计的要求进行充分凿毛，并涂刷结合界面剂。

3）混凝土或高强免振捣水泥基灌浆料。板的截面加大宽度一般在40~60mm，普通混凝土无法振捣，设计图纸中通常会对加固构件采用免振捣的高强灌浆料代替混凝土。

4）钢筋、植筋。按图纸设计全面计算新增板筋，板筋两侧有时需植入原混凝土梁或柱中，需要注意的是：板底加大截面用的钢筋，不论加固板的长度宽度是否达到了钢筋的定尺长度，因为需要两侧分别植入梁或柱中，中间至少会产生一个钢筋的接头。板面或板底加固时，锚筋需植入到原板中，还需要计算箍筋的植筋工程量。

5）模板、脚手架等费用。加固板的模板、施工脚手架等措施费用。板底需要搭设满堂脚手架。

根据13G311现浇板加大截面法加固做法见图4-29～图4-31所示。板加大截面和补板的施工图如图4-32所示。

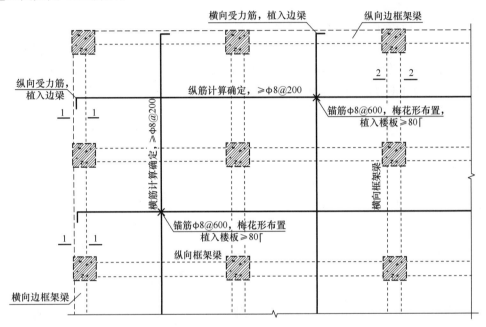

图 4-29　现浇板板面加大截面法加固

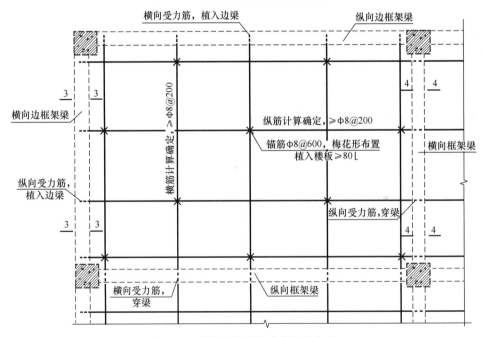

图 4-30　现浇板板底加大截面法加固

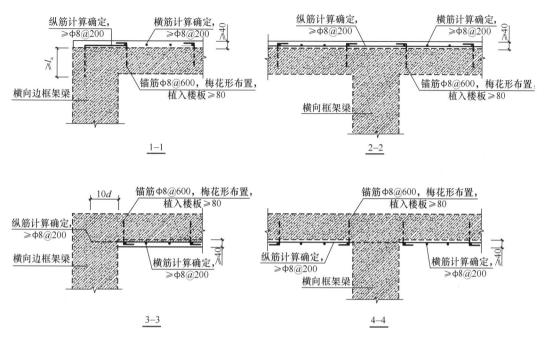

图 4-31 现浇板加大截面法节点详图

图 4-32 板加大截面和补板施工图

（2）工程量计算规则：

《房屋建筑加固工程消耗量定额》TY01-01（04）—2018 中相关子目的计算规则：

1）混凝土工程量计算的一般规则：混凝土工程量除另有规定者外，均按设计图示尺寸以体积计算，不扣除构件内钢筋、预埋铁件及墙、板中 0.3m² 以内的孔洞所占体积。

2）板混凝土按设计图示尺寸以体积计算，不扣除单个面积 0.3m² 以内的柱、垛及孔洞所占面积。板与梁（圈梁）连接时，板算至梁（圈梁）侧面；伸入墙内板头并入板内计算。

3）构件混凝土凿毛、剔除基层混凝土和基层表面阻锈按所需处理构件表面积以"m²"

计算。

4）现浇构件钢筋按设计图示钢筋长度乘以单位理论质量计算。

5）结构植钢筋按数量计算，植入钢筋按外露和植入部分之和长度乘以单位理论质量计算。

6）模板及支架按模板与混凝土的接触面面积以"m^2"计算，不扣除小于等于 $0.3m^2$ 预留孔洞面积，洞侧壁模板也不增加。混凝土构件截面加大的，为满足浇筑需要所增加的模板工程量并入相应构件模板计算。

3. 板加大截面工程量计算案例

案例 4-11：板顶加大截面

某建筑物板面加大截面平面图、做法详图如图 4-33、图 4-34 所示，板面净加固尺寸为 $5.4m \times 3.6m$，板面后浇叠合层的厚度为 60mm，每边伸入梁面 300mm，原板厚 120mm 周边梁宽均为 $400mm \times 600mm$，上部钢筋 $\Phi 10@200$，双向通长布置，周边遇梁弯折植筋深度为 300mm，钢筋连接方式采用单面焊接，焊接长度 10d，插筋采用 $\Phi 8@600$，植筋深度 100mm，梅花形布置，

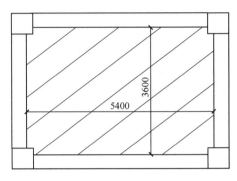

图 4-33 板面加大截面平面图

板保护层为 15mm，板顶原瓷砖面层及粘接层需凿除清理，并对新旧混凝土结合面进行凿毛并涂刷界面剂。计算该板顶加大截面的各分部分项工程的工程量。

计算说明： ①板面加大截面需别除板面原装饰面层；②板面钢筋需有效锚固在两侧的梁或柱中，板面的插筋需注意是矩形还是梅花形布置，梅花形布置时的数量大约是矩形布置的 2 倍。③工程量计算时，柱子占用的面积本题未扣除。

解： 板顶面加大截面工程量计算见表 4-16。

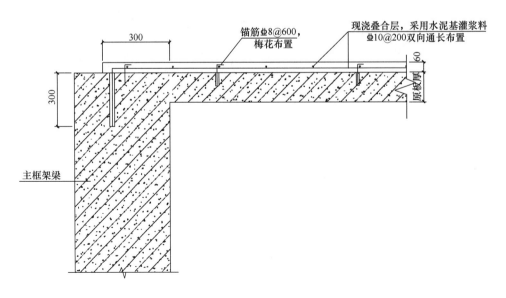

图 4-34 板面加大截面做法详图

板顶面加大截面工程量计算表　　表 4-16

序号	计算内容	工程量计算式	单位	计算结果
1	板面面层及粘接层清理	(5.4+0.3+0.3)×(3.6+0.3+0.3)	m^2	25.2
2	新旧混凝土结合面凿毛并刷界面剂	(5.4+0.3+0.3)×(3.6+0.3+0.3)	m^2	25.2
3	板面叠合层灌浆料	(5.4+0.3+0.3)×(3.6+0.3+0.3)×0.06	m^3	1.51
4	板模板	[(5.4+0.3+0.3)×2+(3.6+0.3+0.3)×2]×0.06	m^2	1.22
5	⏀10 钢筋	0.617×(5.4+0.3+0.3+0.06×2+0.3×2−0.015×2)×[(3.6+0.3+0.3−0.05×2)/0.2+1]+0.617×(3.6+0.3+0.3+0.06×2+0.3×2−0.015×2)×[(5.4+0.3+0.3−0.05×2)/0.2+1]	kg	180.77
6	⏀10 钢筋植筋 300mm	[(3.6+0.3+0.3−0.05×2)/0.2+1]×2+[(5.4+0.3+0.3−0.05×2)/0.2+1]×2	根	104
7	⏀8 箍筋	0.395×(0.06+0.1+11.9×0.008−0.015)×[(3.6−0.05×2+0.3+0.3)/0.6+1]×[(5.4−0.05×2+0.3+0.3)/0.3+1]	kg	15.36
8	⏀8 钢筋植筋 100mm	[(3.6−0.05×2+0.3+0.3)/0.6+1]×[(5.4−0.05×2+0.3+0.3)/0.3+1]	根	162

案例 4-12：板底加大截面

某建筑物一层顶板加固平面图如图 4-35 所示。图中阴影部分为板底加大截面，原板厚 150mm，板底净尺寸为 3000mm×3000mm，周边梁宽度均大于 300mm，板底浇筑叠合板加固，叠合板厚 60mm，板底双向配筋⏀10@200，钢筋连接方式采用单面焊接，焊接长度 $10d$，植筋深度为 200mm，采用梅花状布置⏀8，间距 600mm×600mm，植筋深度 100mm。板上开浇筑口，间距 1000mm×1000mm，矩形布置。板底原涂料层需清理，并对新旧混凝土结合面进行凿毛并涂刷界面剂。计算该板底加大截面的各分部分项工程的工程量。

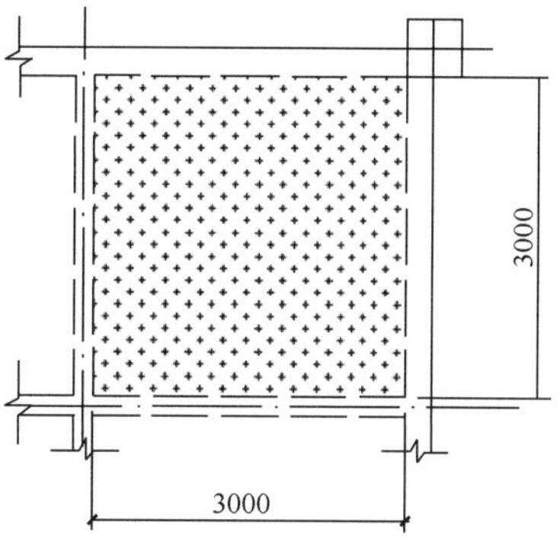

图 4-35　板底加大截面

计算说明：①板底加大截面需剔除板面的原装饰面层；②板底钢筋需有效锚固在两侧的梁或柱中，板底的插筋需注意是矩形还是梅花形布置；③板底加大截面需考虑实际施工时需要在板面上开浇筑口；④脚手架暂按加固板底净面积计算满堂脚手架的费用。

解：板底面加大截面工程量计算见表 4-17。

板底加大截面工程量计算表　　表 4-17

序号	计算内容	工程量计算式	单位	工程量
1	板面装饰面层清理	3.0×3.0	m^2	9
2	板上浇筑口	(3.0/1.0)×(3.0/1.0)	个	9

序号	计算内容	工程量计算式	单位	工程量
3	新旧混凝土结合面凿毛并刷界面剂	3.0×3.0	m^2	9
4	板下叠合层灌浆料	$3.0 \times 3.0 \times 0.06$	m^3	0.54
5	板模板	3.0×3.0	m^2	9
6	$\Phi 10$ 钢筋	$0.617 \times (3.0 + 10 \times 0.01 + 0.2 \times 2) \times [(3.0 - 0.05 \times 2)/0.2 + 1] \times 2$	kg	66.94
7	$\Phi 10$ 钢筋连接	$[(3.0 - 0.05 \times 2)/0.2 + 1] \times 2$	个	32
8	$\Phi 10$ 钢筋植筋 200mm	$[(3.0 - 0.05 \times 2)/0.2 + 1] \times 4$	根	64
9	$\Phi 8$ 箍筋	$0.395 \times (0.06 + 0.1 + 11.9 \times 0.008) \times [(3 - 0.05 \times 2)/0.6 + 1] \times [(3 - 0.05 \times 2)/0.3 + 1]$	kg	6.27
10	$\Phi 8$ 钢筋植筋 100mm	$[(3 - 0.05 \times 2)/0.6 + 1] \times [(3 - 0.05 \times 2)/0.3 + 1]$	根	62
11	满堂脚手架	3.0×3.0	m^2	9

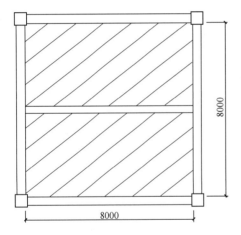

图 4-36 负一层顶板加固平面图

案例 4-13：补空楼板

某建筑负一层顶板加固平面图如图 4-36 所示，图中阴影部分原为洞口，现补板，新增现浇板的板顶与梁顶标高相同，厚 250mm，双层双向配筋为 $\Phi 12@200$，周边植入框架梁深度为 $25d$，遇到中间次梁时钢筋贯穿，孔内注胶。钢筋连接方式采用单面焊接，焊接长度 $10d$，周边框架梁尺寸均为 $400mm \times 800mm$，中间次梁尺寸为 $300mm \times 500mm$，新旧混凝土结合面需进行凿毛并涂刷界面剂。计算该补板的各分部分项工程的工程量。

计算说明：①补空楼板的钢筋需要两侧植筋，植入两侧的梁中一定的深度；②中间遇到次梁时，钢筋需贯穿次梁植筋；③因周边需要新旧结合面处理，植筋等的需要，本题计取了满堂脚手架，面积按补板的净面积。

解：补板工程量计算见表 4-18。

补板工程量计算表 表 4-18

序号	计算内容	工程量计算式	单位	计算结果
1	新旧混凝土结合面凿毛并刷界面剂	$(8 \times 4 + 8 \times 2) \times 0.25$	m^2	12
2	新增板混凝土	$(8 - 0.3) \times 8.0 \times 0.25$	m^3	15.4
3	新增板模板	$(8 - 0.3) \times 8.0$	m^2	61.6

序号	计算内容	工程量计算式	单位	计算结果
4	Φ12钢筋	$2\times[0.888\times(8+10\times0.012+25\times0.012\times2)]\times\{[(8-0.3)/2-0.05\times2]/0.2+1\}\times2+0.888\times(8+10\times0.012\times2+25\times0.012\times2)\times[(8-0.05\times2)/0.2+1]$	kg	1247.57
5	Φ12钢筋焊接	$2\times\{[(8-0.3)/2-0.05\times2]/0.2+1\}\times2+2\times[(8-0.05\times2)/0.2+1]\times2$	个	241
6	Φ12钢筋植筋$25d$	$4\times\{[(8-0.3)/2-0.05\times2]/0.2+1\}\times2+4\times[(8-0.05\times2)/0.2+1]$	根	320
7	Φ12钢筋贯穿梁注胶300mm	$2\times[(8-0.05\times2)/0.2+1]$	根	82
8	满堂脚手架	$(8-0.3)\times8.0$	m²	61.6

4.1.5 混凝土墙加大截面加固

1. 混凝土墙加大截面加固的相关规定

（1）当墙体承载力不满足规范要求时，或当墙体尺寸、配筋及轴压比不符合规范规定时，或当墙体混凝土强度偏低或施工质量存在严重缺陷时，均可采用于原墙双面、单面或局部增设钢筋混凝土后浇层的方法进行加固。

（2）新增混凝土层厚度应由计算确定，一般应大于等于60mm；纵横墙交接处、墙板交接处，为保证施工质量及保护层厚度要求，局部墙体新增混凝土层厚度可适当增加。

（3）新增混凝土强度等级比原混凝土强度提高一级，且不应低于C25级。

（4）墙体新增钢筋网规格应由计算确定，一般情况下宜为：竖向钢筋≥Φ10～12，间距150～200，横向钢筋≥Φ8～Φ10，间距150～200；竖筋在里，横筋在外。

（5）新增钢筋网与原墙应有可靠连接，一般可采用拉结筋对拉或植筋连接。拉结筋和植筋规格取Φ6～Φ8，拉结筋间距取900，植筋间距取600，宜采用梅花形布置。

（6）纵横钢筋端部应由可靠锚固，可采用植筋的方式锚固于基础、框架柱、剪力墙及楼板等邻接构件。对于厚度较薄的楼板和墙体，可采用钻孔方式直接通过，为减少钻孔工作量和对原结构的损伤，间距可适当增大，采用较粗的等代钢筋连接。

（7）等代钢筋一般取≥Φ16@400～600，螺杆一般≥Φ16@400～600。若采用搭接的方式，搭接长度应≥L_l，抗震设计时应≥L_{lE}。

2. 混凝土墙加大截面的平面注写方法

《建筑结构加固施工图设计表示方法》和《建筑结构加固施工图设计深度图样》（SG111-1～2）图集中给出了剪力墙加固施工图的平面注写方法。剪力墙墙身施工图平面注写方法绘制时，需注写的内容包括：加固墙身编号、原墙厚、增大厚度、新增水平分布钢筋、竖向分布钢筋和拉筋，并在墙面加固侧用粗实线表示，如图4-37所示，平面注写内容的含义见表4-19。

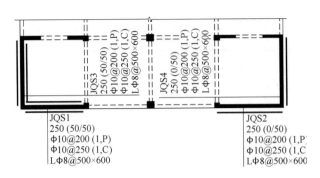

图 4-37　加大截面加固墙身平面示意图

剪力墙身加大截面加固列表注写　　　　　　　　　　　　表 4-19

注写内容	示例（mm）
墙身编号	例：JQS1，表示加固墙身 1
原墙身厚和增加厚度	例：250(50/60)，表示原剪力墙厚度为 250，左或上加厚 50，右或下加厚 60
新增水平分布筋	例：Φ10@200(1, P)，表示水平分布钢筋，排数为 1 排，直径 10，间距为 200
竖向分布筋	例：Φ10@250(1, C)，表示竖向分布钢筋，排数为 1 排，直径 10，间距为 250
拉筋	例：LΦ8@500×600，表示拉筋为 HPB300 钢筋，直径 8，水平间距为 500，竖向间距为 600

3. 混凝土墙加大截面工程量的计算内容

（1）混凝土墙加大截面，工程计量的内容一般包括：

1）墙基础加固。墙加大截面时，有时原墙的基础同样需要加大截面，施工时需要地面破除及挖土、垃圾外运。需考虑原有地面装饰面层破除、地面垫层破除、基础挖土方、垃圾清理集中堆放后外运等的费用。基础加固的钢筋、混凝土、模板、插筋植筋费用等均需要根据设计图纸计算。基础加固施工完成后，还应考虑基坑回填、地面垫层恢复、地面面层恢复，如果是外围基础，还可能需要恢复室外散水等的费用。

2）剔除墙面装饰层、抹灰层等。墙加大截面是需要在结构层外面加大，原墙上的装饰面层、抹灰层等建筑做法，需要首先剔除掉，露出结构面，清理干净，以便进行下一步的新旧混凝土结合面的处理。

3）新旧混凝土结合面凿毛并刷界面剂。新旧混凝土结合面需按照规范和图纸设计的要求进行充分凿毛，并涂刷结合界面剂。

4）混凝土或高强免振捣水泥基灌浆料。墙体的截面加大宽度在≤150mm 时，普通混凝土无法振捣，设计图纸中通常会对加固构件采用免振捣的高强灌浆料代替混凝土。

5）钢筋、植筋。按图纸设计全面计算新增竖向和水平向钢筋，但应全面理解图纸中关于转角节点、楼板处节点的钢筋做法，在基础处，竖向钢筋需要植入原混凝土基础中，在墙体水平方向会遇到转角等做法时，水平向钢筋应贯穿原墙，遇到上部原楼板时，通常会设置等代穿板筋，穿板钢筋应贯穿原楼板后伸入上一层。墙体侧面需拉结箍筋，在计算完箍筋的工程量后，每根箍筋需植入到原墙中，还需要计算箍筋的植筋工程量。对于双面加大截面的剪力墙，一般会设置贯穿墙体的箍筋，贯穿墙体后注胶。

6）模板、脚手架等费用。加固柱的模板、施工脚手架等措施费用。

根据13G311现浇剪力墙加大截面加固做法见图4-38、图4-39所示。

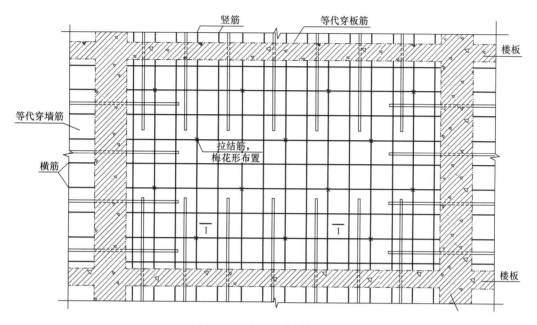

图4-38 墙面钢筋网布置图

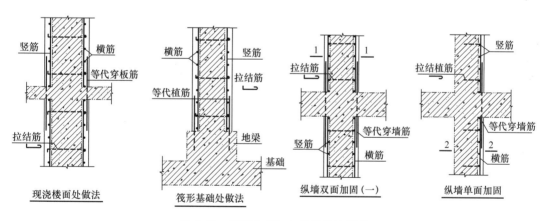

图4-39 混凝土墙加大截面做法详图

（2）工程量计算规则：

《房屋建筑加固工程消耗量定额》TY01-01（04）-2018中相关子目的计算规则：

1）混凝土工程量计算的一般规则：混凝土工程量除另有规定者外，均按设计图示尺寸以体积计算，不扣除构件内钢筋、预埋铁件及墙、板中0.3m² 以内的孔洞所占体积。

2）墙混凝土按设计图示尺寸以体积计算，扣门窗洞口及0.3m² 以外孔洞所占体积，墙垛及凸出部分并入墙体积内计算。混凝土墙面包混凝土工程量按图示尺寸以"m³"计算，伸入地坪、楼板、墙面的部分，其混凝土体积并入墙面包混凝土工程量内。墙面喷射混凝土工程量以单面按"m²"计算，双面加固时按双面工程量计算。凡加固墙身的梁与通过门窗洞口的圈梁，均按圈梁计算，单独通过门窗洞口的梁按过梁计算。

3）构件混凝土凿毛、剔除基层混凝土和基层表面阻锈按所需处理构件表面积以"m²"计算。

4）现浇构件钢筋按设计图示钢筋长度乘以单位理论质量计算。

5）结构植钢筋按数量计算，植入钢筋按外露和植入部分之和长度乘以单位理论质量计算。

6）模板及支架按模板与混凝土的接触面面积以"m²"计算，不扣除≤0.3m²预留孔洞面积，洞侧壁模板也不增加。混凝土构件截面加大的，为满足浇筑需要所增加的模板工程量并入相应构件模板计算。

7）外脚手架、里脚手架均按搭设长度乘以搭设高度以"m²"计算，不扣除门窗洞口及穿过建筑物的管道等所占的面积。

4. 剪力墙加大截面工程量计算案例

案例 4-14：剪力墙双面加大截面

某商场地下室剪力墙加固平面及剖面图如图 4-40、图 4-41 所示，剪力墙双面加固，每侧加厚75mm，墙体加固净长 4.5m，层高 6.35m，竖向钢筋为 Φ20@200，下部植入基础深度为 22d，上部植入梁 20d，横向钢筋为 Φ18@250，植入侧面柱中的深度为15d，Φ10 钢筋@600×750 矩形布置，贯穿墙体植筋，原墙身厚250mm，该层板厚200mm，植筋胶采用 A 级胶，钢筋保护层为 20mm，原抗震等级为三级。原墙外无抹灰和装饰面层。其他内容如图 4-40、图 4-41 所示。编制该加大截面加固墙的工程量清单并报价。

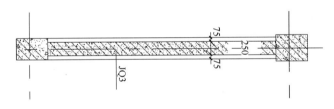

图 4-40　剪力墙加大截面平面示意

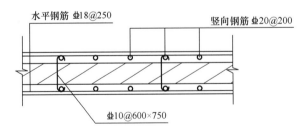

图 4-41　剪力墙加大截面详图

计算说明：①墙体的水平需植入两侧的柱中，竖向钢筋下部需植入基础，上部需植入梁或贯穿楼板植筋；②梅花形布置的插筋需要贯穿原墙体植筋。

解： 混凝土墙加大截面工程量计算见表 4-20。

表 4-20

混凝土墙加大截面工程量计算表

序号	计算内容	工程量计算式	单位	计算结果
1	新旧混凝土结合面凿毛并刷界面剂	$4.5×(6.35−0.2)×2+4.5×0.075×2×2$	m²	56.70
2	加固墙灌浆料	$D4.5×(6.35−0.2)×2×0.075$	m³	4.15
3	加固墙模板	$4.5×(6.35−0.2)×2$	m²	55.35
4	加固墙脚手架	$4.5×(6.35−0.20)×2$	m²	55.35
5	Φ20 钢筋	$2.47×[(4.5−0.05×2)/0.2+1]×(6.35−0.2+10×0.02+22×0.02+22×0.02)×2$	kg	821.47
6	Φ20 钢筋焊接	$[(4.5−0.05×2)/0.2+1]×2$	个	46
7	Φ20 钢筋植筋 22d	$1×[(4.5−0.05×2)/0.2+1]×2$	根	46
8	Φ20 钢筋植筋 20d	$1×[(4.5−0.05×2)/0.2+1]×2$	根	46
9	Φ18 钢筋	$2.0×[(6.35−0.05×2)/0.25+1]×(4.35+10×1×0.018+15×2×0.018)×2$	kg	527.28
10	Φ18 钢筋焊接	$[(6.35−0.05×2)/0.25+1]×2$	个	52
11	Φ18 钢筋植筋 15d	$2×[(6.35−0.05×2)/0.25+1]×2$	个	104
12	Φ10 箍筋	$0.617×(0.25+0.075×2−0.02×2+11.9×2×0.01)×2×[(6.35−0.05×2)/0.6+1]×[(4.5−0.05×2)/0.75+1]$	kg	57.85
13	Φ10 箍筋植筋 250mm	$2×[(6.35−0.05×2)/0.6+1]×[(4.5−0.05×2)/0.75+1]$	个	157

4.1.6 混凝土加大截面工程量清单及报价编制案例

案例 4-15：加大截面工程量清单编制及计价

根据案例 4-5 计算的工程量，人工单价 150 元/工日，采用高强免振捣自密实灌浆料的单价为 4500 元/m³，塑料薄膜的单价为 2.5 元/m²，土工布的单价为 7.5 元/m²，水的单价为 6.8 元/m³，电的单价为 1.1 元/(kW·h)，干混砂浆罐式搅拌机台班单价为 260 元/台班。管理费和利润分别按人工费的 30% 和 20% 计取，以上价格均为除税价格，按一般计税法编制该加固内容的工程量清单，参考全国的《房屋建筑加固工程消耗量定额》TY01-01(04)-2018 中的消耗量进行报价，见表 4-21，工程内容包括：混凝土的浇筑、振捣、养护。根据此定额对柱加大截面子目的综合单价进行组价分析。

定额编号		3-33	3-89	3-93	3-94	3-95	3-97
项目		基础加大	柱截面加大	板下加梁	梁截面加大（梁下加固）	梁截面加大（梁下及两侧加固）	原板上浇叠合层
名称	单位	消耗量					
人工　合计工日	工日	4.786	20.250	24.980	28.816	26.621	14.330
材料　预拌混凝土 C30	m³	10.300	9.991	10.300	10.300	10.300	10.300
预拌水泥砂浆	m³	—	0.309	—	—	—	—
塑料薄膜	m²	20.867	—	33.353	33.353	33.353	71.100
土工布	m²	—	1.005	3.326	3.326	3.326	7.109
水	m³	1.366	2.086	3.192	3.192	3.460	4.309
电	kW·h	3.754	5.859	5.322	5.656	5.656	4.725
其他材料费用	%	0.450	0.450	0.450	0.450	0.450	0.450
机械　干混砂浆罐式搅拌机	台班	—	0.031	—	—	—	—
混凝土抹平机	台班	—	—	—	—	—	0.175

计算说明： ①编制工程量清单时可借用《房屋建筑与装饰工程工程量计算规范》GB 50854—2013 中的项目编码，项目名称、项目特征根据加固工程项目的特点进行修改、细化；②编制报价时，参考了全国版的《房屋建筑加固工程消耗量定额》TY01-01 (04)-2018 中的消耗量，价格参考了某一时点的市场价格；③此案例仅就"梁加大截面"子目的综合单价进行了分析，其他子目的综合单价形成过程与其类似。

解：1. 根据案例 4-5 计算出的工程量，根据项目特征和《房屋建筑与装饰工程工程量计算规范》GB 50854—2013 中的项目编码，编制的分部分项工程和单价措施项目工程量清单与计价表见表 4-22。

分部分项工程和单价措施项目工程量清单与计价表　　　　　　　表 4-22

序号	项目编码	项目名称	项目特征	计量单位	工程数量	综合单价	合价	其中：暂估价
1	011604003001	面层剔除	原梁抹灰层和涂料层剔除	m²	2.59			
2	011604001002	新旧混凝土结合面凿毛	1. 凿除面层至混凝土表面 2. 对新旧混凝土接触面进行凿毛处理打出沟槽深度 8～10mm 并去除松散混凝土 3. 用毛刷和压缩空气清理干净混凝土面 4. 垃圾清理、外运	m²	2.59			
3	011407001001	新旧混凝土面涂刷界面剂	1. 浇筑灌浆料前，清理界面 2. 刷涂混凝土界面处理剂稀胶液	m²	2.59			

序号	项目编码	项目名称	项目特征	计量单位	工程数量	金额（元）		
						综合单价	合价	其中：暂估价
4	010503002001	梁加大截面	混凝土种类：高强免振捣自密实灌浆料	m³	0.25			
5	010515001001	现浇构件钢筋	钢筋种类、规格：箍筋，HRB400 ≤Φ10	t	0.023			
6	010515001002	现浇构件钢筋	钢筋种类、规格：钢筋，HRB400 ≤Φ25	t	0.083			
7	010515011001	Φ8植筋	1. 钻孔、清孔、植筋 2. 植筋深度：15d	根	97			
8	010515011002	Φ20植筋	1. 钻孔、清孔、植筋 2. 植筋深度：20d	根	8			
9	010516003001	Φ8钢筋焊接	1. 连接方式：焊接 2. 规格：钢筋Φ8 3. 单面焊接10d	个	116			
10	010516003002	Φ20钢筋焊接	1. 连接方式：焊接 2. 规格：钢筋Φ20 3. 单面焊接10d	个	4			
11	01B001	箍筋Φ8	箍筋剔槽恢复	个	116			
12	011702006001	加固梁模板	支撑高度：3.5m	m²	5.11			
13	011701002001	加固梁脚手架		m²	20.16			

2. 根据题目给定的价格，计算的"梁加大截面"子目的综合单价分析表见表4-23。套用定额"3-94 梁截面加大（梁下加固）"，10m³ 的费用为：

人工费＝150×24.98＝3747.0 元

材料费＝（10.3×4500＋33.353×2.5＋3.326×7.5＋3.192×6.8＋5.322×1.1）×（1＋0.45％）＝46695.1 元

机械费＝0

管理费＝150×24.98×30％＝1124.1 元

利润＝150×24.98×20％＝749.4 元

定额工程量＝清单工程量＝0.25m³

综合单价分析表中的数量＝定额工程量/清单工程量/定额单位＝0.25/0.25/10＝0.1

项目编码	010503002001	项目名称	梁加大截面	计量单位	m³	工程量	0.25

<table>
<tr><td colspan="12" style="text-align:center">清单综合单价组成明细</td></tr>
<tr><td rowspan="2">定额编号</td><td rowspan="2">定额名称</td><td rowspan="2">定额单位</td><td rowspan="2">数量</td><td colspan="4">单价（元）</td><td colspan="4">合价（元）</td></tr>
<tr><td>人工费</td><td>材料费</td><td>施工机具使用费</td><td>管理费和利润</td><td>人工费</td><td>材料费</td><td>施工机具使用费</td><td>管理费和利润</td></tr>
<tr><td>3-94</td><td>梁截面加大（梁下加固）</td><td>10m³</td><td>0.1</td><td>3747</td><td>46695.1</td><td>0</td><td>1873.5</td><td>374.7</td><td>4669.51</td><td>0</td><td>187.35</td></tr>
</table>

人工单价	小计	374.7	4669.51	0	187.35
150 元/工日	未计价材料（元）		0		

清单项目综合单价（元/m³）	5231.56

<table>
<tr><td rowspan="4">材料费明细</td><td>主要材料名称、规格、型号</td><td>单位</td><td>数量</td><td>单价（元）</td><td>合价（元）</td><td>暂估单价（元）</td><td>暂估合价（元）</td></tr>
<tr><td>高强免振捣自密实灌浆料</td><td>m³</td><td>1.03</td><td>4500</td><td>4635</td><td></td><td></td></tr>
<tr><td colspan="4">其他材料费（元）</td><td>34.51</td><td></td><td></td></tr>
<tr><td colspan="4">材料费小计（元）</td><td>4669.51</td><td></td><td></td></tr>
</table>

案例 4-16：植筋工程量清单编制及计价

某工程加固梁的钢筋在框架柱侧面进行植筋，Φ20 钢筋植筋深度 22d（8 根），Φ12 钢筋植筋深度 18d（4 根），箍筋 Φ12 的植筋深度 12d（180 根），其他部位 Φ20 钢筋植筋深度 10d（20 根），管理费和利润分别按人工费的 30% 和 20% 计取，以上价格均为除税价格，参考某省的《房屋建筑加固工程消耗量定额》中的消耗量进行报价，见表 4-24，工程内容包括：定位、钻孔、清孔、注胶、植筋、养护等。编制该植筋项目的分部分项工程量清单并计算综合单价。

<table>
<tr><td colspan="4">定额编号</td><td>5-151</td><td>5-155</td><td>5-183</td><td>5-187</td><td>5-215</td><td>5-219</td></tr>
<tr><td colspan="4" rowspan="2">项目</td><td colspan="2">混凝土柱侧、梁侧植钢筋（埋深 10d）</td><td colspan="2">混凝土柱侧、梁侧植钢筋（埋深 15d）</td><td colspan="2">混凝土柱侧、梁侧植钢筋（每增减 1cm 孔深）</td></tr>
<tr><td>12</td><td>20</td><td>12</td><td>20</td><td>12</td><td>20</td></tr>
<tr><td colspan="2">名称</td><td>单位</td><td>单价（元）</td><td colspan="6" style="text-align:center">数量</td></tr>
<tr><td>人工</td><td>综合工日</td><td>工日</td><td>120</td><td>0.113</td><td>0.224</td><td>0.164</td><td>0.324</td><td>0.009</td><td>0.01</td></tr>
<tr><td rowspan="2">材料</td><td>植筋胶</td><td>mL</td><td>0.05</td><td>16.567</td><td>84.563</td><td>24.851</td><td>126.844</td><td>1.381</td><td>4.2280</td></tr>
<tr><td>其他材料费</td><td>元</td><td>—</td><td>0.40</td><td>1.03</td><td>0.86</td><td>1.55</td><td>0.06</td><td>0.11</td></tr>
<tr><td rowspan="2">机械</td><td>中小型机械费</td><td>元</td><td>0.10</td><td>0.27</td><td>0.14</td><td>0.28</td><td>0.03</td><td>0.05</td><td></td></tr>
<tr><td>其他机具费</td><td>元</td><td>0.16</td><td>0.31</td><td>0.23</td><td>0.45</td><td>0.01</td><td>0.01</td><td></td></tr>
</table>

计算说明：①编制工程量清单时采用《房屋建筑与装饰工程工程量计算规范》GB

50854—2013 中的项目编码，项目名称、项目特征根据加固工程项目的特点进行修改、细化。②编制报价时，参考了某省的《房屋建筑加固工程消耗量定额》中的消耗量，价格参考了某一时点的市场价格。③在列植筋项目清单时应注意的问题是：植筋的价格与钢筋的直径和植筋的深度密切相关。在同一个工程中，需要根据需植筋钢筋的型号、植筋的深度分别进行列项，同一型号的钢筋，植筋深度不同时，因价格和深度的对应关系，也应分别列项。

解： 1. 编制该工程的植筋部分的分部分项工程量清单见表 4-25。

分部分项工程和单价措施项目工程量清单与计价表 　　　　　　表 4-25

序号	项目编码	项目名称	项目特征	计量单位	工程数量	金额（元）		
						综合单价	合价	其中：暂估价
1	010515011001	Φ12 钢筋植筋	1. 钻孔、清孔、植筋 2. 植筋深度：12d	根	180			
2	010515011002	Φ12 钢筋植筋	1. 钻孔、清孔、植筋 2. 植筋深度：18d	根	4			
3	010515011003	Φ20 钢筋植筋	1. 钻孔、清孔、植筋 2. 植筋深度：10d	根	20			
4	010515011004	Φ20 钢筋植筋	1. 钻孔、清孔、植筋 2. 植筋深度：22d	根	8			

2. 计算综合单价

（1）植筋 Φ12 的深度 12d 的综合单价计算。套用定额 5-151 和定额 5-215。

人工费 $=120 \times (0.113+0.009 \times 2)=15.72$ 元

材料费 $=0.05 \times (16.567+1.381 \times 2)+0.4+0.06 \times 2=1.49$ 元

机械费 $=0.1+0.03 \times 2+0.16+0.01 \times 2=0.34$ 元

管理费 $=15.72 \times 30\% =4.72$ 元

利润 $=15.72 \times 20\% =3.14$ 元

综合单价 $=15.72+1.49+0.34+4.72+3.14=25.41$ 元/根

（2）植筋 Φ12 的深度 18d 的综合单价计算。套用定额 5-183 和定额 5-215。

人工费 $=120 \times (0.164+0.009 \times 3)=22.92$ 元

材料费 $=0.05 \times (24.851+1.381 \times 3)+0.86+0.06 \times 3=2.49$ 元

机械费 $=0.14+0.03 \times 3+0.23+0.01 \times 3=0.49$ 元

管理费 $=22.92 \times 30\% =6.88$ 元

利润 $=22.92 \times 20\% =4.58$ 元

综合单价 $=22.92+2.49+0.49+6.88+4.58=37.36$ 元/根

（3）植筋 Φ20 的深度 10d 的综合单价计算。套用定额 5-155。

人工费 $=120 \times 0.224=26.88$ 元

材料费 $=0.05 \times 84.563+1.03=5.26$ 元

机械费 $=0.27+0.31=0.58$ 元

管理费＝26.88×30％＝8.06元

利润＝26.88×20％＝5.38元

综合单价＝26.88＋5.26＋0.58＋8.06＋5.38＝46.16元/根

（4）植筋Φ20的深度22d的综合单价计算。套用定额5-187和5-219。

人工费＝120×(0.324＋0.01×7)＝47.28元

材料费＝0.05×(126.844＋4.228×7)＋1.55＋0.11×7＝10.14元

机械费＝(0.28＋0.05×7)＋(0.45＋0.01×7)＝1.15元

管理费＝47.28×30％＝14.18元

利润＝47.28×20％＝9.46元

综合单价＝47.28＋10.14＋1.15＋14.18＋9.46＝82.21元/根

3. 编制的分部分项工程量清单计价表见表4-26。

分部分项工程和单价措施项目工程量清单与计价表 表4-26

工程名称：

序号	项目编码	项目名称	项目特征	计量单位	工程数量	金额（元）		
						综合单价	合价	其中：暂估价
1	010515011001	☲12钢筋植筋	1. 钻孔、清孔、植筋 2. 植筋深度：12d	根	180	25.41	4573.80	
2	010515011002	☲12钢筋植筋	1. 钻孔、清孔、植筋 2. 植筋深度：18d	根	4	37.36	149.44	
3	010515011003	☲20钢筋植筋	1. 钻孔、清孔、植筋 2. 植筋深度：10d	根	20	46.16	923.20	
4	010515011004	☲20钢筋植筋	1. 钻孔、清孔、植筋 2. 植筋深度：22d	根	8	82.21	657.68	

4.2 混凝土外包钢加固

4.2.1 混凝土柱外包钢加固

1. 混凝土柱外包钢的相关规定

《混凝土结构加固构造》13G311-1中对于柱外粘型钢加固法的说明：

（1）外粘型钢加固法加固柱应根据柱的类型、截面形式、所处位置及受力情况等的不同，采用相应的加固构造方式。

（2）柱的纵向受力角钢应由计算确定，但不应小于L75×5。角钢在加固楼层范围内应通长设置。对于梁齐柱边布置的节点区及壁柱情况，角钢可换成等代扁钢。

（3）纵向角钢上下两端应有可靠锚固。角钢下端应锚固于基础；中间应穿过各层楼板，上端应伸至加固层的上一层楼板底或锚固于屋面顶板上。

（4）沿柱轴线方向应每隔一定距离用扁钢制作的箍板或缀板与角钢焊接。箍板或缀板截面不应小于40×4mm，间距不应大于20r（r为单根角钢截面的最小回转半径），且不应大于 500mm；在规定的范围内，其间距应适当加密，加密区范围和考虑原箍筋的总配筋量应满足《建筑抗震设计规范（2016 年版）》GB 50011—2010 的相关规定。

（5）节点位置箍板可等效换算为等代箍筋，以便穿梁与角钢焊接；对于扁钢可改为螺杆穿过拧紧，穿梁的孔洞应采用胶粘剂灌注锚固。

（6）外粘型钢加固柱时，应将原构件截面的棱角打磨成圆角，其半径 $r \geqslant 7$mm。

（7）外粘型钢的注胶应在型钢构架焊接完成后进行，胶缝厚度宜控制在 3～5mm；局部允许有长度不大于 300mm、厚度不大于 8mm 的胶缝，但不得出现在角钢端部 600mm 范围内。

2. 柱外包钢加固的平面注写方法

《建筑结构加固施工图设计表示方法》和《建筑结构加固施工图设计深度图样》SG111-1～2 图集中给出了柱外包钢加固施工图的注写方法。

（1）列表注写方式

柱外包钢加固法示例见表 4-27。如 JKZ1 采用角钢加固，4L100×75×6，表示在柱子的四个角部分别有 1 根不等边角钢 100×75×6，其中角钢长边 100mm 沿 b 方向，短边 75mm 沿 h 方向（注：若角钢短边沿 b 方向，则表示为 4L100×75×6♯，即在最后注写"♯"）。JKZ2 中的 2-200×6 表示纵向采用 2 块钢板，宽 200mm，厚 6mm。

JKZ1 中的横向缀板 100×3@300（1200）/500，表示缀板宽度 100mm，厚度 3mm，沿轴线两端间距为 300mm，分布长度为 1200mm，中间区段间距为 500mm。JKZ2 中的横向缀板 100×3@400，表示缀板宽度 100mm，厚度 3mm，沿轴线间距均为 400mm；2M10@300，表示锚杆直径为 10mm，轴线间距沿柱高均为 300mm。

外包钢加固柱列表注写方法示例　　　　表 4-27

截面			
编号	JKZ1	JKZ2	JKZ3
标高	5.100～10.000	5.100～10.000	5.100～10.000
原截面尺寸	300×400	300×400	300×400
纵向角钢	4L100×75×6	2L75×6	2L75×6
纵向钢板	—	2-200×6	2-100×6
横向缀板	100×3@300（1200）/500	100×3@400	100×3@400
横向锚栓	—	2M10@400	2M10@400
截面示意图			

（2）平面注写方式

外包钢加固柱平面注写的内容包括：柱编号、原柱截面尺寸、外包角钢型号、钢板宽度、厚度、缀板宽度、厚度和间距、锚栓直径和间距等，如图 4-42 所示。JKZ1 表示加固框架柱 1，原柱尺寸是 300×400，4L100×75×6，表示采用 4 根不等边角钢 100×75×6，其中长边 100mm 沿 b 方向，短边 75mm 沿 h 方向（若角钢短边沿 b 方向，则表示为 2L100×75×6♯，即在最后注写"♯"）。100×3@300(1200)/500 表示缀板宽度 100mm，厚度 3mm，沿轴线两端间距 300mm，分布长度为 1200mm，中间区段间距为 500。JKZ3 中的 2L100×75×6+2-200×6，表示采用 2 根角钢 L100×75×6 和 2 块钢板 200×6；100×3@400，表示缀板宽度 100mm，厚度 3，沿轴线间距均为 400；M10@400 表示锚杆直径为 10mm，轴线间距沿柱高均为 400mm。

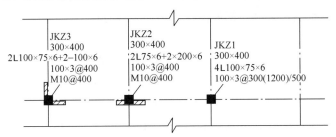

图 4-42 外包钢加固柱平面注写方法示例

（3）截面注写方式

根据 07SG111-1 外包钢加固柱截面注写的示例见图 4-43 所示。JKZ2 表示加固框架柱 2，原柱尺寸是 500×500，4 根不等边角钢 L100×75×6 分布在四个角上，其中长边 100mm 沿 b 方向，短边 75mm 沿 h 方向。在柱的四个侧面均有横向缀板 100×3@300 (1200)/500，含义是缀板宽度 100mm，厚度 3mm，沿轴线两端间距为 300mm，分布长度为 1200mm，中间区段间距为 500mm。JKZ5 表示加固框架柱 5，原柱尺寸是 500×500，2 根等边角钢 L75×6 分布在两个角上，另外两个角分别布置 1G-100×6 钢板，1G-100×6 表示 1 层钢板，宽度 100mm，厚度 6mm。在柱的四个侧面均有横向缀板 100×3@400，含义是缀板宽度 100mm，厚度 3mm，沿轴线间距均为 400mm。

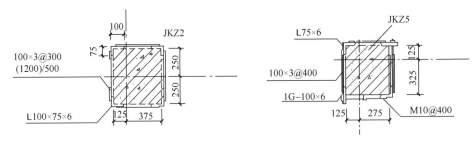

图 4-43 外包钢加固柱截面注写方法示例

柱包钢施工图如图 4-44 所示。

3. 混凝土柱包钢工程量的计算内容

（1）混凝土柱包钢，工程计量的内容一般包括：

124

图 4-44　柱外包钢施工图

1) 拆除影响加固施工的墙体及恢复。加固施工时柱周边的墙体或门窗会有一定的影响，需要拆除影响的墙体，拆除部分的墙体需满足加固柱工作面的要求，加固柱施工完成后，应再恢复墙体，并恢复墙体上的装饰面层做法，如果影响到了门窗，还需要考虑门窗的拆除及恢复等的费用。

2) 柱基础加固。柱包钢时，需要从基础扩大面开始向上加固，有时原柱的基础同样需要加固，施工时需要地面破除及挖土、垃圾外运。需考虑原有地面装饰面层破除、地面垫层破除、基础挖土方、垃圾清理集中堆放后外运等的费用。基础柱墩采用加大截面混凝土加固时，还应考虑基础加固的钢筋、混凝土、模板、插筋植筋费用等。基础加固施工完成后，还应考虑基坑回填、地面垫层恢复、地面面层恢复，如果是外围基础，还可能需要恢复室外散水等的费用。

3) 剔除柱面装饰层、抹灰层等。柱包钢是需要包在结构层外面，原柱上的装饰面层、抹灰层等建筑做法，需要首先剔除掉，露出结构面，清理干净。

4) 接触面打磨。角钢和缀板与混凝土的接触面按设计要求打磨，并用丙酮擦拭。混凝土表面需要按设计规定把混凝土柱角打磨成圆角。

5) 角钢、缀板费用。包括角钢、缀板制作、安装的费用。在柱板节点处，应破除楼板相应位置，角钢直通伸入上一层并计算此处楼板破除及恢复的费用。

在梁柱节点部位，根据 13G311 规范图集中的要求，会产生等代箍筋，等代箍筋会贯穿周边纵横梁后与角钢互焊，除了计算等代箍筋的钢筋工程量外，每根等代箍筋需要根据图纸计算贯穿原梁的植筋费用和焊接费用。

6) 注胶费用。角钢与混凝土柱的缝隙、缀板与混凝土柱的缝隙内应按设计要求进行压力注胶，注胶费用一般按注胶面积计取。

7) 加固后表面钢丝网抹灰费用。加固后的钢构件表面可选择采用表面加抗裂钢丝网分层抹灰施工，也可直接外露钢构件。如果钢构件外露，还需要考虑外露钢构件的防火防腐费用。

8）脚手架等费用。加固柱的施工脚手架等措施费用。

（2）工程量计算规则：

《房屋建筑加固工程消耗量定额》TY01-01(04)-2018中相关子目的计算规则：

1）直接法结构胶粘钢、后注工法粘钢、后注工法灌注水泥浆按设计图示钢材的外边实贴面积以"m²"计算，不扣除孔眼的面积。

2）构件混凝土凿毛、剔除基层混凝土和基层表面阻锈按所需处理构件表面积以"m²"计算。

3）现浇构件钢筋按设计图示钢筋长度乘以单位理论质量计算。

4）结构植钢筋按数量计算，植入钢筋按外露和植入部分之和长度乘以单位理论质量计算。

5）外脚手架、里脚手架均按搭设长度乘以搭设高度以"m²"计算，不扣除门窗洞口及穿过建筑物的管道等所占的面积。

4. 柱外包钢加固工程量计算案例

案例4-17：柱四面包角钢

某综合广场需进行混凝土柱子的包钢加固，JKZ1的包角钢做法图及断面详图如图4-45、图4-46所示。对其中二、三层的柱子进行加固，每层层高均为3.9m，其中JKZ1，尺寸为1000mm×1100mm，加固高度为：3.9～11.7m，角钢尺寸为4L125×8，缀板尺寸为100×4@400。梁高300mm×600mm，加固详图如图4-31所示。计算加固柱包角钢的相关工程量。

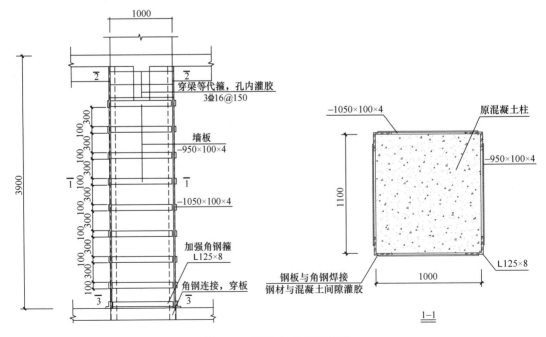

图4-45 JKZ1包角钢做法图

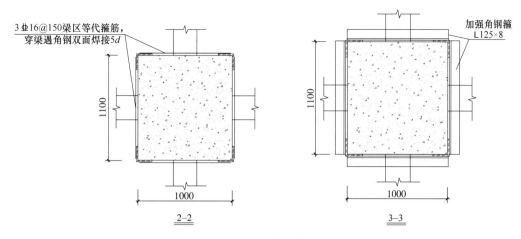

图 4-46　JKZ1 包角钢断面详图

计算说明：①本题工程量计算时，钢材和注胶面积分别进行了计算，报价时可分别报价。当把钢材和注胶面积合并在一个定额中时，也可根据《房屋建筑加固工程消耗量定额》TY01-01(04)-2018 中的计算规则，按设计图示钢材的外边实贴面积以"m²"计算。②本题的 JKZ1 均是从楼层上开始加固，故此题没有涉及加固柱基础工程量的计算。③JKZ1 需连续加固两层，角钢在楼层处不能断开，直通至上一层，在中间贯穿楼层处需进行开洞破除楼板混凝土，后期进行恢复。④角钢和缀板与混凝土的接触面均需要注胶。本题是按接触面的面积单独计算的，不是按照《房屋建筑加固工程消耗量定额》TY01-01(04)-2018 中按设计图示钢材的外边实贴面积计算的。⑤在梁柱接头处，因会遇到原梁，箍板处改为等代箍筋，等代箍筋遇到原梁需要贯穿，并且需要加工成"一"字形，在施工时水平贯穿原梁后与角钢两侧进行焊接，每侧均会产生 2 次焊接；根据该加固柱的位置，是中柱、边柱还是角柱会影响到等代箍筋穿梁的次数和焊接的个数。⑥加固完成后表面抹灰（加抗裂网）厚度 25mm，这里应注意的是，这个 25mm 一般是指从加固钢材外表面开始向外算起，原柱与钢构件间的距离同样需要抹砂浆。⑦柱加大截面脚手架这里是按加固柱外围结构周长另加 3.6m 后乘以设计柱高计算。⑧柱面加固后抹灰是按照角钢和缀板的外边尺寸计算。

解：柱四面包钢工程量计算见表 4-28。

柱四面包钢工程量计算表　　　　　　　　　　　　　　　表 4-28

序号	计算内容	工程量计算式	单位	计算结果
	JKZ1(3.9-11.7)			
1	柱表面装饰面层剔除	$(1.1\times2+1.0\times2)\times(3.9\times2-0.12\times2)$	m²	31.75
2	柱混凝土面打磨，柱周打磨成圆角	$0.125\times2\times4\times(3.9\times2-0.12)+0.1\times[(1.1-0.25)\times2+(1.0-0.25)\times2]\times[(3.9-0.6)/0.4+1]\times2$	m²	13.60
3	角钢接触面打磨	$0.125\times2\times4\times(3.9\times2-0.12)+0.1\times[(1.1-0.25)\times2+(1.0-0.25)\times2]\times[(3.9-0.6)/0.4+1]\times2$	m²	13.60

序号	计算内容	工程量计算式	单位	计算结果
4	角钢	15.504×4×(3.9×2−0.12)	kg	476.28
5	角钢内灌胶面积	0.125×2×4×(3.9×2−0.12)	m²	7.68
6	缀板	0.1×(1.1×2+1.0×2)×[(3.9−0.6)/0.4+1]×2×4×7.85	kg	243.98
7	缀板内灌胶面积	0.1×[(1.1−0.25)×2+(1.0−0.25)×2]×[(3.9−0.6)/0.4+1]×2	m²	5.92
8	柱脚手架	(1.1×2+1.0×2+3.6)×(3.9×2−0.12)	m²	59.9
9	柱面加固后抹灰	(1.1+0.008×2+0.004×2+1.0+0.008×2+0.004×2)×2×(3.9×2−0.12×2)	m²	32.48
10	Φ16箍筋	1.58×3×(1.0×2+1.1×2)×2	kg	39.82
11	Φ16钢筋焊接	8×3×2	个	48
12	Φ16钢筋穿梁植筋500mm	4×3×2	根	24
13	板洞破除及恢复	4×1	处	4

4.2.2 混凝土梁外包钢加固

1. 混凝土梁外包钢的相关规定

《混凝土结构加固构造》13G311-1 中对于梁外粘型钢加固法的说明：

（1）外粘型钢加固法对梁截面尺寸影响较小，承载力可大幅度提高。

（2）正截面受弯承载力不足时，对于跨中正弯矩，可采用角钢外包于梁底两角；对于 T 形截面连续梁梁顶负弯矩区，可采用双扁钢外包。

（3）斜截面受剪承载力不足时，可采用"缀板＋螺杆"进行加固。为形成封闭箍，构造上应辅之以角钢和垫板。

（4）外包钢的规格应由计算确定，角钢的厚度不应小于 5mm。肢长不应小于 50mm；沿梁轴线方向应每隔一定距离用扁钢制作的箍板或缀板与角钢焊接。当有楼板时，附加螺杆穿过楼板，与 U 形箍板焊接。

（5）箍板或缀板截面不应小于 40mm×4mm，间距不应大于 $20r$（r 为单根角钢截面的最小回转半径），且不应大于 500mm；在规定的范围内，其间距应适当加密。

（6）外粘型钢的两端应有可靠的连接和锚固，可采用穿孔螺栓或组合型钢箍并配以锚栓的锚固方式。

（7）外粘型钢加固梁时，应将原构件截面的棱角打磨成圆角，其半径 r 大于等于7mm。

（8）外粘型钢的注胶应在型钢构架焊接完成后进行，胶缝厚度宜控制在 3～5mm；局部允许有长度不大于 300mm、厚度不大于 8mm 的胶缝，但不得出现在角钢端部 600mm 范围内。

（9）加固所用型钢表面（包括混凝土表面）应抹厚度不小于 25mm 的高强度等级水

泥砂浆（应加钢丝网防裂、防空鼓）作防护层。

梁包角钢施工图如图 4-47 所示。

图 4-47　梁包角钢施工图

2. 混凝土梁外包钢的平面注写方法

《建筑结构加固施工图设计表示方法》和《建筑结构加固施工图设计深度图样》SG111-1～2 图集中给出了柱外包钢加固施工图的注写方法。外包钢加固梁平面注写的内容包括：梁编号、原梁截面尺寸、角钢型号、条形钢板宽度、厚度、U 形箍宽度、厚度和轴线间距，用粗虚线表示梁底外包角钢。如图 4-48 所示，注写内容的含义见表 4-29。

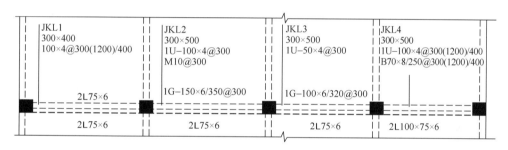

图 4-48　外包钢加固梁平面注写方法示例

外包钢加固梁平面注写内容

表 4-29

注写内容	示例（mm）
原梁截面尺寸 $b \times h$	例：300×500，表示原梁截面宽度 300，高度 500
外包角钢尺寸	例：2L75×6（标注在梁上），表示采用等边角钢 75×6，在梁支座顶部面两隅包角钢。
	例：2L75×6（标注在梁下），表示采用等边角钢 75×6，在梁底面两隅包角钢。
	例：2L100×75×6（标注在梁下），表示采用不等边角钢 100×75×6，其中长边 100 沿梁宽 b 方向，短边 75 沿梁高 h 方向，尽在梁底面两隅包角钢
梁顶条形钢板	例：1G-150×6/350@300（标注在梁上），表示 1 层条形钢板，宽度为 150，厚度为 6，长度 350，间距 300，在梁顶连接
U 形箍或锚杆	例：1U-100×4@300（1200）/400，表示 1 层 U 形箍板宽度为 100，厚度为 4，加密区轴线间距为 300，分布长度为 1200，非加密区轴线间距为 400。
	例：1U-50×4@300，表示 1 层 U 形箍板宽度为 50，厚度为 4，轴线间距沿梁跨均为 300。
	例：M10@150（1200）/300，表示锚杆直径为 10，加密区轴线间距为 150，分布长度为 1200，非加密区轴线间距为 300。
	例：B70×8/250@300（1200）/400，表示锚板宽度为 70，厚度为 8，长度为 250，加密区轴线间距为 300，分布长度为 1200，非加密区轴线间距为 400

3. 混凝土梁包钢工程量的计算内容

（1）混凝土梁包钢，工程计量的内容一般包括：

1）拆除影响加固施工的墙体及恢复。一般加固梁包钢时梁下如果有墙体会有一定的影响，需要拆除影响的墙体，拆除部分的墙体需满足加固梁工作面的要求，加固梁施工完成后，应再恢复墙体，并恢复墙体上的装饰面层做法，如果影响到了门窗，还需要考虑可能发生的门窗的拆除及恢复等的费用。

2）剔除梁面装饰层、抹灰层等。梁包钢需要在结构层外面加大，原梁上的装饰面层、抹灰层等建筑做法，需要首先剔除掉，露出结构面，清理干净。

3）接触面打磨。角钢和缀板与混凝土的接触面按设计要求打磨，并用丙酮擦拭。混凝土表面需要按设计规定把混凝土梁角打磨成圆角。

4）角钢、缀板费用。角钢、缀板制作、安装的费用。

5）注胶费用。角钢与混凝土梁的缝隙、缀板与混凝土梁的缝隙内应按设计要求进行压力注胶，注胶费用一般按注胶面积计取。

6）螺栓穿板植筋费用。等代螺杆需要穿板灌胶后一端与梁顶面钢板，另一端与缀板焊接。

7）加固后表面钢丝网抹灰费用。加固后的钢构件表面可选择采用表面加抗裂钢丝网分层抹灰施工，也可直接外露钢构件。如果钢构件外露，还需要考虑外露钢构件的防火防腐费用。

8）脚手架等费用。加固梁的施工脚手架等措施费用。

（2）工程量计算规则：

《房屋建筑加固工程消耗量定额》TY01-01(04)-2018 中相关子目的计算规则：

1）直接法结构胶粘钢、后注工法粘钢、后注工法灌注水泥浆按设计图示钢材的外边实贴面积以"m²"计算，不扣除孔眼的面积。

2）构件混凝土凿毛、剔除基层混凝土和基层表面阻锈按所需处理构件表面积以"m²"计算。

3）现浇构件钢筋按设计图示钢筋长度乘以单位理论质量计算。

4）结构植钢筋按数量计算，植入钢筋按外露和植入部分之和长度乘以单位理论质量计算。

5）外脚手架、里脚手架均按搭设长度乘以搭设高度以"m²"计算，不扣除门窗洞口及穿过建筑物的管道等所占的面积。

4. 梁外包钢加固工程量计算案例

案例 4-18：梁全跨长包角钢

某梁进行梁包角钢加固，加固剖面图如图 4-49 所示，图纸中有加固设计说明。原梁尺寸为 300mm×600mm，底部采用 2L75×6 角钢，100×4@300 的 U 形钢板箍，上部是 1G-100×4 的钢板条，M10 锚栓上部与钢板压条套丝拧紧，下部贯穿原板后与 U 形箍板焊接。角钢、钢板内均注胶，梁加固净长 9.6m，板厚 120mm，层高 4.2m，计算梁包角钢的相关工程量。

图纸设计说明：

1. 框架梁或柱包角钢部位用抹光机打磨至密实新界面，不平整或有缺陷部位用聚合物砂浆修补，角部打磨成半径 r 不小于 7mm 的圆弧状，然后用丙酮擦拭干净。

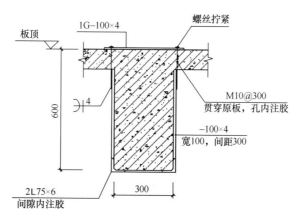

图 4-49　梁包角钢平面和剖面图

2. 角钢根据现场实际尺寸下料，把角钢与混凝土结合面用磨光机或砂布打磨至金属光泽，纹路与纵向垂直，并用丙酮擦拭。

3. 把角钢安装到梁或柱角部，并用专用夹具夹紧，在原构件找平的表面上，每隔一定距离粘贴小垫片，使得钢骨架与原构件之间留有3~5mm的缝隙。

4. 焊接缀板（或钢筋箍）与角钢，焊接时应分段交叉施焊，焊缝应饱满，不得有夹渣、漏焊等缺陷。

5. 型钢构架焊接完成后，进行压力注胶。注胶全过程应进行实时监控。压力应保持稳定，且应始终处于设计规定的区间内。当排气孔冒出来胶体时，应停止加压，并以环氧胶泥堵孔。然后以较低压力维持10min，方可停止注胶。

6. 注胶施工结束后，应静置72h进行固化过程的养护。养护期间，被加固部位不得收到任何撞击和振动的影响。养护环境的气温应符合结构胶产品说明书的要求。

7. 加固后，钢板表面抹厚度不小于25mm的高强度等级水泥砂浆（加钢丝网防裂）作防护层。

计算说明： ①这里给出了图纸关于包角钢的设计说明，通过熟悉施工工序，把需要计算的工程内容完整的罗列出来。②梁底两侧包角钢，上部和梁垂直方向粘贴小钢板条（100×4），这里应注意M10锚栓贯穿楼板注胶，上部与钢板拧紧，下部与U形钢板条焊接。③板顶钢压条的长度每边宽处梁宽100mm。④角钢和缀板与混凝土的接触面均需要注胶。按接触面的面积计算。

解： 梁包钢工程量计算见表4-30。

梁包钢工程量计算表

表 4-30

序号	计算内容	工程量计算式	单位	计算结果
1	梁表面打磨清理	$(0.3+0.6-0.12\times2)\times9.6$	m²	6.34
2	角钢重量	$6.905\times2\times9.6$	kg	132.58
3	灌胶面积	$9.6\times0.15\times2$	m²	2.88
4	1U-100×4 钢板重量	$0.1\times4\times7.85\times(0.6\times2-0.12\times2+0.3-0.15\times2)\times(9.6/0.3+1)$	kg	99.48

序号	计算内容	工程量计算式	单位	计算结果
5	灌胶面积	$0.1×(0.6×2-0.12×2+0.3-0.15×2)×(9.6/0.3+1)$	m²	3.17
6	梁顶 1G-100×4 钢板重量	$0.1×4×7.85×(0.3+0.1×2)×(9.6/0.3+1)$	kg	51.81
7	灌胶面积	$0.1×(0.3+0.1×2)×(9.6/0.3+1)$	m²	1.65
8	M10 螺栓	$2×(9.6/0.3+1)$	套	66
9	M10 螺栓焊接	$2×(9.6/0.3+1)$	个	66
10	M10 螺栓植筋 120mm	$2×(9.6/0.3+1)$	根	66
11	梁脚手架	$9.6×(4.2-0.12)$	m²	39.17

4.2.3 包钢加固工程量清单及报价编制案例

案例 4-19：包角钢工程量清单编制及计价

根据案例 4-17 计算的工程量，报价时参考《福建省房屋建筑加固工程预算定额》(2020 年版)中的消耗量和价格，对主要材料进行市场调价。福建省房屋建筑加固工程预算定额中外包型钢子目的消耗量见表 4-31。工作内容：放线、基层处理、型钢除锈、下料、制作安装。封闭灌胶：机具准备、封闭钢件、配胶、注胶、清理、固化养护。计量单位见表中所示。扁钢 4~6mm 厚度市场价是 5.5 元/kg，角钢 L90×8 的市场价位 5.35 元/kg，管理费和利润分别按人工费的 30% 和 20% 计取，以上价格均为除税价格，按一般计税法编制该加固内容的工程量清单，并对柱包角钢子目的综合单价进行组价分析。

某省房屋建筑加固工程预算定额　　　　表 4-31

定额编号			03041	03042
项目			外粘(包)型钢	
			型钢与箍板	
			t	m²
工料机基价(元)			8820.75	855.46
其中	人工费基价(元)		2265.02	134.64
	材料费基价(元)		6524.03	696.40
	施工机具使用费基价(元)		31.70	24.42
材料	名称	单位	单价	
	扁钢 50×5	kg	4.29	270.0000	—
	灌注型结构胶 A 级	kg	35.00	—	15.1120
	角钢 75×6	kg	4.06	810.0000	—
	结构粘钢胶 A 胶	kg	25.00	—	6.0480
	其他材料费	元	1.00	2077.1300	16.0000

计算说明：①编制工程量清单时采用《房屋建筑与装饰工程工程量计算规范》GB 50854—2013 中的项目编码，项目名称、项目特征根据加固工程项目的特点进行修改、细

化。②编制报价时，参考了福建省发布的《福建省房屋建筑加固工程预算定额》(2020年版)中的消耗量，价格参考了某一时点的市场价格。③此案例就"柱包角钢"子目的综合单价进行了分析，其他子目的综合单价形成过程与其类似。

解： 1. 根据案例4-2计算出的工程量，汇总分类工程量见表4-32。根据项目特征和《房屋建筑与装饰工程工程量计算规范》GB 50854—2013中的项目编码，编制的分部分项工程和单价措施项目工程量清单与计价表见表4-33。

工程量汇总表 表4-32

序号	项目名称	工程量汇总计算式	单位	工程量
1	柱表面装饰面层剔除	31.75＋13.61	m²	45.36
2	柱混凝土面打磨，柱周打磨成圆角	13.60＋6.19	m²	19.79
3	角钢接触面打磨	13.60＋6.19	m²	19.79
4	角钢及缀板	476.28＋243.98＋243.42＋104.56	kg	1068.24
5	灌胶面积	7.68＋5.92＋3.78＋2.41	m²	19.79
6	柱脚手架	59.9	kg	59.90
7	柱面加固后抹灰	32.48	m²	32.48
8	Φ16箍筋	39.82＋17.06	kg	56.88
9	Φ16钢筋焊接	48＋24	个	72
10	Φ16钢筋穿梁植筋500mm	24＋12	根	36
11	板洞破除及恢复	4	处	4

分部分项工程和单价措施项目工程量清单与计价表 表4-33

工程名称：

序号	项目编码	项目名称	项目特征	计量单位	工程数量	金额(元)		
						综合单价	合价	其中：暂估价
1	011604002001	柱表面装饰面层剔除	拆除原柱表面涂料层、抹灰层等装饰面层	m²	45.36			
2	010606012001	柱包角钢加固	1. 柱包角钢部位用磨光机打磨至密实界面用丙酮擦拭，缺损不平处聚合物砂浆修补；柱四周打磨成圆角； 2. 钢材品种、规格，L90×8角钢四角加固，－40×4@200及－80×4加强箍焊接； 3. 每隔一定距离粘贴小垫片是钢骨架与原构件留3～5mm缝隙； 4. 钢骨架完成后进行压力注胶； 5. 型钢焊接前均应除锈丙酮擦拭	t	1.068			
3	011202001001	柱加固面抹灰	1. 柱体类型：矩形柱； 2. 抹灰材料种类、配合比、厚度：钉挂钢丝网，水泥砂浆1：2厚25mm分三次抹压	m²	32.48			

序号	项目编码	项目名称	项目特征	计量单位	工程数量	综合单价	合价	其中:暂估价
4	010515001001	现浇构件钢筋	钢筋种类、规格:箍筋 HRB400-Φ16	t	0.057			
5	010516003001	钢筋焊接	1. 钢筋规格:HRB400-Φ16 钢筋 2. 单面焊接 10d	个	72			
6	010515011001	Φ16植筋	1. 含钻孔、清孔、注胶; 2. 植筋深度钢筋穿梁植筋 500mm; 3. 不含钢筋	根	36			
7	011602001001	板洞破除及恢复	1. 角钢穿楼板处,破除混凝土,保留钢筋; 2. 整理钢筋,恢复混凝土浇筑	处	4			

2. 编制"柱包角钢"的综合单价。

计价时直接参考定额含量,含量不再调整,仅调整市场价格。根据题目给定的价格,计算的"柱包角钢"子目的综合单价分析表见表 4-34。

套用定额 03041,并换算钢材市场价,得到

钢材每吨的合价=2265.02+(5.5×270+5.35×810+2077.13)+31.70+2265.02×(30%+20%)=11324.86 元

注胶每平方米的合价=855.46+134.64×(30%+20%)=922.78 元

钢材每清单单位中包含的定额单位=1.068/1.068=1.00

注胶每清单单位中包含的定额单位=19.79/1.068=18.53

该柱包角钢的综合单价为=11324.86×1.0+18.53×922.78=28423.97 元/t

柱包角钢的综合单价分析表   表 4-34

项目编码	010606012001	项目名称	柱包角钢	计量单位	t	工程量	1.068

清单综合单价组成明细

定额编号	定额名称	定额单位	数量	单价(元)				合价(元)			
				人工费	材料费	施工机具使用费	管理费和利润	人工费	材料费	施工机具使用费	管理费和利润
03041	外粘(包)型钢-钢材	t	1.00	2265.02	7895.63	31.70	1132.51	2265.02	7895.63	31.70	1132.51
03042	外粘(包)型钢-注胶	m²	18.53	134.64	696.40	24.42	67.32	2494.88	12904.29	452.50	1247.44
人工单价		小计						4759.90	20799.92	484.20	2379.95
150 元/工日		未计价材料(元)						0			
清单项目综合单价(元/t)								28423.97			

材料费明细	主要材料名称、规格、型号	单位	数量	单价（元）	合价（元）	暂估单价（元）	暂估合价（元）
	灌注型结构胶 A 级	kg	280.17	35.00	9805.95		
	结构粘钢胶 A 胶	kg	112.07	25.00	2801.74		
	其他材料费（元）				8192.23		
	材料费小计（元）				20799.92		

4.3 混凝土粘钢加固

4.3.1 混凝土梁粘钢加固

1. 混凝土梁粘钢加固的相关规定

《混凝土结构加固构造》13G311-1 中对于梁粘贴钢板加固法的说明：

（1）粘贴钢板加固法加固梁是用胶粘剂将钢板粘贴于梁的上下受力表面，用以补充梁的配筋量不足，达到提高截面承载力的目的。

（2）粘贴钢板法较适合于梁的正截面受弯加固，尤其是简支梁；斜截面受剪粘钢加固，因构造上较难处理，受力也不够理想，较少采用。纤维布斜截面受剪加固法，正截面受弯加固采用粘贴钢板法，二者合用后简称复合加固法或综合法。加固后结构构件，其正截面受弯承载力的提高幅度，不应超过 40%。

（3）粘贴钢板法受力钢板规格应由计算确定，钢板层数宜为一层。粘贴钢板法所用胶粘剂质量应可靠，性能指标应满足相关规范的要求。为保证加固质量，对粘贴钢板法中主要受力钢板，采用锚栓进行附加锚固。

（4）框架梁上下受弯纵向扁钢端部应有可靠锚固。对于梁顶钢板，为避免柱子阻断，可齐柱边通长布置在梁有效翼缘内；边跨尽端，应弯折向下贴于边梁，延伸长度应满足相关要求。梁底钢板可采用封闭式扁钢箍锚固于柱或采用"U 形钢板箍＋锚栓"的方式锚固于梁端。

（5）框架梁受力钢板锚固连接中存在大量的现场配焊，为避免高温对胶粘剂的不利影响，局部钢板不宜采用预粘工艺，可采用后灌工艺。

（6）采用手工涂胶时，钢板宜裁成多条粘贴，且钢板厚度不应大于 5mm。

梁顶面粘钢施工图如图 4-50 所示。

2. 混凝土梁粘钢加固的平面注写方法

（1）梁底面粘钢加固

图 4-50　梁顶面粘钢施工图

《建筑结构加固施工图设计表示方法》和《建筑结构加固施工图设计深度图样》SG111-1～2 图集中给出了梁粘钢加固施工图的注写方法。梁底加固注写的内容包括：梁编号、原梁截面尺寸、钢板层数、宽度和厚度、U 形箍层数、宽度、厚度、轴线间距、压条尺寸、锚栓直径和间距，用粗虚线表示梁底粘钢。如图 4-51、图 4-52 所示和见表 4-35。

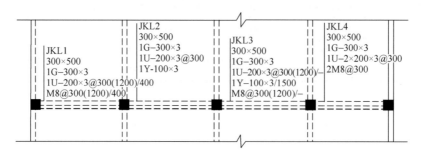

图 4-51　粘钢加固梁底平面注写方法示例

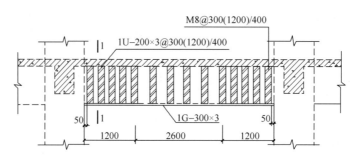

图 4-52　JKL1 示意图

<table>
<tr><td colspan="2" align="center">粘钢加固梁底平面注写内容</td><td align="right">表 4-35</td></tr>
</table>

注写内容	示例（mm）
梁编号	例：JKL1，表示粘钢加固梁 1
原梁截面尺寸 $b×h$	例：300×500，表示原梁截面宽度 300，高度 500
梁底钢板层数、宽度和厚度	例：1G-300×3，表示 1 层钢板，宽度为 300，厚度为 3
U 形箍层数、宽度、厚度、轴线间距及分布长度	例：1U-200×3@300(1200)/400，表示 1 层钢板 U 形箍，宽度为 200，厚度为 3，钢板 U 形箍轴线间距在加密区为 300，分布长度为 1200，非加密区轴线间距为 400。 例：1U-200×3@300，表示 1 层钢板 U 形箍，宽度为 200，厚度为 3，钢板 U 形箍沿梁全长加固，轴线间距为 300。 例：1U-200×3@300/—，表示 1 层钢板 U 形箍，宽度为 200，厚度为 3，钢板 U 形箍轴线间距在加密区为 300，非加密区不进行加固。 例：1U-2×200×3@300，表示 1 层钢板 U 形箍，宽度为 200，厚度为 3，在梁两端各 2 个，轴线间距为 300
压条长度	例：1Y-100×3，表示 1 层压条，钢板宽度为 100，厚度为 3，沿梁跨通长粘贴。 例：1Y-100×3/1500，表示 1 层压条，钢板宽度为 100，厚度为 3，长度为 1500，梁两端每侧各粘贴一条

（2）梁支座粘钢加固

梁支座加固注写的内容包括：钢板层数、厚度、宽度、长度、压条宽度、厚度和长度，粗实线表示梁顶部粘钢，如图 4-53 所示和见表 4-36。

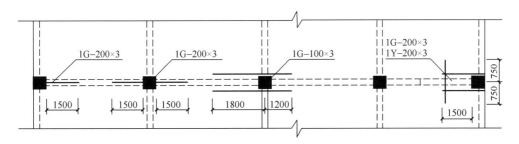

图 4-53　粘钢加固梁支座平面注写方法示例

粘钢加固梁支座平面注写方法注写内容　　　　　表 4-36

注写内容	示例（mm）
钢板层数、厚度、宽度、长度、压条宽度、厚度和长度	例：1G-200×3，表示 1 层钢板，宽度为 200，厚度为 3，长度 1500 直接在图中表示。 例：1G-100×3，表示 1 层钢板，宽度为 200，厚度为 3，长度为右侧 1800，左侧 1200，直接在图中表示，两条分别粘贴在梁两侧的板面。 例：1Y-100×3，表示 1 层压条，钢板宽度为 100，厚度为 3，居中布置，上下两侧 750 直接在图中表示

3. 混凝土梁粘钢工程量的计算内容

（1）混凝土梁粘钢，工程计量的内容一般包括：

1）拆除影响加固施工的墙体及恢复。一般加固梁粘钢时梁下如果有墙体会有一定的影响，需要拆除影响的墙体，拆除部分的墙体需满足加固梁工作面的要求，加固梁施工完成后，应再恢复墙体，并恢复墙体上的装饰面层做法，如果影响到了门窗，还需要考虑门窗的拆除及恢复等的费用。

2）剔除梁面装饰层、抹灰层等。梁粘钢需要加固结构层外面，原梁上的装饰面层、抹灰层等建筑做法，需要首先剔除掉，露出结构面，清理干净，按设计规定把混凝土梁角粘钢部位打磨成圆角。

3）接触面打磨。钢板与混凝土的接触面按设计要求打磨，并用丙酮擦拭。混凝土表面需要按设计规定把混凝土梁角打磨成圆角。

4）钢板、锚栓费用。钢板、锚栓的制作、安装费用。

5）注胶费用。钢板与混凝土梁的缝隙、箍板与混凝土梁的缝隙内应按设计要求进行压力注胶。注胶费用一般按面积计取。

6）螺栓贯穿植筋费用。等代螺杆需要穿柱灌胶后拧紧。

7）加固后表面钢丝网抹灰费用。加固后的钢构件表面可选择采用表面加抗裂钢丝网分层抹灰施工，也可直接外露钢构件。如果钢构件外露，还需要考虑外露钢构件的防火防腐费用。

8）脚手架等费用。加固梁的施工脚手架等措施费用。

（2）工程量计算规则：

《房屋建筑加固工程消耗量定额》TY01-01(04)-2018 中相关子目的计算规则：

1) 直接法结构胶粘钢、后注工法粘钢、后注工法灌注水泥浆按设计图示钢材的外边实贴面积以"m²"计算，不扣除孔眼的面积。

2) 构件混凝土凿毛、剔除基层混凝土和基层表面阻锈按所需处理构件表面积以"m²"计算。

3) 外脚手架、里脚手架均按搭设长度乘以搭设高度以"m²"计算，不扣除门窗洞口及穿过建筑物的管道等所占的面积。

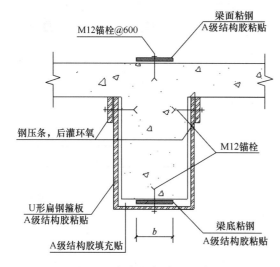

图 4-54　框架梁粘贴钢板详图

4. 梁粘钢加固工程量计算案例

案例 4-20：梁底面粘钢

某梁的加固剖面图如图 4-54 所示。原梁尺寸为 300mm × 600mm，板厚 120mm，层高 5.4m，加固梁净长 7.6m，加固梁表面剔除抹灰层，修补打磨清理，钢板粘贴面打磨并擦拭丙酮，钢板接触面涂抹粘钢胶，粘贴后抹 25mm 聚合物砂浆。图纸中注明了施工流程。U 形箍板为 40×4，加密区净间距 100mm，加密范围两侧梁端 $1.5h_b$（h_b 为梁高），中间非加密区净间距 200mm，梁底粘钢 150×4，压条尺寸为 60×4，二者全长布置，梁顶面粘钢 200×4，长度 13m，梁顶、梁底、梁侧均采用 M12 锚栓固定。计算该加固梁的相关工程量。

图纸设计说明：

1. 首先凿除构件表面的粉刷或垫层至混凝土基层，对混凝土缺陷部位应按要求进行相应的修复处理，对原混凝土构件的结合面进行打磨，出去 1~2mm 厚表层，直至完全露出新面，用清水冲洗除尘，带完全干燥后用脱脂棉沾丙酮擦拭表面。

2. 钢板粘贴面，用角磨机或砂布进行除锈和粗糙处理后，用脱脂棉沾丙酮擦拭干净。

3. 采用压力注胶法粘贴钢板，锚栓固定钢板时应加设钢垫片，使钢板与原构件表面之间留有约 2mm 的畅通缝隙，以备压力注胶。

4. 灌胶前应保证基面清洁和无积水。压力注胶全过程应进行实时控制，压力应保持稳定，且应始终处于规定的区间内。当排气孔冒出胶体时，应停止加压，并以环氧胶泥堵孔。然后再以较低压力维持 10mm，方可停止注胶。

5. 注胶施工结束后，应静置 72h 进行固化过程的养护。养护期间，被加固部位不得受到任何撞击和震动的影响。养护环境的气温应符合结构胶产品说明书的要求。

6. 加固后，钢板表面进行除锈和清洁处理，采用 25mm 厚 1:3 的 M10 水泥砂浆（加钢丝网防裂）防护。

计算说明： ①根据图纸设计说明能够明确该梁粘钢施工的内容，用于梳理需要计算工程量的项目。②梁底面粘钢，外套 U 形箍和压条，梁顶面节点有钢板条粘贴。M12 锚栓固定。③钢板与混凝土的接触面均需打磨清理并注胶，注胶面积按接触面的面积计算。④加固完成后表面抹灰（加抗裂网）厚度 25mm，这里应注意的是，这个 25mm 一般是指从加固钢材外表面开始向外算起，原柱与钢构件间的距离同样需要抹砂浆。

解：梁粘钢加固工程量计算见表 4-37。

梁粘钢加固工程量计算表 表 4-37

序号	内容	工程量计算式	单位	工程量
1	原梁底面和侧面清理打磨	$7.6 \times (0.6 \times 2 - 0.12 \times 2 + 0.3)$	m²	9.58
2	梁底钢板重量	$7.6 \times 0.15 \times 4 \times 7.85$	kg	35.80
3	梁底粘钢面积	7.6×0.15	m²	1.14
4	U 形箍板重量	$(0.6 \times 2 - 0.12 \times 2 + 0.3) \times [(1.5 \times 0.6/0.14 + 1) \times 2 + (7.6 - 1.5 \times 0.6 \times 2)/0.24 - 1] \times 0.04 \times 4 \times 7.85$	kg	60.17
5	U 形箍板粘钢面积	$(0.6 \times 2 - 0.12 \times 2 + 0.3) \times [(1.5 \times 0.6/0.14 + 1) \times 2 + (7.6 - 1.5 \times 0.6 \times 2)/0.24 - 1] \times 0.04$	m²	1.92
6	压条钢板重量	$7.6 \times 0.06 \times 2 \times 4 \times 7.85$	kg	28.64
7	压条粘钢面积	$7.6 \times 0.06 \times 2$	m²	0.91
8	M12 锚栓	$[(1.5 \times 0.6/0.14 + 1) \times 2 + (7.6 - 1.5 \times 0.6 \times 2)/0.24 - 1] \times 3$	个	114
9	梁脚手架	$(5.4 - 0.12) \times 7.6$	m²	40.13
10	原梁顶面清理打磨	13×0.2	m²	2.60
11	梁顶钢板重量	$13 \times 0.2 \times 4 \times 7.85$	kg	81.64
12	梁顶粘钢面积	13×0.2	m²	2.60
13	梁顶 M12 锚栓	$(13 - 0.1)/0.6 + 1$	个	23
14	钢板表面 25mm 聚合物砂浆	$7.6 \times (0.6 \times 2 - 0.12 \times 2 + 0.3) + 13 \times 0.2$	m²	12.18

案例 4-21：梁顶面粘钢

某房间的梁顶面加固部分的平面图、详图如图 4-55、图 4-56 所示。原梁尺寸为

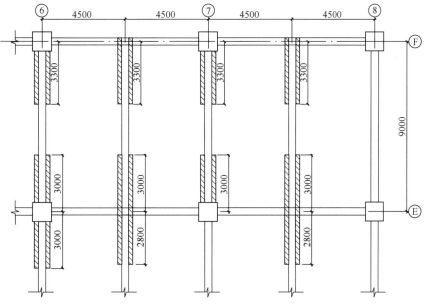

图 4-55 梁顶面粘钢平面布置图

400mm×700mm，原柱尺寸为 800mm×800mm，轴线均居中，加固梁表面无抹灰层，混凝土面修补打磨清理，钢板粘贴面打磨并擦拭丙酮，涂抹粘钢胶，钢板 100×5，具体长度如图 4-55 所示，梁顶采用 M10@400 锚栓固定。钢板遇柱、墙处增设 2⊕20 钢筋，一端植入柱中 20d，另一端与钢板焊接 10d，计算该加固梁的相关工程量。

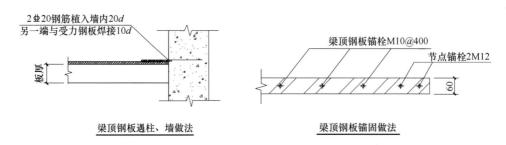

图 4-56　梁顶面粘钢详图

计算说明：①梁顶面粘钢前，混凝土面和钢板接触面均需打磨，包含钢板面打磨擦拭丙酮。②钢板与混凝土的接触面需注胶，注胶面积按接触面的面积计算。

解：梁顶面粘钢加固工程量计算见表 4-38。

梁顶面粘钢加固工程量计算表 表 4-38

序号	计算内容	工程量计算式	单位	计算结果
1	原梁顶面清理打磨	$[(3.3-0.4)×4+3.5×4+5.8×4+(3.0-0.4)×6]×0.1$	m²	6.44
2	梁顶钢板重量	$[(3.3-0.4)×4+3.5×4+5.8×4+(3.0-0.4)×6]×0.1×5×7.85$	kg	252.77
3	梁顶粘钢面积	$[(3.3-0.4)×4+3.5×4+5.8×4+(3.0-0.4)×6]×0.1$	m²	6.44
4	梁顶 M12 锚栓	$(3.3-0.4-0.05×2)/0.4×4+[(3.5-0.05×2)/0.4+1]×4+[(5.8-0.05×2)/0.4+1]×4+(3.0-0.4-0.05×2)/0.4×6$	个	164
5	⊕20 钢筋	$2.47×2×(10×0.02+20×0.02)×10$	kg	29.64
6	⊕20 钢筋植筋 20d	$2×10$	根	20
7	⊕20 钢筋焊接	$2×10$	个	20

4.3.2　混凝土板粘钢加固

1. 混凝土板粘钢加固的平面注写方法

（1）粘钢加固板底

《建筑结构加固施工图设计表示方法》和《建筑结构加固施工图设计深度图样》SG111-1～2 图集中给出了板粘钢加固施工图的注写方法。粘钢加固板底平面注写的内容包括：板编号、原板厚度、钢板粘贴方向、层数、宽度、厚度、轴线间距、压条层数、厚度、宽度和粘贴方向，用粗虚线表示板底粘钢，如图 4-57、图 4-58 所示和见表 4-39。

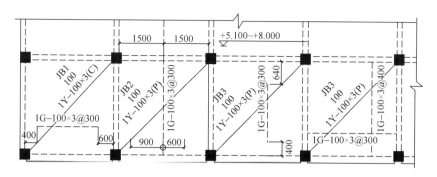

图 4-57 粘钢加固板底平面注写方法示例

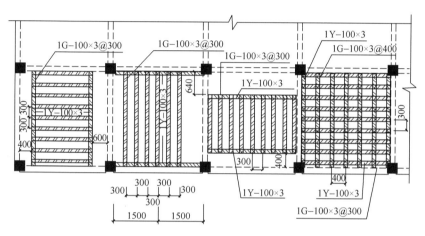

图 4-58 粘钢加固板底平面注写方法示意图

粘钢加固板底平面注写方法注写内容   表 4-39

注写内容	示例（mm）
钢板粘贴方向、层数、宽度、厚度和轴线间距	例：1G-100×3@300，表示 1 层钢板，宽度为 100，厚度为 3，轴线间距为 300，沿水平方向单向粘贴
压条层数、厚度、宽度和粘贴方向	例：1Y-100×3(P)，表示 1 层压条，钢板宽度为 100，厚度为 3，沿水平方向粘贴

（2）粘钢加固板支座

粘钢加固板支座平面注写的内容包括：钢板层数、宽度、厚度、长度和轴线间距用粗实现表示板顶粘钢，如图 4-59、图 4-60 所示，见表 4-40。

粘钢加固板支座平面注写方法注写内容   表 4-40

注写内容	示例(mm)
钢板粘贴方向、层数、宽度、厚度、长度和轴线间距	例：1G-100×3@300，表示 1 层钢板，宽度为 100，厚度为 3，轴线间距为 300，长度左右两侧各 1500，直接在图中表示

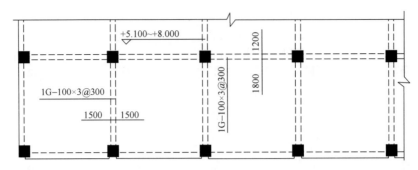

图 4-59 粘钢加固板支座平面注写方法示例

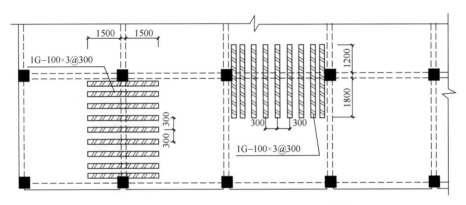

图 4-60 粘钢加固板支座平面注写方法示意图

（3）粘钢加固板洞口

粘钢加固板洞口平面注写的内容包括：加固洞口编号、洞口尺寸、钢板层数、宽度、厚度和粘贴部位，锚栓个数和直径，如图 4-61 所示，见表 4-41。

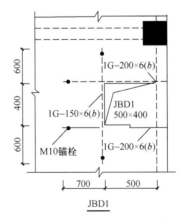

图 4-61 粘钢加固板洞口平面注写方法示例

粘钢加固板洞口平面注写方法注写内容 表 4-41

注写内容	示例（mm）
洞口编号	例：JBD1，表示加固楼板洞口 1
洞口尺寸	例：700×600，表示洞口宽度为 700，高度为 600

注写内容	示例（mm）
钢板层数、厚度、宽度、粘贴部位（t—表示板顶，b—表示板底）	例：1G-200×6(t)，表示1层钢板，宽度为200，厚度为6，板顶粘贴 例：1G-200×6(b)，表示1层钢板，宽度为200，厚度为6，板底粘贴。 例：1G-200×6(t)/1G-200×6(b)，表示1层钢板，宽度为200，厚度为6，板顶粘贴；1层钢板，宽度为200，厚度为6，板底粘贴

板顶面粘钢施工图如图4-62所示。

2.混凝土板粘钢工程量的计算内容

（1）混凝土板粘钢，工程计量的内容一般包括：

1）剔除板面装饰层、抹灰层等。板粘钢需要加固结构层外面，原板上的装饰面层或板下的吊顶层、抹灰层等建筑做法，需要首先剔除掉，露出结构面，清理干净，按设计规定把混凝土板面的粘钢部位打磨平整。

2）钢板接触面打磨。钢板与混凝土的接触面按设计要求打磨，并用丙酮擦拭。

3）钢板、锚栓费用。钢板、锚栓的制作、安装费用。

图4-62　板顶面粘钢施工图

4）粘钢胶费用。钢板与混凝土板的粘贴表面涂抹粘钢胶，粘胶费用按面积计取。

5）螺栓贯穿植筋费用。等代螺杆需要穿柱灌胶后拧紧。

6）加固后表面钢丝网抹灰费用。加固后的钢构件表面可选择采用表面加抗裂钢丝网分层抹灰施工，也可直接外露钢构件。如果钢构件外露，还需要考虑外露钢构件件的防火防腐费用。

7）脚手架等费用。板粘钢施工用脚手架等措施费用。

（2）工程量计算规则：

《房屋建筑加固工程消耗量定额》TY01-01(04)-2018中相关子目的计算规则：

1）直接法结构胶粘钢、后注工法粘钢、后注工法灌注水泥浆按设计图示钢材的外边实贴面积以"m²"计算，不扣除孔眼的面积。

2）构件混凝土凿毛、剔除基层混凝土和基层表面阻锈按所需处理构件表面积以"m²"计算。

3）外脚手架、里脚手架均按搭设长度乘以搭设高度以"m²"计算，不扣除门窗洞口及穿过建筑物的管道等所占的面积。

3.板粘钢加固工程量计算案例

案例4-22：板底面粘钢

某房间的楼板底面采用粘钢加固，平面图、详图如图4-63、图4-64所示。加固板底净面积为8.1m×8.1m，采用纵横钢板粘贴，扁钢相交处凿槽直贴。楼板底面需先剔除表

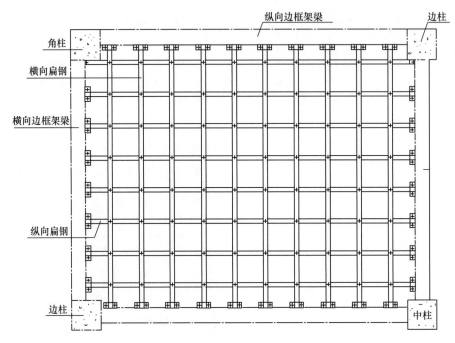

图 4-63　板底粘钢平面布置图

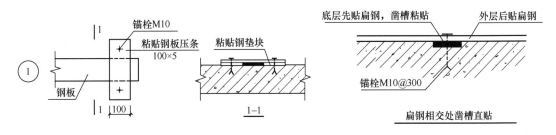

图 4-64　板底面粘钢详图

面的抹灰层，修补打磨清理，钢板粘贴面打磨并擦拭丙酮，涂抹粘钢胶，钢板为 1G-100
×5@300，采用 M10@300 锚栓固定，距离柱边 200mm 开始粘贴第一条钢板。端部采用
钢板压条 100mm×300mm×5mm，压条下面的空隙应加胶粘钢垫块填平，垫块尺寸
100mm×100mm×5mm。加固完成后，采用 25mm 厚 M20 水泥砂浆抹平，计算该加固楼
板底面粘钢的相关工程量。

　　计算说明：①板底面粘钢，需剔除原底面装饰面层做法，混凝土面和钢板接触面均需
打磨，包括钢板面打磨擦拭丙酮。②钢板与混凝土的接触面均需打磨清理并注胶，注胶面
积按接触面的面积计算。③因需要水平和垂直两个方向均要粘钢，所以其中一个方向需要
凿槽粘贴。④加固完成后表面抹灰（加抗裂网）厚度 25mm，这里应注意的是，这个
25mm 一般是指从加固钢板外表面开始向外算起。⑤板底需要搭设满堂施工脚手架，按板
底的加固净面积计算。

　　解：板底面粘钢加固工程量计算见表 4-42。

序号	内容	工程量计算式	单位	计算结果
1	板底面抹灰层剔除清理	8.1×8.1	m²	65.61
2	凿槽面积	$[(8.1 - 0.2 \times 2 - 0.1 \times 2)/0.3 + 1] \times 8.1 \times 0.1$	m²	21.06
3	钢板重量	$8.1 \times 0.1 \times 5 \times 7.85 \times [(8.1 - 0.2 \times 2 - 0.1 \times 2)/0.3 + 1] \times 2$	kg	1653.21
4	粘钢面积	$8.1 \times 0.1 \times [(8.1 - 0.2 \times 2 - 0.1 \times 2)/0.3 + 1] \times 2$	m²	42.12
5	M10 锚栓	$[(8.1 - 0.2 \times 2 - 0.1 \times 2)/0.3 + 1] \times [(8.1 - 0.2 \times 2 - 0.1 \times 2)/0.3 + 1]$	个	676
6	钢板压条及垫块重量	$(0.1 \times 0.3 + 0.1 \times 0.1 \times 2) \times 5 \times 7.85 \times 2 \times [(8.1 - 0.2 \times 2 - 0.1 \times 2)/0.3 + 1] \times 2$	kg	204.10
7	粘钢面积	$(0.1 \times 0.3 + 0.1 \times 0.2) \times 2 \times [(8.1 - 0.2 \times 2 - 0.1 \times 2)/0.3 + 1] \times 2$	m²	5.20
8	M10 锚栓	$2 \times [(8.1 - 0.2 \times 2 - 0.1 \times 2)/0.3 + 1] \times 2$	个	104
9	M20 水泥砂浆抹灰加抗裂网	8.1×8.1	m²	65.61
10	施工脚手架	8.1×8.1	m²	65.61

案例 4-23：板面粘钢

某房间的楼板顶面采用粘钢加固，平面图、节点详图如图 4-65 所示。相关梁的宽度为 300mm，轴线居中，楼板表面需先剔除表面的瓷砖面层和结合层，修补打磨清理，钢板粘贴面打磨并擦拭丙酮，涂抹粘钢胶，钢板为 1G-100×5@400，采用 M10@300 锚栓固定，距离梁边 100mm 开始粘贴第一条钢板。端部采用钢板压条 100×5，压条下面的空

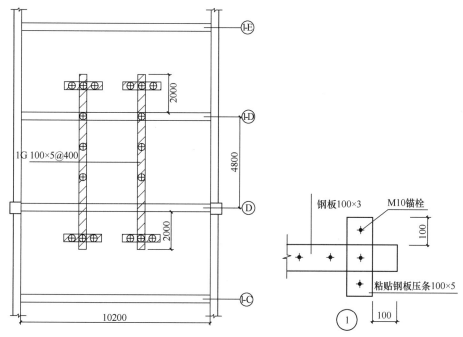

图 4-65　板面粘贴钢板详图

隙应加胶粘钢垫块填平，在受力钢板两端 2000mm 范围内均匀布置 4 道钢压条。加固完成后，采用 25mm 厚 M20 水泥砂浆抹平，计算该加固楼板粘钢的相关工程量。

计算说明：①板面粘钢，需剔除原顶面装饰面层做法，混凝土面和钢板接触面均需打磨，包括钢板面打磨擦拭丙酮。②钢板与混凝土的接触面均需打磨清理并注胶，注胶面积按接触面的面积计算。

解：板面粘钢加固工程量计算见表 4-43。

表 4-43

板面粘钢工程量计算式

序号	内容	工程量计算式	单位	计算结果
1	楼板面瓷砖及结合层剔除	$(4.8+0.15+0.15+2.0+2.0)\times10.2$	m^2	92.82
2	钢板重量	$(4.8+0.15+0.15+2.0+2.0)\times0.1\times5\times7.85\times[(10.2-0.1\times2)/0.4+1]$	kg	928.66
3	粘钢面积	$(4.8+0.15+0.15+2.0+2.0)\times0.1\times[(10.2-0.1\times2)/0.4+1]$	m^2	23.66
4	M10 锚栓	$(4.8+0.15+0.15+2.0+2.0)/0.3\times[(10.2-0.1\times2)/0.4+1]$	个	788
5	钢板压条及下面垫块重量	$(0.1\times0.3\times5\times7.85\times4\times2+0.1\times0.2\times5\times7.85\times4\times2)\times[(10.2-0.1\times2)/0.4+1]$	kg	408.20
6	粘钢面积	$(0.1\times0.3\times4\times2+0.1\times0.2\times4\times2)\times[(10.2-0.1\times2)/0.4+1]$	m^2	10.40
7	M10 锚栓	$2\times4\times2\times[(10.2-0.1\times2)/0.4+1]$	个	416
8	M20 水泥砂浆	$(2.3+2.5+0.15+0.15+2.0+2.0)\times10.2$	m^2	92.82

4.3.3 混凝土墙粘钢加固

1. 混凝土墙粘钢加固的相关规定

《混凝土结构加固构造》13G311-1 中关于墙粘钢加固的规定：

1）当墙体仅因横向配筋不足时，可采用粘贴钢板法加固，即在墙体表面设置水平横向扁钢。当墙体纵向钢筋不足时，粘贴钢板的构造不易实施，不宜采用。

2）扁钢规格及分布由计算确定，一般取－(80～120)×(3～4)@300～500；扁钢应采用锚栓附加锚固，锚栓量≥M8@300。

3）扁钢端部应有可靠锚固，一般可于纵横墙相交处设锚固角钢，将扁钢与之焊接。

4）扁钢与墙面的结合，一般可采用胶粘剂粘贴，但在焊接部位（如端部）应先焊接，然后局部后灌胶粘剂粘结。

5）墙体开洞处理。

①剪力墙开洞宜采用切割机或钻芯机施工。开洞时墙体被切断的原受力钢筋应留一定长度，钢筋应进行适当的弯折和焊接，并浇筑 50mm 厚的混凝土层加以锚固。

②当开洞尺寸小于 300mm 时，可不做加固处理。

③当开洞尺寸为 300～500mm 时，应于洞口周边双面粘贴扁钢进行补强，扁钢规格一般应≥－(80～120)×(3～4)，纵横扁钢应等强度焊接，并以锚栓附加锚固。

④当开洞尺寸为 500～800mm 时，应在洞口周边外包型钢边框，型钢框与混凝土结

合面间应后灌注胶粘剂使之结为一体。

⑤ 当洞宽小于1200mm时，并经结构计算符合设计要求时，可在洞口周边外包型钢边框加固，应切掉垂直肢向外延伸。对于门洞底部应以锚固角钢、扁钢及等代穿板、墙螺杆连接加固。

2. 剪力墙粘钢加固的平面表示方法

《建筑结构加固施工图设计表示方法》和《建筑结构加固施工图设计深度图样》SG111-1～2图集中给出了剪力墙粘钢加固施工图的注写方法。粘钢加固剪力墙墙身施工图采用平面注写方法绘制时，应注写的内容包括：墙身编号、原墙厚度、钢板层数、厚度、宽度、轴线间距、粘贴方向、压条层数、厚度、宽度、粘贴方向，并在墙面加固侧用粗实线表示，如图4-66所示，见表4-44。

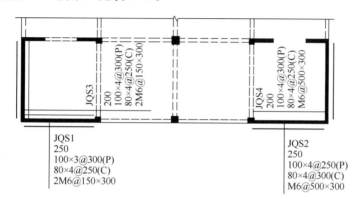

图 4-66　外包钢加固墙身平面注写方法示例图

混凝土墙外包钢加固平面注写内容

表 4-44

注写内容	示例（mm）
墙身编号	例：JQS1，表示加固墙身1
原墙身厚	250
钢板层数、宽度、轴线间距和粘贴方向	例：1G-100×3@200（P），表示粘贴1层钢板，宽度为100，厚度为3，轴线间距为200，沿水平向单向粘贴。 例：1G-100×3@250（C），表示粘贴1层钢板，宽度为100，厚度为3，轴线间距为250，沿竖向单向粘贴
压条层数、宽度和粘贴方向	例：1Y-100×3（C），表示粘贴1层钢板压条，宽度为100，厚度为3，沿竖向单向粘贴

3. 混凝土墙粘钢工程量的计算内容

（1）混凝土墙粘钢，工程计量的内容一般包括：

1）剔除墙面装饰层、抹灰层等。墙面粘钢需要加固结构层外面，需要首先剔除掉原墙面上的装饰面层抹灰层等建筑做法，露出结构面，清理干净，按设计规定把混凝土墙面的粘钢部位打磨平整。

2）钢板面打磨费用。钢板与混凝土的接触面按设计要求打磨。

3）钢板、锚栓费用。钢板、锚栓的制作、安装费用。

4）粘钢费用。钢板与混凝土墙面的粘贴表面涂抹粘钢胶，粘胶费用按面积计取。

5）螺栓贯穿植筋费用。等代螺杆需要穿柱灌胶后拧紧。

6）加固后表面钢丝网抹灰费用。加固后的钢构件表面可选择采用表面加抗裂钢丝网分层抹灰施工，也可直接外露钢构件。如果钢构件外露，还需要考虑外露钢构件的防火防腐费用。

7）脚手架等费用。墙粘钢脚手架等措施费用。

（2）工程量计算规则：

《房屋建筑加固工程消耗量定额》TY01-01（04）-2018中相关子目的计算规则：

1）直接法结构胶粘钢、后注工法粘钢、后注工法灌注水泥浆按设计图示钢材的外边实贴面积以"m^2"计算，不扣除孔眼的面积。

2）构件混凝土凿毛、剔除基层混凝土和基层表面阻锈按所需处理构件表面积以"m^2"计算。

3）外脚手架、里脚手架均按搭设长度乘以搭设高度以"m^2"计算，不扣除门窗洞口及穿过建筑物的管道等所占的面积。

4. 剪力墙粘钢加固工程量计算案例

案例 4-24：剪力墙双面粘钢

某剪力墙双面粘贴扁钢加固，原剪力墙厚均为300mm，加固平面图如图4-67所示。粘钢加固净长4.0m，净高4.6m，墙面无装饰面层，修补打磨清理，钢板粘贴面打磨并擦拭丙酮，涂抹胶粘剂，距离板边50mm铺设第一根钢板，水平钢板尺寸为1G-100×3@300，粘钢胶为A级胶，竖向钢板尺寸为1G-80×3@300，两侧均采用M6@300锚栓固定，计算该剪力墙粘钢加固的相关工程量。

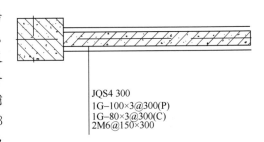

JQS4 300
1G-100×3@300(P)
1G-80×3@300(C)
2M6@150×300

图4-67　剪力墙粘钢加固详图

计算说明：①混凝土墙表面粘钢，需剔除原墙面装饰面层做法，混凝土面和钢板接触面均需打磨，包括钢板面打磨擦拭丙酮；②钢板与混凝土的接触面均需打磨清理并注胶，注胶面积按接触面的面积计算；③水平钢板粘贴时需先凿槽。

解：剪力墙粘钢加固工程量计算见表4-45。

剪力墙粘钢加固工程量计算式　　　　　　　　表 4-45

序号	内容	工程量计算式	单位	计算结果
1	剪力墙加固面打磨清理	$4.0×4.6×2$	m^2	36.8
2	钢板重量	$\{[(4.0-0.05×2)/0.3+1]×4.6×0.08×3×7.85+[(4.6-0.05×2)/0.3+1]×4.0×0.1×3×7.85\}×2$	kg	544.1
3	粘钢面积	$\{[(4.0-0.05×2)/0.3+1]×4.6×0.08+[(4.6-0.05×2)/0.3+1]×4.0×0.1\}×2$	m^2	23.1
4	M6锚栓	$[(4.0-0.05×2)/0.3+1]×[(4.6-0.05×2)/0.3+1]×2$	个	448
5	凿槽面积	$[(4.6-0.05×2)/0.3+1]×4.0×0.08$	m^2	5.12
6	施工脚手架	$(4.0×4.6)×2$	m^2	36.8

4.3.4 粘钢加固工程量清单及报价编制案例

案例 4-25：粘钢加固工程量清单编制及计价

根据案例 4-23 计算的工程量，报价时参考《福建省房屋建筑加固工程预算定额》（2020 年版）中的消耗量和价格，福建省房屋建筑加固工程预算定额中外包型钢子目的消耗量见表 4-46 所示。工程内容包括：放线、基层处理、钢板下料、钻孔、打磨除锈、配胶、涂胶粘钢、清理。对主要材料进行市场调价。钢材综合市场材料费、下料加工费合计为 7.5 元/kg，A 级结构粘钢胶单价为 65 元/kg，管理费和利润分别按人工费的 30% 和 20% 计取，以上价格均为除税价格，按一般计税法编制该加固内容的工程量清单，并对板面粘贴钢板子目的综合单价进行组价分析。

某省房屋建筑加固工程预算定额　计量单位：m²　　　　表 4-46

定额编号			03035	03036	03037
项目			粘结钢板		
			手工涂胶		
			钢板厚度≤5mm		
			楼地面	墙柱面	天棚面
其中	工料机基价（元）		767.07	800.38	833.69
	人工费基价（元）		333.07	366.38	399.69
	材料费基价（元）		434.00	434.00	434.00
	施工机具使用费基价（元）		—	—	—
材料	名称	单位	单价		
	钢板（Q345）10	t	4300.00	0.0424	0.0424	0.0424
	结构粘钢胶 A 级	kg	25.00	9.9360	9.9360	9.9360
	其他材料费	元	1.00	3.2800	3.2800	3.2800

计算说明： ①编制工程量清单时可借用《房屋建筑与装饰工程工程量计算规范》GB 50854—2013 中的项目编码，项目名称、项目特征根据加固工程项目的特点进行修改、细化。②编制报价时，参考了福建省发布的《福建省房屋建筑加固工程预算定额》（2020 年版）中的消耗量，价格参考了某一时点的市场价格。③此案例就"板面粘钢"子目的综合单价进行了分析，其他子目的综合单价形成过程与其类似。

解： 1. 根据案例 4-23 计算出的工程量。根据项目特征和《房屋建筑与装饰工程工程量计算规范》GB 50854—2013 中的项目编码，编制的分部分项工程和单价措施项目工程量清单与计价表见表 4-47。

钢板、压条等重量＝918.45＋408.20＝1326.65kg

粘钢面积＝10.40＋23.40＝33.80m²

M10 锚栓个数＝416＋780＝1196 个

分部分项工程和单价措施项目工程量清单与计价表　　　　表 4-47

序号	项目编码	项目名称	项目特征	计量单位	工程数量	金额（元）		
						综合单价	合价	其中：暂估价
1	011605001001	楼板面瓷砖面层剔除清理	1. 拆除原瓷砖面层及粘结层、结合层等装饰面层； 2. 垃圾清理集中堆放	m²	45.36			

149

序号	项目编码	项目名称	项目特征	计量单位	工程数量	金额（元）		
						综合单价	合价	其中：暂估价
2	010606012001	板面粘贴钢板	1. 板面粘贴钢部位用磨光机打磨至密实界面用丙酮擦拭，缺损不平处聚合物砂浆修补； 2. 钢材品种、规格：钢板为1G-100×5@400，采用M10@300锚栓固定，距离梁边100mm开始粘贴第一条钢板。端部采用钢板压条100×5，压条下面的空隙应加胶粘钢垫块填平； 3. 钢板内进行压力注胶	m²	33.80			
3	010516001001	锚栓	锚栓规格：M10	套	1196			
4	011301001001	粘钢外抹防护砂浆	采用25mm厚M20水泥砂浆抹平	m²	91.80			

2. 编制"粘结钢板"的综合单价。

根据题目给定的价格，计算的"板面粘钢"子目的综合单价分析表见表4-48。

套用定额03038，并换算钢材消耗量和市场价，得到

板面粘贴钢板每 m^2 的综合单价＝333.07＋（0.0424×7500＋65×9.936＋3.28）＋333.07×（30%＋20%）＝1466.73元/m^2

板面粘贴钢板的综合单价分析表　　　　表 4-48

项目编码	010606012001	项目名称	板面粘贴钢板	计量单位	m²	工程量	33.80

清单综合单价组成明细

定额编号	定额名称	定额单位	数量	单价（元）				合价（元）			
				人工费	材料费	施工机具使用费	管理费和利润	人工费	材料费	施工机具使用费	管理费和利润
03035	楼地面粘贴钢板	m²	1.00	333.07	967.12	0	166.54	333.07	967.12	0	166.54
人工单价		小计						333.07	967.12	0	166.54
150元/工日		未计价材料（元）						0			
清单项目综合单价（元/m²）								1466.73			

材料费明细	主要材料名称、规格、型号	单位	数量	单价（元）	合价（元）	暂估单价（元）	暂估合价（元）
	结构粘钢胶A胶	kg	9.936	65.00	645.84		
	其他材料费（元）			321.28			
	材料费小计（元）			967.12			

4.4　混凝土粘贴碳纤维加固

4.4.1　混凝土柱粘贴碳纤维加固

1. 混凝土柱粘贴碳纤维加固的相关规定

《混凝土结构加固构造》13G311-1中对于柱粘贴碳纤维布加固法的说明：

（1）粘贴碳纤维布加固法适用于提高柱轴心受压承载力、斜截面承载力以及位移延性的加固。

（2）当轴心受压柱的正截面承载力不足时，可采用沿其全长无间隔地环向连续粘贴碳纤维布的方法（环向围束法）进行加固；当柱斜截面受剪承载力不足时，可将纤维布的条带粘贴成环形箍，且纤维方向与柱的纵轴线垂直；当柱因延性不足而进行抗震加固时，可采用环向粘贴纤维布构成的环向围束作为附加箍筋。

（3）当采用纤维布环向围束对钢筋混凝土柱进行正截面加固或提高其延性的抗震加固时，环向围束的纤维布层数，对圆形截面不应少于2层，对正方形和矩形截面柱不应少于3层。环向围束上下层之间的搭接宽度不应小于50mm，纤维布环向截断点的延伸长度不应小于200mm，各条带搭接位置应相互错开。

（4）对于正方形、矩形截面柱，其截面棱角应在粘贴前通过打磨加以圆化；圆化半径，对于碳纤维不应小于25mm，对于玻璃纤维不应小于20mm。

（5）纤维布的表面可配以砂浆保护层。

（6）对于节点区可采用"整包钢板＋等代箍筋"的方式处理，钢板可现场配焊，等代箍筋穿梁后与钢板焊接，箍筋穿梁形成的孔洞应采用胶粘剂灌注锚固。

碳纤维粘贴施工图如图4-68所示。

图4-68　柱碳纤维粘贴施工图

2. 柱粘贴碳纤维布加固的平面注写方法

（1）列表注写方式

《建筑结构加固施工图设计表示方法》和《建筑结构加固施工图设计深度图样》SG111-1～2图集中给出了柱粘贴碳纤维的注写方法，如表4-49所示，加固柱列表注写内容的含义如下：

JKZ1表示加固框架柱1，8.000～10.000（10.000～12.000）表示分两段，第一段为8.000m至10.000m，第二段为10.000m至12.000m。以括弧表示的第二段的后续相关内容应与括号所示部分相对应。300×400（25），表示碳纤维加固柱倒角半径 $r=25$。2T-100@300（1200）/400，表示 2 层碳纤维布，宽度 100，沿轴线两端间距为 300，分布长度各为 1200，中间区段间距为 400。例：2T-100@350，表示 2 层碳纤维布，宽度 100，沿轴线间距均为 350。例：2T-100@300（1200）/-，表示 2 层碳纤维布，宽度 100，沿轴线两端间距为 300，分布长度为 1200，中间区段不布置。例：2T-♯，表示 2 层碳纤维布，满包。

碳纤维加固柱列表注写方法示例   表 4-49

截面	![截面示意]		![截面示意]
编号	JKZ1（表示加固框架柱 1）		JKZ2
标高	5.100～8.000	8.000～10.000 （10.000～12.000）	5.100～10.000
原柱截面尺寸（倒角半径） $b×h$（r）或 D	300×400（25）	300×350（25）	D400
横向碳纤维布层数、 宽度与间距	2T-100@350	2T-100@300（1200）/- （2T-100@300（1200）/400）	2T-♯
截面示意	![截面示意图 h=400 b=300 r=25]		![圆形截面示意图 D=400]

（2）平面注写方式

碳纤维加固平面注写的内容包括：柱编号、原柱截面尺寸、倒角半径、碳纤维布层数、宽度和间距，如图 4-69 所示。

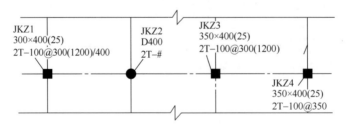

图 4-69 碳纤维加固柱平面注写方法示例

3. 柱粘贴碳纤维布工程量的计算内容

（1）混凝土柱粘贴，工程计量的内容一般包括：

1）剔除柱面装饰层、抹灰层等。柱粘贴碳纤维需要加固结构层外面，原柱表面的装饰面层、抹灰层等建筑做法，需要首先剔除掉，露出结构面，清理干净，按设计规定把混凝土柱粘贴碳纤维布表面打磨平整。

2）圆化处理。柱四角保护层应凿除，并打磨成圆角，符合图纸设计中圆化半径的要求。

3）碳纤维布。根据图纸设计的碳纤维布的宽度、层数、轴线间距、长度计算碳纤维的粘贴面积。这里应注意的是碳纤维布的层数，在同一加固部位设计的层数会有不同。

4）扁钢箍、钢板及灌胶。在梁柱节点或柱根处增加扁钢箍或钢板，扁钢箍和钢板内均需后灌胶粘剂。扁钢箍、等代箍筋焊接完成后粘贴纤维布。

5）等代箍筋植筋、焊接。在梁柱节点部位。等代箍筋穿梁后与节点钢板焊接，梁区等代箍筋原梁的孔洞应采用胶粘剂灌注锚固。

6）加固后表面砂浆保护层。加固后的碳纤维表面可涂抹砂浆保护层。

7）脚手架等费用。加固柱的施工脚手架等措施费用。

（2）工程量计算规则：

《房屋建筑加固工程消耗量定额》TY01-01（04）-2018 中相关子目的计算规则：

1）粘贴碳纤维布加固按设计图示碳纤维布的外边实贴面积"m²"计算，不扣除孔眼的面积。

2）构件混凝土凿毛、剔除基层混凝土和基层表面阻锈按所需处理构件表面积以"m²"计算。

3）外脚手架、里脚手架均按搭设长度乘以搭设高度以"m²"计算，不扣除门窗洞口及穿过建筑物的管道等所占的面积。

4. 柱粘贴碳纤维布加固工程量计算案例

案例 4-26：碳纤维加固柱

某框架柱加固 JKZ1 加固柱的 900×900(25)2T-100@300，加固净高度为 5.4m，环向搭接长度为 200mm，对混凝土表面凹陷部位用修补胶填补平整，柱的四周转角处打磨成圆角，其曲率半径 25mm，外抹 20mm 后防护砂浆。计算碳纤维柱加固柱的相关工程量。

计算说明：①碳纤维加固柱表面装饰面层需要剔除，柱面需要打磨，柱四周打磨成圆角；②脚手架计算暂按（原柱周长＋3.6）乘以净高计算。

解：碳纤维加固柱工程量计算见表 4-50。

碳纤维加固柱工程量计算表   表 4-50

序号	计算内容	工程量计算式	单位	计算结果
1	柱面打磨	(0.9×4)×5.4	m²	19.44
2	碳纤维	(0.9×4+0.2)×2×5.4/0.3×0.1	m²	13.68
3	防护砂浆	(0.9×4)×5.4	m²	19.44
4	脚手架	(0.9×4+3.6)×5.4	m²	38.88

案例 4-27：碳纤维全包柱加固

某框架中柱加固采用环向围束碳纤维布，如图 4-70 所示。加固柱尺寸为 600×600 (25) 3T-井，层高 5.2m，梁底加固净高度为 4.5m，板厚 150mm，柱表面凹陷部位用修补胶填补平整，柱的四角保护层剔除，打磨成圆角，圆化半径 25mm，环向围束上下层之间的搭接宽度为 50mm，采用 500mm 宽度的碳纤维施工，环向截断点的延伸长度为 250mm，各条带搭接位置相互错开。梁区采用 Φ 16 的等代箍筋两根，间距 200mm，贯穿原梁，四周原梁的尺寸均为 350mm×700mm，内部采用植筋胶灌注锚固，并与梁柱节点处钢板单面焊接10d。梁柱节点区域采用整包钢板，厚度为6mm，内部灌注胶粘剂，柱顶和柱底均设置扁钢箍40×4，内部灌注胶粘剂，扁钢箍内侧粘贴碳纤维布。加固柱外抹20mm厚水泥砂浆防护层。计算碳纤维加固柱的相关工程量。

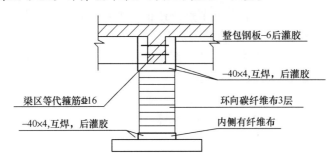

图 4-70 框架柱全包碳纤维详图

计算说明：①碳纤维加固柱表面装饰面层需要剔除，柱面需要打磨，柱四周打磨成圆角；②脚手架计算暂按（原柱周长＋3.6）乘以净高计算。

解：碳纤维加固柱工程量计算见表4-51。

碳纤维加固柱工程量计算表　　　　　　　　　　　　　　　　　　　表 4-51

序号	计算内容	工程量计算式	单位	计算结果
1	柱面打磨	$(0.6×4)×4.5+(0.7-0.15)×(0.6×4-0.35×4)$	m²	11.35
2	碳纤维	$(0.6×4+0.2)×3×4.5$	m²	35.10
3	扁钢箍重量	$0.6×4×0.04×4×7.85×2$	kg	6.03
4	注胶面积	$0.6×4×0.04×2$	m²	0.19
5	梁柱节点整包钢板重量	$(0.7-0.15)×(0.6×4-0.35×4)×6×7.85$	kg	25.91
6	注胶面积	$(0.7-0.15)×(0.6×4-0.35×4)$	m²	0.55
7	Φ16的等代箍筋	$1.58×4×(0.35+2×10×0.016)×2$	kg	8.47
8	Φ16钢筋植筋深度350mm	$4×2$	根	8
9	水泥砂浆防护层	$(0.6×4)×4.5+(0.7-0.15)×(0.6×4-0.35×4)$	m²	11.35
10	脚手架	$(0.9×4+3.6)×5.4$	m²	38.88

4.4.2 混凝土梁粘贴碳纤维加固

1. 混凝土梁粘贴碳纤维的相关规定

《混凝土结构加固构造》13G311-1 中对于梁粘贴碳纤维布加固法的说明：

（1）粘贴碳纤维布加固法加固梁，是用胶粘剂将碳纤维、玻璃纤维等符合纤维布粘贴于梁的受力表面，用以补充梁的配筋量不足，达到提高梁的正截面受弯承载力和斜截面受剪承载力的目的。

（2）正截面受弯加固，纤维布的纤维方向应沿纵向贴于梁的受拉面；斜截面受剪加固，纤维方向应沿横向环绕贴于梁周围表面。加固所用纤维布规格，包括面积质量、宽度、层数、弹性模量及强度等，应由计算确定。加固后结构构件，其正截面受弯承载力的提高幅度，不应超过40％。

（3）梁截面棱角应在粘贴前通过打磨加以圆化；圆化半径对于碳纤维不应小于

20mm，对于玻璃纤维不应小于 15mm。

（4）梁顶纵向纤维布，当无障碍时，可通长直接贴于梁顶面；当有障碍时，可齐柱根贴在梁的有效翼缘内。纤维布在梁端应向下弯折贴于端边梁侧面，其延伸长度应满足相关要求，转折处以角钢压条压结，尽端以钢板压结。

（5）斜截面受剪环向纤维箍应闭合，对于 T 形截面梁的锚固可采用加锚封闭箍，即"穿板螺栓＋连接箍板＋压结角钢"；钢板锚 U 形箍，即"钢板压条＋锚栓"；一般 U 形箍，即采用纤维织物作为压条。

梁粘贴碳纤维施工图如图 4-71 所示。

2. 混凝土梁粘贴碳纤维的平面注写方法

《建筑结构加固施工图设计表示方法》和《建筑结构加固施工图设计深度图样》SG111-1～2 图集中给出了梁粘贴碳纤维的注写方法，梁加固施工图表示方法可以采用平面注写或截面注写。如图 4-72、图 4-73 所示，见表 4-52。

图 4-71　梁粘贴碳纤维施工

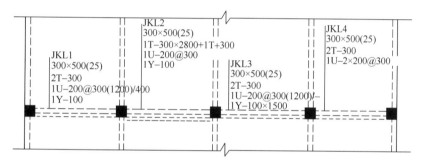

图 4-72　碳纤维加固梁底平面注写方法示例

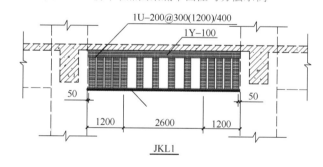

图 4-73　碳纤维加固梁底示意图

注写内容	示例（mm）
梁编号	例：JKL2，表示加固框架梁 2
原梁截面尺寸和 倒角半径 $b \times h$（r）	例：300×500（25），表示原梁截面宽度 300，高度 500，倒角半径为 25
梁底碳纤维 布层数和宽度	例：2T-300，表示 2 层碳纤维布，宽度为 300，长度为梁净跨度。 例：1T-300×2800＋1T-300，表示 2 层碳纤维布，第 1 层宽度为 300，长度为 2800，居中布置；第 2 层宽度为 300，长度为梁净跨度
U 形箍宽度、轴线 间距及分布长度	例：1U-200@300（1200）/400，表示 1 层碳纤维布 U 形箍，宽度为 200，轴线间距在加密区 300，分布长度为 1200，非加密区轴线间距为 400。 例：1U-200@300，表示 1 层碳纤维布 U 形箍，宽度为 200，沿梁全长加固，轴线间距为 300。 例：1U-200@300（1200）/-，表示 1 层碳纤维布 U 形箍，宽度为 200，轴线间距在加密区 300，分布长度为 1200，非加密区不进行加固。 例：1U-2×200@300，表示 1 层碳纤维布 U 形箍，宽度为 200，支座两端各 2 个，轴线间距为 300
压条尺寸	例：1Y-100，表示 1 层压条，宽度为 100，沿梁跨通长粘贴。 例：1Y-100×1500，表示 1 层压条，宽度为 100，长度为 1500，梁两端每侧各粘贴一条

3. 梁粘碳纤维布工程量的计算内容

（1）混凝土梁粘贴碳纤维布，工程计量的内容一般包括：

1）剔除梁面装饰层、抹灰层等。碳纤维是粘贴在梁加固结构层外面，原梁表面的装饰面层、抹灰层等建筑做法，需要首先剔除掉，露出结构面，清理干净，按设计规定把混凝土梁粘贴表面打磨平整。

2）圆化处理。柱四角保护层应凿除，并打磨成圆角，符合图纸设计中圆化半径的要求。

3）碳纤维布。根据图纸设计的碳纤维布的宽度、层数、轴线间距、长度计算碳纤维的粘贴面积。这里应注意的是碳纤维布的层数，在同一加固部位设计的层数会有不同。

4）角钢压条、钢板条及锚栓。在节点位置按设计规定会增设钢板或角钢压条以及固定钢板的锚栓。纤维布与钢板接触位置应增涂胶粘剂一层，避免二者直接接触。

5）加固后表面砂浆保护层。加固后的碳纤维表面可涂抹砂浆保护层。

6）脚手架等费用。施工脚手架等措施费用。

（2）工程量计算规则：

《房屋建筑加固工程消耗量定额》TY01-01(04)-2018 中相关子目的计算规则：

1）粘贴碳纤维布加固按设计图示碳纤维布的外边实贴面积"m²"计算，不扣除孔眼的面积。

2）构件混凝土凿毛、剔除基层混凝土和基层表面阻锈按所需处理构件表面积以"m²"计算。

3）外脚手架、里脚手架均按搭设长度乘以搭设高度以"m²"计算，不扣除门窗洞口及穿过建筑物的管道等所占的面积。

4. 梁粘碳纤维布加固工程量计算案例

案例 4-28：梁粘贴碳纤维

某单梁采用碳纤维全长加固，混凝土梁表面无装饰面层，层高 3.6m，加固示意图和剖面图如图 4-74、图 4-75 所示。JL1300×600，板厚 100mm，梁加固净长 6.6m，梁底粘贴通长 300g 碳纤维布一层，宽度＝梁宽－50，U 形箍宽度 200mm，间距 300mm，梁侧中部位置附加 300g 碳纤维布一层，宽度 200mm，梁侧 300g 碳纤维布压条一层，宽度为 100mm，粘贴表面抹 20mm 厚水泥砂浆保护层。计算表面处理、碳纤维的粘贴相关工程量。

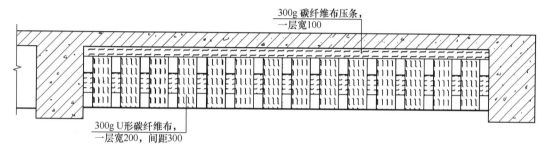

图 4-74 梁粘贴碳纤维示意

计算说明：①根据 SG111-1~2 图集的表示方法，这里应理解间距的含义，是指两条 U 形箍筋中心线之间的间距，具体到本题，U 形箍宽度是 200mm，间距 300mm，两条 U 形箍之间的净间距为 100mm；②计算时应注意梁底、梁侧加固位置粘贴碳纤维的层数，本题均为粘贴一层；③施工脚手架按梁净长乘以（层高－板厚）计算；④表面抹灰层本题是按粘贴后全部梁表面涂刷计算。

解：碳纤维加固梁工程量计算见表 4-53。

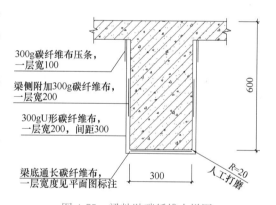

图 4-75 梁粘贴碳纤维大样图

碳纤维加固梁工程量计算表 表 4-53

序号	计算内容	工程量计算式	单位	计算结果
1	混凝土接触面清理	6.6×(0.3+(0.6－0.1)×2)	m²	8.58
2	碳纤维（U 形箍）	0.2×(0.3+(0.6－0.1)×2)× [(6.6－0.05×2－0.1×2)/0.3+1]×1	m²	5.72
3	碳纤维（梁底通长）	(0.3－0.05)×6.6×1	m²	1.65
4	碳纤维（梁侧附加）	0.2×2×6.6×1	m²	2.64
5	碳纤维（梁侧压条）	0.1×2×6.6×1	m²	1.32
6	脚手架	6.6×(3.6－0.1)	m²	23.10
7	表面抹水泥砂浆保护层	6.6×[0.3+(0.6－0.1)×2]	m²	8.58

4.4.3 混凝土板粘贴碳纤维加固

1. 混凝土板粘贴碳纤维加固的平面注写方法

《建筑结构加固施工图设计表示方法》和《建筑结构加固施工图设计深度图样》SG111-1～2 图集中给出了板粘贴碳纤维的注写方法，板加固施工图表示方法可以采用平面注写。注写内容见表4-54。碳纤维加固板底平面注写的内容包括：板编号、原板厚度、碳纤维布粘贴方向、层数、宽度、轴线间距、压条层数、宽度和粘贴方向，用粗虚线表示，注写方法示例和示意图如图4-76、图4-77所示。碳纤维与板边缘净距不小于50mm。

碳纤维加固板底平面注写内容　　　　　　　　　　　　　　表 4-54

注写内容	示例（mm）
板编号	例：JB1，表示碳纤维加固板1
原板厚度（h）	例：100，表示原板厚度 $h=100$
对现浇板注写碳纤维粘贴方向、层数、宽度和轴线间距；对预制板注写碳纤维层数、宽度和端部距离	例：2T-100@300，表示2层碳纤维布，宽度为100，轴线间距为300，沿水平方向单向粘贴。 例：2T-100@300，表示2层碳纤维布，宽度为100，轴线间距为300，沿竖向方向粘贴。 例：1T-100/50，表示1层碳纤维布，宽度为100，距板侧为50。 例：1T-200，表示1层碳纤维布，宽度为200，居中粘贴
压条层数、宽度和粘贴方向	例：1Y-100（P），表示1层碳纤维布压条，宽度为100，沿水平方向粘贴

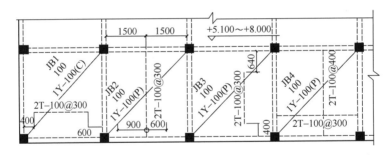

图 4-76　碳纤维加固板底平面注写方法示例

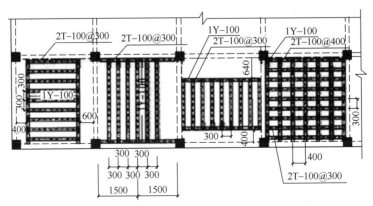

图 4-77　碳纤维加固板底平面注写方法示意图

碳纤维板支座加固平面注写的内容见表4-55，具体包括：碳纤维布层数、宽度、长度和轴线间距。

碳纤维加固板支座平面注写方法注写内容   表 4-55

注写内容	示例（mm）
碳纤维布层数、宽度、长度和轴线间距	例：2T-100@300，表示 2 层碳纤维布，宽度为 100，轴线间距为 300，长度为左右两侧各 1500，在图中直接表示

碳纤维加固板洞口平面注写的内容见表4-56，具体包括：加固洞口编号、洞口尺寸、碳纤维层数、宽度和粘贴部位，板底加固用粗虚线表示，板面加固用粗实线表示，板底板面同时加固用粗实线表示。如图 4-78 所示。

碳纤维加固板洞口平面注写方法注写内容   表 4-56

注写内容	示例（mm）
加固洞口编号	例：JBD1，表示加固楼板洞口 1
洞口尺寸	例：700×600，表示洞口宽度为 700，高度为 600
碳纤维层数、宽度、粘贴部位（t 表示板顶，b 表示板底）	例：2T-200（b），表示 2 层碳纤维，宽度为 200，板底粘贴。 例：2T-150（t）/2T-150（b），表示 2 层碳纤维，宽度为 150，顶部粘贴；2 层碳纤维，宽度为 150，底部粘贴

碳纤维粘贴加固板施工图如图 4-79 所示。

2. 混凝土板粘贴碳纤维布工程量的计算内容

（1）混凝土板粘贴碳纤维布，工程计量的内容一般包括：

1）剔除板面装饰层、抹灰层等。碳纤维需要粘贴在板加固结构层外面，原板上表面的装饰面层或板底吊顶或抹灰层等建筑做法，需要首先剔除掉，露出结构面，清理干净，按设计规定把混凝土板粘贴碳纤维布表面打磨平整。

2）碳纤维布。根据图纸设计的碳纤维布的宽度、层数、轴线间距、长度计算粘贴面积。这里应注意的是碳纤维布的层数，在同一加固部位设计的层数会有不同。

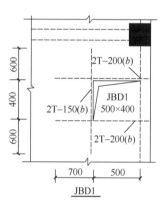

图 4-78　碳纤维加固楼板洞口平面注写方法示例

图 4-79　碳纤维加固楼板施工图

3）角钢压条、钢板条及锚栓。在节点位置按设计规定会增设钢板或角钢压条以及固定钢板的锚栓。纤维布与钢板接触位置应增涂胶粘剂一层，避免二者直接接触。

4）加固后表面砂浆保护层。加固后的碳纤维表面可涂抹砂浆保护层。

5）脚手架等费用。施工脚手架等措施费用。

（2）工程量计算规则：

《房屋建筑加固工程消耗量定额》TY01-01(04)-2018中相关子目的计算规则：

1）粘贴碳纤维布加固按设计图示碳纤维布的外边实贴面积"m²"计算，不扣除孔眼的面积。

2）构件混凝土凿毛、剔除基层混凝土和基层表面阻锈按所需处理构件表面积以"m²"计算。

3）外脚手架、里脚手架均按搭设长度乘以搭设高度以"m²"计算，不扣除门窗洞口及穿过建筑物的管道等所占的面积。

3. 板粘贴碳纤维加固工程量计算案例

案例4-29：板底粘贴碳纤维

某办公楼板底结构加固采用碳纤维粘贴，轴线加固尺寸为4.5m×9.9m原板底无抹灰层和装饰面层。板底粘贴单层300g碳纤维，如图4-80所示，端部采用钢板压条100×300×5和M10锚栓固定。板底距离梁边200mm开始粘贴第一条，框架梁宽400mm，次梁宽300mm，轴线居中。计算板底碳纤维加固的相关工程量。

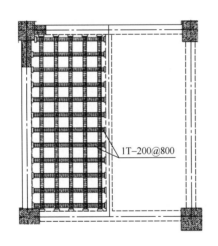

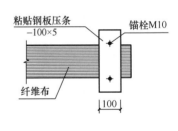

图4-80 碳纤维加固楼板板底平面图

计算说明：①这里应注意的是：碳纤维布在同一部位粘贴2层，在清单编制时，需要注明在同一加固部位粘贴的层数，还是按粘贴的展开面积计算，避免引起报价的歧义。②此处碳纤维按单层展开面积计算。③每个钢板压条需要2套M10锚栓。④板底加固需要活动的龙门脚手架，或搭设满堂脚手架。

解：板底碳纤维的工程量的计算见表4-57。

序号	计算内容	工程量计算式	单位	计算结果
1	混凝土板面打磨清理	$(4.5-0.15-0.2)\times(9.9-0.2-0.2)$	m²	39.43
2	碳纤维	$(4.5-0.15-0.2)\times[(9.9-0.2-0.2-0.2\times2)/0.4+1]\times0.2$ $+(9.9-0.2-0.2)\times[(4.5-0.15-0.2-0.2\times2)/0.4+1]\times0.2$	m²	39.43
3	施工脚手架	$(4.5-0.15-0.2)\times(9.9-0.2-0.2)$	m²	39.43
4	压结钢片	$(0.1+0.1+0.1)\times\{[(9.9-0.2-0.2-0.2\times2)/0.4+1]\times2+$ $[(4.5-0.15-0.2-0.2\times2)/0.4+1]\times2\}\times5\times7.85$	kg	803.64
5	M10 锚栓	$2\times\{[(9.9-0.2-0.2-0.2\times2)/0.4+1]\times2+[(4.5-0.15-0.2-0.2\times2)/0.4+1]\times2\}$	套	136

案例 4-30：板顶粘贴碳纤维

某写字楼板面加固改造，原板面无装饰面层。板底距离梁墙边或梁边 200mm 开始粘贴第一条碳纤维，铺贴净距长 10.25m，碳纤维布铺贴 2 层，宽度 100mm，间距 200mm，端部采用钢板压条和 M10 锚栓固定，铺贴完后表面采用 25mm 厚的 M20 砂浆防护层（带钢丝网），平面图和压条大样图如图 4-81 所示。计算板面碳纤维的工程量。

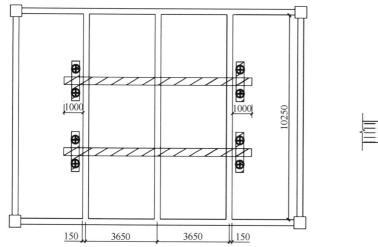
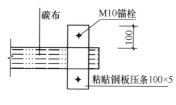

图 4-81　碳纤维加固楼板板面平面图和压条大样图

计算说明： ①碳纤维按单层面积计算；②每个钢板压条需要 2 套 M10 锚栓。

解： 板面碳纤维的工程量的计算见表 4-58。

板面碳纤维工程量计算表　　　　　　　表 4-58

序号	内容	工程量计算式	单位	工程量
1	板面打磨清理	$(7.6+1+1)\times10.25$	m²	98.40
2	M20 砂浆防护层（带钢丝网）	$(7.6+1+1)\times10.25$	m²	98.40
3	钢板重量	$(0.1\times0.3\times5\times7.85)\times2\times[(10.25-0.2\times2)/0.2+1]$	kg	118.34
4	M10 锚栓	$2\times2\times[(10.25-0.2\times2)/0.2+1]$	套	201
5	碳纤维粘贴 2 层	$(7.6+1+1)\times[(10.25-0.2\times2)/0.2+1]\times0.1$	m²	48.24

4.4.4　碳纤维加固工程量清单及报价编制案例

案例 4-31：碳纤维加固工程量清单编制及计价

根据案例 4-30 计算的工程量，报价时参考全国《房屋建筑加固工程消耗量定额》中的消耗量，见表 4-59，工程内容包括定位放线、基层处理（混凝土面层处理）、找平处理、涂刷找平胶、粘贴碳纤维片材、涂刷面胶、固化养护、清理工作面等。对主要材料进行市场调价。人工单价 150 元/m^2，碳纤维布（300g/m^2）国产品牌的市场价是 90 元/m^2，碳纤维胶和找平胶的市场价分别为 55 元/kg、45 元/kg，电价是 1.1 元/(kW·h)。管理费和利润分别按人工费的 30% 和 20% 计取，以上价格均为除税价格（增值税率均为 13%），按一般计税法编制该加固内容的工程量清单，并对碳纤维粘贴子目的综合单价进行组价分析。

房屋建筑加固工程消耗量定额　单位：10m^2　　　表 4-59

定额编号			3-128	3-129
项目			粘贴碳纤维布（单位面积质量 250g/m^2）	
			一层碳纤维布	每增一层
名称		单位	消耗量	
人工	合计工日	工日	15.12	7.44
材料	合计工日	m^2	11.00	11.00
	碳纤维布 250g	kg	15.00	15.00
	碳纤维胶	kg	12.00	12.00
	找平胶	kW·h	0.652	—
	电	%	5.00	5.00
机械	其他材料费用		—	—

计算说明： ①编制工程量清单时可借用《房屋建筑与装饰工程工程量计算规范》GB 50854—2013 中的项目编码，项目名称、项目特征根据加固工程项目的特点进行修改、细化。②编制报价时，参考了全国版的《房屋建筑加固工程预算定额》TY01-01(04)-2018 中的消耗量，价格参考了某一时点的市场价格，设计中采用了单位面积质量 300g/m^2，与定额中的材料不同，此时消耗量不变，可仅换算材料单价。③此案例就"板面粘贴"子目的综合单价进行了分析，其他子目的综合单价形成过程与其类似。④板面的打磨清理在定额中已包含"基层处理"，可不再单独列清单，若定额中不包括，则需要单独计取费用。因粘贴碳纤维没有单独的清单编码和项目内容，本案例是分别编列的清单，实际编列工程量清单时，也可将上述清单项目合并在一起，在项目特征中描述整个需要报价的内容，由报价方综合考虑即可。

解： 1. 根据案例 4-2 计算出的工程量，根据项目特征和《房屋建筑与装饰工程工程量计算规范》GB 50854—2013 中的项目编码，编制的分部分项工程和单价措施项目工程量清单与计价表见表 4-60。

序号	项目编码	项目名称	项目特征	计量单位	工程数量	金额（元）		
						综合单价	合价	其中：暂估价
1	011301001001	砂浆防护层	45mmM20 砂浆防护层（带钢丝网）	m²	98.40			
2	010606013001	压条钢板	Q235 钢，100×5	t	0.118			
3	010516001001	锚栓	锚栓规格：M10	套	201			
4	01B001	板面粘贴碳纤维	1. 基层清理； 2. 找平、涂刷找平胶 3. 碳纤维布的规格：300g/m²； 4. 粘贴两层	m²	48.24			

2. 根据题目给定的价格，计算的"板粘贴碳纤维"子目的综合单价分析表见表 4-61。

套用定额 3-128 和 3-129，并换算应用 300g/m² 碳纤维的市场价，消耗量不变。

碳纤维粘贴一层的合价 $=48.24/10\times(150\times15.12+(11\times90+15\times55+45\times12+0.652\times1.1)\times(1+5\%)+150\times15.12\times(30\%+20\%))=28343.43$ 元

碳纤维粘贴每增一层的合价 $=48.24/10\times(150\times7.44+(11\times90+15\times55)\times(1+5\%)+150\times7.44\times(30\%+20\%))=17268.71$ 元

合价 $=28343.43+17268.71=45612.14$ 元

该板面粘贴碳纤维的综合单价为 $=45612.14/48.24=945.53$ 元/m²

柱包角钢的综合单价分析表 表 4-61

项目编码	01B001	项目名称	板面粘贴碳纤维	计量单位	m²	工程量	48.24

清单综合单价组成明细

定额编号	定额名称	定额单位	数量	单价（元）				合价（元）			
				人工费	材料费	施工机具使用费	管理费和利润	人工费	材料费	施工机具使用费	管理费和利润
3-128	粘贴一层碳纤维布	m²	1.00	226.8	247.35	0	113.4	226.8	247.35	0	113.4
3-129	每增一层碳纤维布	m²	1.00	111.60	190.58	0	55.80	111.60	190.58	0	55.80
人工单价		小计						338.4	437.93	0	169.20
150 元/工日		未计价材料（元）						—			
清单项目综合单价（元/m³）								945.53			

材料费明细	主要材料名称、规格、型号	单位	数量	单价（元）	合价（元）	暂估单价（元）	暂估合价（元）
	碳纤维布 300g	m²	2.2	90	198		
	碳纤维胶	kg	3.0	55	165		
	其他材料费（元）				74.93		
	材料费小计（元）				437.93		

综合练习题

1. 某加固中柱的加固详图做法如图 4-82 所示。四周梁的尺寸均为 300mm×650mm，原楼板共加固两层（加固高度自基础顶面−1.20m 至二层顶 8.1m），首层层高 4.5m，二层层高 3.6m，原加固柱尺寸为 600mm×500mm，每边加大 100mm，主筋为 16 根 Φ25，外面大箍筋为 Φ12@100，两个 U 形箍筋焊接在一起，小 U 形箍为 Φ8@200，植入原柱内 15d，主筋箍筋均采用单面焊接 10d，上部有 4 根 Φ25 主筋植入梁中 22d，其余 12 根主筋贯穿楼板注胶伸入上一层，基础无需加固，主筋植入原基础 24d，基础顶标高−1.20m，梁区采用 Φ14@200 的等代箍筋，每根箍筋均贯穿原梁注胶，然后焊接，梁区的做法如图 4-82所示。加大截面材料采用高强免振捣灌浆料，植筋胶采用 A 级胶，原抗震等级为三级。编制该加大截面加固柱的工程量清单，根据表 4-20 的消耗量计算 Φ25 钢筋植筋单价，并作出综合单价分析表。

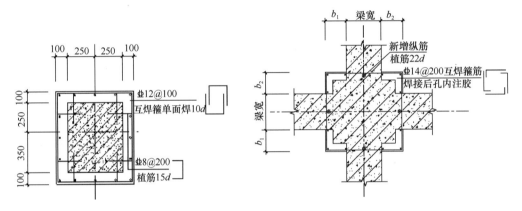

图 4-82　四面加大截面柱详图、梁区做法

2. 某加固柱的加固做法如图 4-83 所示。共加固 1 层（基础顶−0.6 至 3.6m），原柱尺寸为 700mm×700mm，一侧加大 150mm，另两侧加大 100mm。柱顶三面连接处原梁尺寸 350mm×750mm，板厚 120mm，加大截面材料采用高强免振捣灌浆料，植筋胶采用 A 级胶，钢筋采用单面焊接 10d，加固柱主筋植入基础的深度为 24d，梁柱节点处共有 6 Φ25

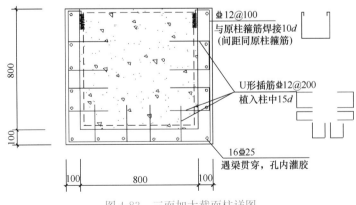

图 4-83　三面加大截面柱详图

钢筋贯穿原梁深入上一层,其余主筋贯穿原板,并在3.6m处弯折焊接,箍筋⏀12植入原柱的深度为15d,原抗震等级为三级。其他内容如图4-83所示。编制该加大截面加固柱的工程量清单。

3. 某加固梁详图如图4-84、图4-85所示。层高4.2m,加大截面材料采用高强免振捣灌浆料,原梁尺寸为350mm×750mm,原柱尺寸600mm×600mm,梁侧和梁底均加大200mm,植筋胶采用A级胶,主筋植入柱的深度为22d,腰筋植入柱的深度为15d,主筋和箍筋均采用单面焊接10d,钢筋保护层为25mm,原抗震等级为三级,原梁外有抹灰和涂刷乳胶漆。其他内容如图4-84、图4-85所示。编制该加大截面加固梁的工程量清单。

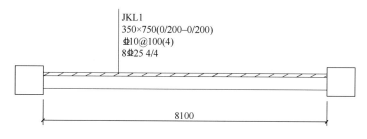

图 4-84 两面加大截面梁平面图

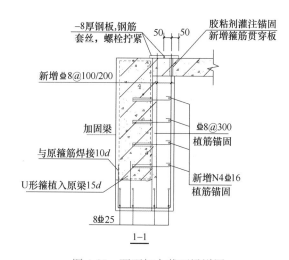

图 4-85 两面加大截面梁详图

4. 某加固框架梁净长8.1m,加固平面图、详面如图4-86、图4-87所示。层高4.5m,加大截面材料采用高强免振捣灌浆料,原梁尺寸为300mm×650mm,原柱尺寸

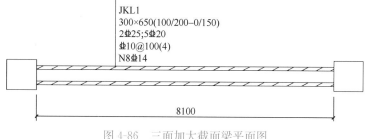

图 4-86 三面加大截面梁平面图

700mm×700mm，梁左右侧面各加大 100mm，梁底加大 150mm，植筋胶采用 A 级胶，主筋植入柱的深度为 22d，腰筋植入柱的深度为 15d，主筋和箍筋均采用单面焊接 10d，钢筋保护层为 25mm，原抗震等级为三级，原梁无装饰层。其他内容如图 4-86、图 4-87 所示。编制该加大截面加固梁的工程量清单。

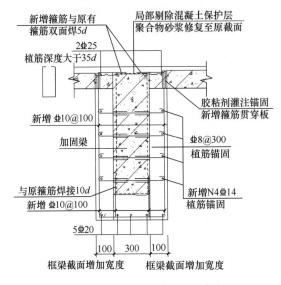

图 4-87　三面加大截面梁详图

5. 某办公楼改造二层顶楼板洞口开洞加固，二层层高 3.6m，板厚 120mm，采用板下新加梁的方式，加固平面图和大样图如图 4-88 所示。6 根 XL1 的加固净长度均为 2.70m，1 根 XL2 的加固净长度均为 0.50m，新旧混凝土结合面做凿毛处理，并涂刷混凝土界面剂，新旧连接处采用Φ8@200 插筋，植入原板中 10d，主筋植入两侧梁中 15d，接头采用焊接方式，计算该板下新加梁相关的工程量。

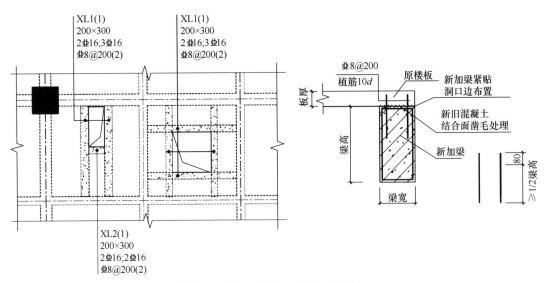

图 4-88　板下新加梁平面图和大样图

6. 某框架梁采用粘钢加固，平法表示的加固做法如图 4-89 所示。梁加固净长 8.1m，需剔除原梁表面抹灰层，梁底采用 300×5 钢板，M8@400 锚栓 2 排，梅花形布置，梁侧 U 形箍采用 200×5 钢板，间距 400mm，压条钢板采用 100×5，在梁顶板底设置一道，在梁侧中部设置一道，M8 螺栓固定 U 形箍和压条，间距 400mm，施工完成后，钢板粘贴完成后，表面挂钢丝网并抹 30mm 厚聚合物改性水泥砂浆进行防护。编制梁粘钢的工程量清单。

7. 某框架梁的加固如图 4-90 所示。原梁表面有抹灰层和乳胶漆面层，原梁尺寸为 330mm×600mm，梁加固净长为 8.2m，板厚 250mm，采用单位质量为 $300g/m^2$ 碳纤维粘贴，单层 U 形箍宽度为 150mm，净间距为 100mm，从梁边 50mm 开始铺设第一条 U 形箍，单层压条宽度为 150mm，梁两侧均粘贴，粘贴后表面做 20mm 厚水泥砂浆面层防护，计算该加固梁的相关工程量。

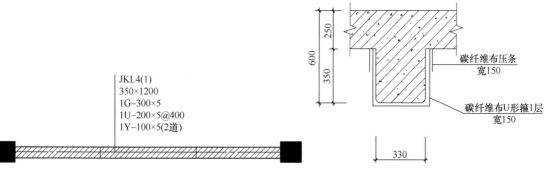

图 4-89　粘钢加固梁详图　　　　　　　图 4-90　框架梁粘贴碳纤维详图

8. 某楼板需增开洞口，采用碳纤维加固，洞口板面加固做法如图 4-91 所示。原板面需剔除瓷砖面层和砂浆结合层。在洞口周围的碳纤维布（单位质量 $300g/m^2$）铺贴 2 层，宽度 300mm，端部采用压结钢片（尺寸为 320×50×2）和射钉固定，铺贴完后表面采用 25mm 厚的 M20 砂浆防护层（带钢丝网）。计算洞口碳纤维加固的相关工程量。

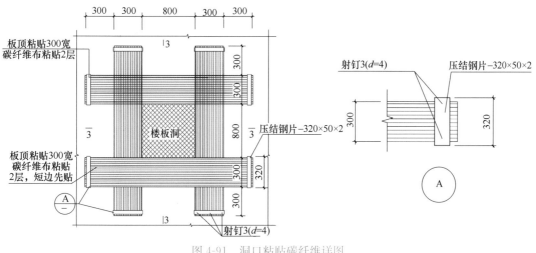

图 4-91　洞口粘贴碳纤维详图

9. 某工程针对练习题 7、8 中计算出的工程量，编制招标工程量清单，报价时拟选用福建省房屋建筑加固工程消耗量定额，见表 4-62，表中价格均为除税单价，编制板底面粘贴、板顶面粘贴碳纤维的综合单价分析表。

粘贴碳纤维型材　单位：10m²　　表 4-62

定额编号			03043	0.3044	03045	03046
项目			粘贴碳纤维布			
			楼地面	墙柱面	天棚面	每增一层
工料机基价（元）			316.24	332.36	348.48	187.40
其中	人工费基价（元）		151.20	166.32	181.44	44.40
	材料费基价（元）		165.04	166.04	167.04	143.00
	施工机具使用费基价（元）		—	—	—	—
	名称	单位	单价	数量		
材料	混凝土修补胶 A 级	kg	20.00	1.1000	1.1500	1.2000	—
	碳纤维布单向 300g/m²	m²	75.00	1.1000	1.1000	1.1000	1.1000
	碳纤维胶	kg	40.00	1.5000	1.5000	1.5000	1.5000
	其他材料费	元	1.00	0.5400	0.5400	0.5400	0.5000

第5章 砖混结构加固工程的计量与计价

5.1 钢筋混凝土面层加固

1. 钢筋混凝土面层加固的相关规定

《砖混结构加固与修复》15G611 中关于钢筋混凝土面层加固的设计构造要求：

（1）加固用的混凝土强度等级不宜低于 C25，厚度应≥60mm。

（2）加固用的钢筋，宜采用 HRB400 级的热轧或冷轧带肋钢筋，也可采用 HPB300 级的热轧光圆钢筋。竖向受力钢筋应≥Φ12，净间距应≥30mm，横向钢筋可为 Φ6，间距宜为 150～200mm。

（3）钢筋混凝土面层与原有墙体的连接，可沿墙高每隔 0.7～1.0m 在两端各设 1 根 Φ12 的连接钢筋，其一端锚入面层内的长度≥500mm，另一端应锚固在端部的原有墙体内。

（4）单面钢筋混凝土面层宜采用 Φ8 的 L 形锚筋与原砌体墙连接，双面钢筋混凝土面层宜采用 Φ8 的 S 形穿墙筋与原墙体连接，锚筋在砌体内的锚固深度≥120mm，锚筋间距宜为 600mm，穿墙筋间距宜为 900mm，梅花形布置。

（5）钢筋混凝土面层上下应与楼（屋）盖可靠连接，至少应每隔 1m 设置穿过楼板且与竖向钢筋等面积的短筋，短筋两端应分别锚入上下层的钢筋混凝土面层内，锚固长度不应小于短筋直径的 40 倍。

（6）钢筋混凝土面层应有基础，基础埋深宜与原基础相同，底部 400mm 高度范围基础宽扩大 200mm。

钢筋混凝土面层加固施工要点包括：

（1）面层宜按下列顺序施工：原有墙面清底—钻孔并用水冲刷—孔内干燥后安设锚筋并铺设钢筋网—浇水湿润墙面—喷射或浇筑混凝土并养护—墙面装饰。

（2）原墙面碱蚀严重时，应先清除松散部分并用 M10 或 1∶3 水泥砂浆抹面，已松动的勾缝砂浆应剔除。

（3）在墙面钻孔时，应按设计要求先画线标出锚筋或穿墙筋的位置，并应采用电钻在砖缝处打孔，穿墙孔直径宜比 S 形筋大 2mm；锚筋孔直径宜采用锚筋直径的 1.5～2.5 倍，其孔深≥120mm，锚筋应采用胶粘剂灌注填实。

（4）铺设钢筋网时，竖向钢筋应靠墙面并采用钢筋头支起，钢筋网片与墙面的空隙宜≥10mm，钢筋网外保护层厚度≥15mm。

（5）钢筋混凝土面层可支模浇筑或采用喷射混凝土工艺，应采取措施使墙顶与楼板交界处混凝土密实，浇筑后应加强养护。

加固施工可参考《建筑抗震加固技术规程》JGJ 116—2009 的相关规定。该规程适用于抗震设防烈度为 6～9 度地区经抗震鉴定后需要进行抗震加固的现有建筑的设计与施工。

图 5-1 钢筋混凝土面层加固施工图

钢筋混凝土面层加固施工图如图 5-1 所示。

2. 钢筋混凝土面层加固工程量的计算内容

（1）砖墙采用钢筋混凝土面层加固时，工程计量的内容一般包括：

1）基础加固。砖墙钢筋混凝土面层加固时，下面的基础需要加固，施工时需要地面破除及挖土、垃圾外运。需考虑原有地面装饰面层破除、地面垫层破除、基础挖土方、垃圾清理集中堆放后外运等的费用。基础加固的钢筋、混凝土、模板、插筋植筋费用等均需要根据设计图纸计算。插筋的植筋费用需在清单编制中注明植筋的深度。基础加固施工完成后，还应考虑基坑回填、地面垫层恢复、地面面层恢复，如果是外围基础，还可能需要恢复室外散水等的费用。常见的墙体基础加固做法如图 5-2所示。

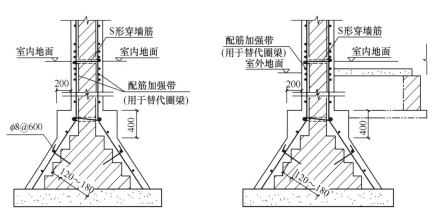

图 5-2 墙体基础做法

2）剔除墙面装饰层、抹灰层等。面层加固是在结构层外面加大，需要首先剔除掉原墙体上的装饰面层、抹灰层等建筑做法，露出结构面，剔除灰缝、清理干净。影响加固施工的暖气片、开关、线盒、管道以及其他附属物均需要拆除。

3）混凝土或高强免振捣水泥基灌浆料。面层的截面加大宽度一般在 80～150mm 左右，当采用普通混凝土无法振捣，设计图纸中通常会对加固构件采用免振捣的高强灌浆料代替混凝土，也可采用喷射混凝土的施工方法。

4）钢筋、植筋。按图纸设计全面计算新增竖向钢筋和水平钢筋，形成钢筋网片，双面面层加固时，需要设置 S 形穿墙筋，单面加固时，需要设置 L 形拉结筋，二者孔洞内均需灌注水泥浆，如图 5-3 所示，但应全面理解图纸中关于基础节点处、梁板节点处的钢筋做法，在基础处，主筋需要锚入基础加固的混凝土中，在楼板节点处，需要等代穿板连接筋，应贯穿原楼板后伸入上一层，上下层位置设置配筋加强带，如图 5-4 所示，钢筋混凝土面层加固楼面处做法，在转角处还会有竖向的配筋加强带。

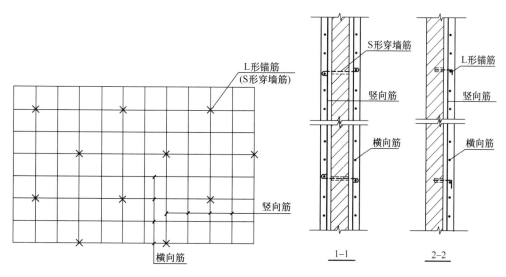

图 5-3　钢筋网片及拉结筋示意

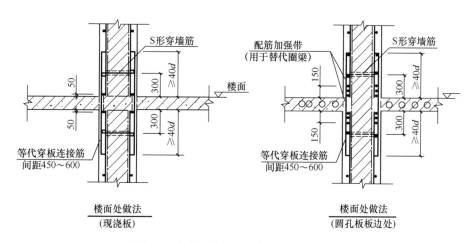

图 5-4　钢筋混凝土面层加固楼面处做法

5）门窗洞口的施工费用。窗户和门洞处加固有附加钢筋等。

6）模板、脚手架等费用。采用支模浇筑的方式时产生的模板、施工脚手架等措施费用。

其他详细相关做法可参见《砖混结构加固与修复》15G611。

（2）工程量计算规则

《房屋建筑加固工程消耗量定额》TY01-01（04）-2018 中墙加固的计算规则：

1）砖墙面包混凝土工程量按图示尺寸以"m³"计算，伸入地坪、楼板、墙面的部分，其混凝土体积并入墙面包混凝土工程量内。

2）墙面喷射混凝土工程量以单面按"m²"计算，双面加固时按双面工程量计算。

3）现浇构件钢筋按设计图示钢筋长度乘以单位理论质量计算。钢筋工程中措施钢筋按设计图纸规定及施工规范要求计算，按品种、规格执行相应项目，采用其他材料时另行计算。钢筋搭接长度按设计图示及规范要求计算，设计图示及规范要求未标明搭接长度的，不另计算搭接长度。钢筋的搭接（接头）数量应按设计图示及规范要求计算，设计图示及规范要求未标明的，按以下规定计算：Φ10 以内的钢筋按每 12m 计算一个钢筋搭接接头；Φ10 以上的钢筋按每 9m 计算一个钢筋搭接接头。设计图示及规范要求钢筋接头采用机械连接或焊接时，按数量计算，不再计算该处的钢筋搭接长度。直径 25mm 以上的钢筋连接按机械连接考虑。铺钢丝网、钢丝绳网片按其外边尺寸以 "m^2" 计算。

4）结构植钢筋按数量计算，植入钢筋按外露和植入部分之和长度乘以单位理论质量计算。

5）模板及支架按模板与混凝土的接触面面积以 "m^2" 计算，不扣除 $\leqslant 0.3m^2$ 预留孔洞面积，洞侧壁模板也不增加。混凝土构件截面加大的，为满足浇筑需要所增加的模板工程量并入相应构件模板计算。

6）外脚手架、里脚手架均按搭设长度乘以搭设高度以 "m^2" 计算，不扣除门窗洞口及穿过建筑物的管道等所占的面积。砌筑工程高度在 3.6m 以内者按里脚手架计算，高度在 3.6m 以上者，按外脚手架计算。

7）砖砌体加固卸载支撑按卸载部位以 "处" 计。

8）基础土方开挖计算规则同第 4 章混凝土构件加固的基础土方的相应计算规则。

3. 钢筋混凝土面层加固工程量计算案例

案例 5-1：单面钢筋混凝土面层加固

某砖混建筑物共两层，一层、二层墙体采用钢筋网面层单面加固，一层层高为 3.9m，

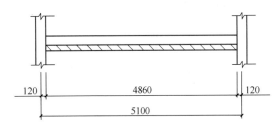

二层层高 3.6m。高度加固至楼板底，板厚 120mm，其中某道墙体的面层加固平面及钢筋网做法、基础加固做法、墙体截止处做法及楼面、屋面锚固做法详图分别如图 5-5～图 5-8 所示，面层材料采用高强免振捣自密实混凝土，钢筋采用焊接，钢筋外保护层 15mm。墙体厚度 240mm，原墙面有抹灰和涂料面层。原地面为

图 5-5 墙体加固平面图

100mm 厚混凝土地面，下面是坚土，人工开挖放坡系数取 0.5。基础加大截面施工后土

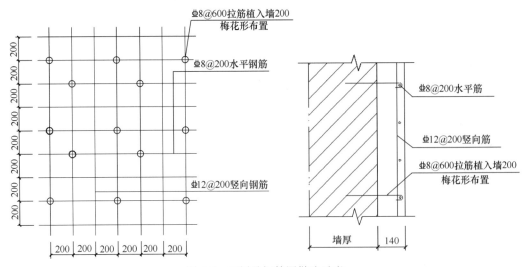

图 5-6 面层及钢筋网做法示意

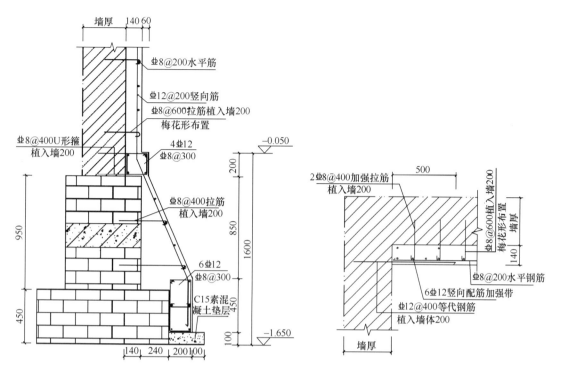

图 5-7 面层加固基础做法和墙体截止处做法

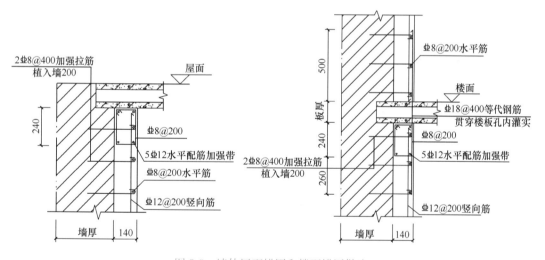

图 5-8 墙体屋面锚固和楼面锚固做法

方回填，恢复混凝土面层。计算该工程相应面层加固的工程量。

计算说明： ①需要首先剔除加固墙面的建筑做法；原外墙和内墙的建筑做法一般会不同，应分开列出工程量。这时还应考虑一部分影响加固施工的暖气片、吊顶、管道、门窗等的拆除（本题未考虑，实际工程应根据现场勘察据实计算）。②钢筋混凝土面层加固的竖向钢筋在楼层处断开，但根据设计要求需要设置贯穿楼板的等代钢筋，等代钢筋需贯通楼板植筋后伸入上一层。③墙体锚筋的计算应注意，单面墙体加固，锚筋无需贯穿墙体，按设计要求锚入墙体一定深度即可。双面加固墙体时，锚筋需贯穿墙体，孔内均需灌浆。④在墙体转角处一般会有竖向钢筋加强带。⑤本题采用支设模板后，浇筑灌浆料。若采用喷射混凝土施工时无需再计算模板工程量。⑥一层墙体高度从－0.05m起算。竖向主筋从基础伸入后产生一次钢筋连接。基础挖土方以及回填是近似计算。⑦本题未考虑楼面处和楼板处的装饰做法拆除。

解：钢筋网砂浆面层加固工程量计算见表5-1。

钢筋混凝土面层加固工程量计算表　　　　　　　　　　表5-1

序号	计算内容	工程量计算式	单位	计算结果
	一层	层高3.9m，一层地面标高－0.05m		
1	原内墙面装饰面层剔除并清理干净	$4.86\times(3.95-0.12)$	m²	18.61
2	墙脚手架	$4.86\times(3.95-0.12)$	m²	18.61
3	墙免振捣自密实混凝土	$4.86\times(3.95-0.12)\times0.14$	m³	2.61
4	墙模板	$4.86\times(3.95-0.12)$	m²	18.61
5	⊈12钢筋	$0.888\times(3.95-0.12)\times[(4.86-0.05\times2)/0.2+1]$	kg	84.35
6	⊈12钢筋焊接	$(4.86-0.05\times2)/0.2+1$	个	25
7	⊈8钢筋	$0.395\times4.86\times[(3.95-0.05\times2)/0.2+1]$	kg	38.87
8	⊈8锚筋	$0.395\times[(3.95-0.05\times2)/0.3]\times[(4.86-0.05\times2)/0.6]\times(0.2+0.14+11.9\times0.008-0.015)$	kg	16.90
9	⊈8锚筋植入墙200mm	$[(3.95-0.05\times2)/0.3]\times[(4.86-0.05\times2)/0.6]$	根	102
	楼层穿板处			
10	⊈18钢筋	$2.0\times[(4.86-0.05\times2)/0.4+1]\times(0.5+0.5+0.12)$	kg	28.90
11	⊈18钢筋穿板灌浆	$(4.86-0.05\times2)/0.4+1$	根	13
12	⊈12钢筋	$0.888\times5\times4.86$	kg	21.58
13	⊈8箍筋	$0.395\times(0.14\times2+0.24\times2-0.015\times8+11.9\times0.008\times2)\times[(4.86-0.05\times2)/0.2+1]$	kg	8.13
14	⊈8锚筋	$0.395\times2\times[(4.86-0.05\times2)/0.4+1]\times(0.2+0.14+10\times0.008-0.015)$	kg	4.13
15	⊈8锚筋植入墙200mm	$2\times[(4.86-0.05\times2)/0.4+1]$	根	26
	墙体截止处做法（共2处）			
16	⊈12钢筋	$0.888\times6\times(3.95-0.12)\times2$	kg	40.81
17	⊈12钢筋焊接	$6\times1\times2$	个	12
18	⊈12等代钢筋	$0.888\times(0.5+0.2)\times[(3.95-0.12-0.05\times2)/0.4+1]\times2$	kg	12.84
19	⊈12钢筋植入墙200mm	$[(3.95-0.12-0.05\times2)/0.4+1]\times2$	根	21
20	⊈8锚筋	$0.395\times2\times[(3.95-0.12-0.05\times2)/0.4+1]\times(0.2+0.14+11.9\times0.008-0.015)$	kg	3.43
21	⊈8锚筋植入墙200mm	$2\times[(3.95-0.12-0.05\times2)/0.4+1]$	根	21
	二层	层高3.6m		

序号	计算内容	工程量计算式	单位	计算结果
22	原内墙面装饰面层剔除并清理干净	$4.86×(3.6-0.12)$	m²	16.91
23	墙脚手架	$4.86×(3.6-0.12)$	m²	16.91
24	墙免振捣自密实混凝土	$4.86×(3.6-0.12)×0.14$	m³	2.37
25	墙模板	$4.86×(3.6-0.12)$	m²	16.91
26	⏀12钢筋	$0.888×(3.6-0.12)×[(4.86-0.05×2)/0.2+1]$	kg	76.64
27	⏀8钢筋	$0.395×4.86×[(3.6-0.05×2)/0.2+1]$	kg	35.51
28	⏀8锚筋	$0.395×[(3.6-0.05×2)/0.3]×[(4.86-0.05×2)/0.6]×(0.2+0.14+11.9×0.008-0.015)$	kg	15.36
29	⏀8锚筋植入墙200mm	$[(3.6-0.05×2)/0.3]×[(4.86-0.05×2)/0.6]$	根	93
	二层顶部做法			
30	⏀12钢筋	$0.888×5×4.86$	kg	21.58
31	⏀8箍筋	$0.395×(0.14×2+0.24×2-0.015×8+11.9×0.008×2)×[(4.86-0.05×2)/0.2+1]$	kg	8.13
32	⏀8锚筋	$0.395×2×[(4.86-0.05×2)/0.4+1]×(0.2+0.14+11.9×0.008-0.015)$	kg	4.28
33	⏀12锚筋植入墙200mm	$2×[(4.86-0.05×2)/0.4+1]$	根	26
	墙体截止处做法(共2处)			
34	⏀12钢筋	$0.888×6×(3.6-0.12)×2$	kg	37.08
35	⏀12等代钢筋	$0.888×(0.5+0.2)×[(3.6-0.12-0.05×2)/0.4+1]×2$	kg	11.75
36	⏀12钢筋植入墙200mm	$[(3.6-0.12-0.05×2)/0.4+1]×2$	根	19
37	⏀8锚筋	$0.395×2×[(3.6-0.12-0.05×2)/0.4+1]×(0.2+0.14+11.9×0.008-0.015)$	kg	3.14
38	⏀8锚筋植入墙200mm	$2×[(3.6-0.12-0.05×2)/0.4+1]$	根	19
	基础加大截面			
39	基础破混凝土地面	$4.86×(0.58+0.4+1.6×0.5)×0.1$	m³	0.87
40	基础挖土方	$4.86×(0.58+0.3+1.6×0.5/2)×1.5-0.14×4.86×1.6-0.24×4.86×1.6$	m³	6.38
41	土方回填	$4.86×(0.58+0.3+1.6×0.5/2)×1.5-0.14×4.86×1.6-0.24×4.86×1.6-4.86×(0.2×0.35+(0.44+0.06)/2×0.95+0.2×0.2)-4.86×0.3×0.1$	m³	4.54
42	垃圾外运	$0.87+6.38-4.54$	m³	2.71
43	混凝土地面恢复	$4.86×(0.58-0.14+0.4+1.6×0.5)×0.1$	m³	0.80

序号	计算内容	工程量计算式	单位	计算结果
44	基础加大截面混凝土	$4.86\times[0.2\times0.35+(0.44+0.06)/2\times0.95+0.2\times0.2]$	m³	1.69
45	基础加大截面模板	4.86×1.5	m²	7.29
46	基础垫层	$4.86\times0.3\times0.1$	m³	0.15
47	垫层模板	4.86×0.1	m²	0.49
48	墙体接触面清理	4.86×1.6	m²	7.78
49	$\Phi12$钢筋	$0.888\times4\times4.86+0.888\times4.86\times6+0.888\times1.7\times[(4.86-0.05\times2)/0.2+1]$	kg	80.59
50	$\Phi8$箍筋	$0.395\times(0.2\times2+0.2+0.2\times2)\times[(4.86-0.05\times2)/0.4+1]+0.395\times(0.2\times2+0.2\times2+11.9\times0.008\times2-0.015\times8)\times[(4.86-0.05\times2)/0.3+1]+0.395\times(0.2\times2+0.45\times2+11.9\times0.008\times2-0.015\times8+0.2-0.015\times2+11.9\times0.008\times2)\times[(4.86-0.05\times2)/0.3+1]+0.395\times(0.2+0.4)\times[(4.86-0.05\times2)/0.4+1]\times(0.8/0.4+1)$	kg	31.60
51	$\Phi8$钢筋植入墙200mm(U形箍)	$2\times[(4.86-0.05\times2)/0.4+1]$	根	26
52	$\Phi8$钢筋植入墙200mm(拉筋)	$[(4.86-0.05\times2)/0.4+1]\times(0.8/0.4+1)$	根	39

案例5-2：砖墙面包混凝土计价

根据案例5-1的项目背景和计算的工程量，人工单价150元/工日，预拌混凝土采用高强自密实灌浆料的单价为4500元/m³，预拌水泥砂浆的单价为466.02元/m³，土工布的单价为7.5元/m²，水的单价为6.8元/m³，电的单价为1.1元/(kW·h)，干混砂浆罐式搅拌机的台班单价为249.48元/台班。管理费和利润分别按人工费的30%和20%计取，以上价格均为除税价格，按照全国的《房屋建筑加固工程消耗量定额》TY01-01(04)-2018中的定额消耗量进行组价，见表5-2，工作内容包括混凝土的浇筑、振捣、养护。按一般计税法编制该加固内容的工程量清单，对"砖墙面包混凝土"子目的综合单价进行组价分析，编制综合单价分析表。

房屋建筑加固工程消耗量定额　单位：10m³　　　　表5-2

定额编号			3-99
项目			砖(混凝土)墙面包混凝土
名称		单位	消耗量
人工	合计工日	工日	15.756
材料	预拌混凝土C25	m³	10.02
	预拌水泥砂浆	m³	0.28
	土工布	m³	0.958
	水	m³	4.500
	电	kW·h	4.688
	其他材料费	%	0.450
机械	干混砂浆罐式搅拌机	台班	0.028

计算说明： ①编制工程量清单时应用《房屋建筑与装饰工程工程量计算规范》GB 50854—2013中的项目编码，项目名称、项目特征根据加固工程项目的特点进行修改、细化。②编制报价时，参考了全国版的《房屋建筑加固工程消耗量定额》TY01-01(04)-2018中的消耗量，价格参考了某一时点的市场价格。③混凝土换算为高强自密实灌浆料时，消耗量不变，仅换算材料价格。④此案例仅就"砖墙面包混凝土"子目的综合单价进行了分析，应用定额时应注意：定额3—99中并不含钢筋的制作安装费，钢筋需要单独套用相应钢筋定额。其他子目的综合单价形成过程与其类似。

解： 1. 根据案例5-1计算出的工程量，根据项目特征和《房屋建筑与装饰工程工程量计算规范》GB 50854—2013中的项目编码，编制的分部分项工程和单价措施项目工程量清单与计价表如表5-3所示。

分部分项工程和单价措施项目工程量清单与计价表 表5-3

| 序号 | 项目编码 | 项目名称 | 项目特征 | 计量单位 | 工程数量 | 金额（元） | | |
						综合单价	合价	其中：暂估价
1	011602001001	基础破地面混凝土垫层	原地面下无筋混凝土垫层拆除	m³	0.86			
2	010101004001	挖基坑土方	1. 土壤类别：坚土 2. 挖土深度：2m以内 3. 弃土运距：20m	m³	6.38			
3	010103001001	回填土方	1. 密实度要求：夯实 2. 填方材料品种：原土回填 3. 填方来源、运距：20m	m³	4.54			
4	010501001001	基础垫层	1. 混凝土种类：商混凝土 2. 混凝土强度等级：C20	m³	0.15			
5	010501002001	基础加大截面混凝土	1. 混凝土种类：商混凝土 2. 混凝土强度等级：C35	m³	1.69			
6	010501001002	混凝土垫层地面恢复	1. 混凝土种类：商混凝土 2. 混凝土强度等级：C20	m³	0.80			
7	011604002001	面层剔除	1. 原墙面抹灰层等建筑面层做法拆除； 2. 含基础处墙体接触面清理	m²	43.30			
8	010504001001	砖墙面包混凝土	1. 材料：高强自密实灌浆料； 2. 清理灰缝； 3. 浇筑、养护	m³	4.97			
9	010515001001	现浇构件钢筋	钢筋种类、规格：箍筋，HRB400 ≤ϕ10	t	0.095			
10	010515001003	现浇构件钢筋	钢筋种类、规格：钢筋，HRB400 ≤Φ10	t	0.074			

序号	项目编码	项目名称	项目特征	计量单位	工程数量	金额（元）		
						综合单价	合价	其中：暂估价
11	010515001002	现浇构件钢筋	钢筋种类、规格：钢筋，HRB400 ≤ϕ18	t	0.416			
12	010516003001	钢筋接头	1. 钢筋规格：Φ12； 2. 焊接形式：单面焊接10d	根	37			
13	010515011001	植筋ϕ8	1. 钻孔、清孔、植筋 2. 植筋深度：锚入墙体200mm	根	326			
14	010515011002	植筋ϕ12	1. 钻孔、清孔植筋 2. 植筋深度：锚入墙体200mm	根	66			
15	010515011003	植筋ϕ18	1. 钻孔、清孔、植筋 2. 植筋深度：贯穿楼板灌胶	根	13			
16	010103002002	余方弃置	1. 废弃料品种：垃圾外运 2. 运距：场外20km	m³	2.71			
17	011701002001	墙体脚手架	双排钢管脚手架	m²	35.52			
18	011702001001	基础模板	基础模板、垫层模板	m²	7.78			
19	011702011001	墙模板	支模高度：3.48m	m²	35.53			
20	01B001	垂直运输	1. 拆除后垃圾人工清理倒运至集中堆放地点； 2. 材料人工倒运； 3. 其他综合考虑	项	1			

2. 根据题目给定的价格，计算的"砖墙面包混凝土"子目的综合单价分析表见表5-4。每10m²的费用为：

人工费＝150×15.756＝2363.4元

材料费＝（10.02×4500＋0.28×466.02＋0.958×7.5＋4.5×6.8＋4.688×1.1）×（1＋0.45%）＝45467.11元

机械费＝0.028×249.48＝6.99元

管理费＝2363.4×30%＝709.02元

利润＝2363.4×20%＝472.68元

砖墙面包混凝土子目的综合单价分析表

表5-4

项目编码	010504001001	项目名称	砖墙面包混凝土	计量单位	m³	工程量	4.97

清单综合单价组成明细

定额编号	定额名称	定额单位	数量	单价（元）				合价（元）			
				人工费	材料费	施工机具使用费	管理费和利润	人工费	材料费	施工机具使用费	管理费和利润
2-28	砖墙面包混凝土	10m²	0.1	2363.4	45467.11	6.99	1181.7	236.34	4546.71	0.7	118.17
人工单价		小计						236.34	4546.71	0.7	118.17
150元/工日		未计价材料（元）						0			
清单项目综合单价（元/m³）								4901.92			

材料费明细	主要材料名称、规格、型号	单位	数量	单价（元）	合价（元）	暂估单价（元）	暂估合价（元）
	高强自密实灌浆料	m³	1.002	4500	4509		
	其他材料费（元）						
	材料费小计（元）						

5.2 钢筋网水泥砂浆面层加固

1. 钢筋网水泥砂浆面层加固的相关规定

《砖混结构加固与修复》15G611 中的设计构造要求：

（1）加固受压构件用的水泥砂浆，其强度等级不应低于 M15，加固受剪构件用的水泥砂浆，其强度等级不应低于 M10。

（2）面层厚度，对室内正常环境应为 35～45mm，对于露天或潮湿环境应为 45～50mm。

（3）钢筋网宜采用点焊方格钢筋网，竖向受力钢筋直径≥Φ8，水平分布钢筋直径≥Φ6，网格尺寸≤300mm。

（4）单面加面层的钢筋网宜采用 Φ6 的 L 形锚筋与原砌体墙连接，双面加面层的钢筋网宜采用 Φ6 的 S 形或 Z 形穿墙筋与原墙体连接，L 形锚筋间距宜为 600mm，S 形或 Z 形穿墙筋间距宜为 900mm，梅花形布置。

（5）钢筋网四周应采用锚筋、插入短筋或拉结筋与楼板、梁、柱或墙体可靠连接，上端应锚固在楼层构件、圈梁或配筋的混凝土垫块中，下端应锚固在基础内，锚固可采用植筋方式。

（6）钢筋网的横向钢筋遇门窗洞时，单面加固宜将钢筋弯入洞口侧面并沿周边锚固，双面加固宜将两侧的横向钢筋在洞口闭合，且尚应在钢筋网折角处设置竖向构造钢筋，在门窗转角处，尚应设置附加的斜向钢筋。

钢筋网水泥砂浆面层的施工要点包括：

（1）面层宜按下列顺序施工：原有墙面清底—钻孔并用水冲刷—孔内干燥后安设锚筋并铺设钢筋网—浇水湿润墙面—抹水泥砂浆—墙面装饰。

（2）原墙面碱蚀严重时，应先清除松散部分并用 M10 或 1∶3 水泥砂浆抹面，已松动的勾缝砂浆应剔除。

（3）在墙面钻孔时，应按设计要求先画线标出锚筋或穿墙筋的位置，并应采用电钻在砖缝处打孔，穿墙孔直径宜比 S 形筋大 2mm；锚筋孔直径宜采用锚筋直径的 1.5～2.5 倍，其孔深≥120mm，锚筋应采用胶粘剂灌注填实。

（4）铺设钢筋网时，竖向钢筋应靠墙面并采用钢筋头支起，钢筋片与墙面的空隙宜≥10mm，钢筋网外保护层厚度≥15mm。

（5）抹水泥砂浆时，应先在墙面刷水泥浆一道再分层抹灰，且每层厚度不应超过 15mm。面层应浇水养护，防止阳光暴晒，冬季应采取防冻措施。

钢筋网水泥砂浆面层加固施工图如图 5-9 所示。

图 5-9　钢筋网水泥砂浆面层加固施工图

2.钢筋网水泥砂浆面层加固工程量的计算内容

（1）砖墙钢筋混凝土面层，工程计量的内容一般包括：

1）基础处做法。砖墙钢筋网水泥砂浆面层加固时，下面的基础一般不需要加固，如图 5-10 所示。有时需要破除部分地面做法，墙体钢筋网伸入一定长度后，浇筑混凝土。这时需考虑原有地面装饰面层破除、地面垫层破除、基础挖土方、垃圾清理集中堆放后外运等的费用。如果不需要加固，则此部分费用不再计算。

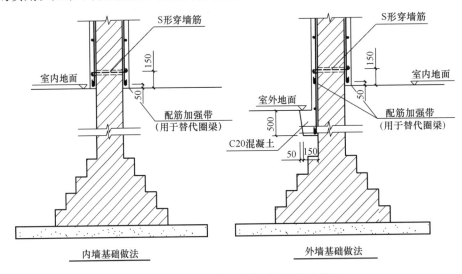

图 5-10　钢筋网水泥砂浆面层的基础做法

2）剔除墙面装饰层、抹灰层等。面层加固是在结构层外面加大，原墙体上的装饰面层、抹灰层等建筑做法，需要首先剔除掉，露出结构面，清理干净。影响加固施工的暖气片、开关、线盒、管道以及其他附属物均需要首先拆除。

3）水泥砂浆面层。面层需要分层施工，先在墙面刷水泥浆一道再分层抹灰，且每层厚度不应超过 15mm，需按面积计算抹砂浆面层的费用。

4）钢筋、植筋。按图纸设计计算新增竖向钢筋和水平钢筋，但应全面理解图纸中关于梁板节点处的钢筋做法，在楼板节点处，需要等代穿板连接筋，应贯穿原楼板后伸入上一层，上下层位置设置配筋加强带。双面面层加固时，如图 5-11 所示，需要设置 S 形穿墙筋，单面加固时，需要设置 L 形拉结筋，二者孔洞内均需灌注水泥浆或灌胶。在转角处还会有竖向的配筋加强带，如图 5-12 所示。

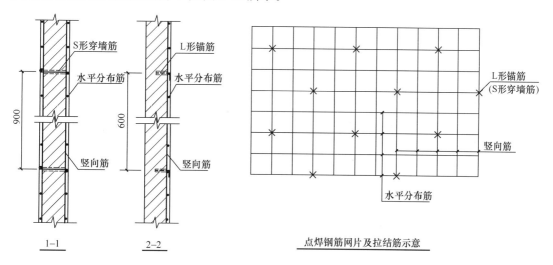

图 5-11　钢筋网水泥砂浆面层的做法

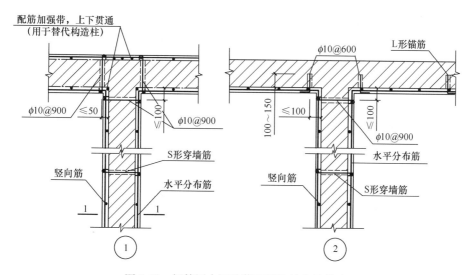

图 5-12　钢筋网水泥砂浆面层的转角处做法

5）门窗洞口的施工费用。窗户和门洞处加固有附加钢筋等。

6）脚手架等费用。施工脚手架等措施费用。

其他详细做法可参考《砖混结构加固与修复》15G611 图集中的相关内容。

（2）工程量计算规则

《房屋建筑加固工程消耗量定额》TY01-01（04）-2018 中墙加固的计算规则：

1）水泥砂浆加固墙面按加固墙面面积计算，不扣除面积小于等于 0.3m² 孔洞所占面积，附墙柱侧面和洞口、空圈侧壁并入工程量内计算。

2）现浇构件钢筋按设计图示钢筋长度乘以单位理论质量计算。钢筋工程中措施钢筋按设计图纸规定及施工规范要求计算，按品种、规格执行相应项目，采用其他材料时另行计算。钢筋搭接长度按设计图示及规范要求计算，设计图示及规范要求未标明搭接长度的，不另计算搭接长度。钢筋的搭接（接头）数量应按设计图示及规范要求计算，设计图示及规范要求未标明的，按以下规定计算：Φ10以内的钢筋按每12m计算一个钢筋搭接接头；Φ10以上的钢筋按每9m计算一个钢筋搭接接头。设计图示及规范要求钢筋接头采用机械连接或焊接时，按数量计算，不再计算该处的钢筋搭接长度。直径25mm以上的钢筋连接按机械连接考虑。铺钢丝网、钢丝绳网片按其外边尺寸以"m²"计算。

3）结构植钢筋按数量计算，植入钢筋按外露和植入部分之和长度乘以单位理论质量计算。

4）外脚手架、里脚手架均按搭设长度乘以搭设高度以"m²"计算，不扣除门窗洞口及穿过建筑物的管道等所占的面积。砌筑工程高度在3.6m以内者按里脚手架计算，高度在3.6m以上者，按外脚手架计算。

5）砖砌体加固卸载支撑按卸载部位以"处"计。

6）基础土方开挖计算规则同第4章混凝土构件加固的基础土方的相应计算规则。

3. 钢筋网水泥砂浆面层加固工程量计算案例

案例5-3：单面钢筋网水泥砂浆墙面加固

某学校二层宿舍楼的部分墙体采用单面钢筋网水泥砂浆加固，首层层高3.6m，二层层高为3.3m，预制板厚120mm，内外墙厚度均为240mm。基础加固做法、面层加固平面图及详图如图5-13～图5-16所示，水平分布筋的尽端锚入新增组合柱内。组合柱内扩150mm。钢筋外保护层15mm。原墙面有抹灰和涂料面层。原地面为瓷砖面层。加固后不恢复楼地面、墙面的装饰做法。计算相应的加固工程量。

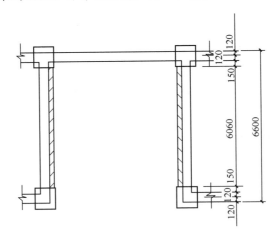

图5-13　钢筋网水泥砂浆面层的平面图

计算要点：①需要首先剔除加固墙面的建筑做法；原外墙和内墙的建筑做法一般会不同，应分开列出工程量。这时还应考虑一部分影响加固施工的暖气片、吊顶、管道、门窗等的拆除（本题未考虑，实际工程应根据现场勘察据实计算）。②水泥砂浆面层加固的竖

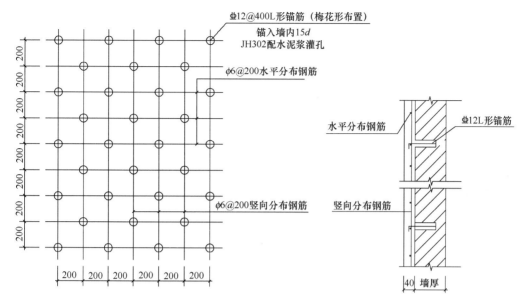

图 5-14 钢筋网水泥砂浆面层的平面图及示意图

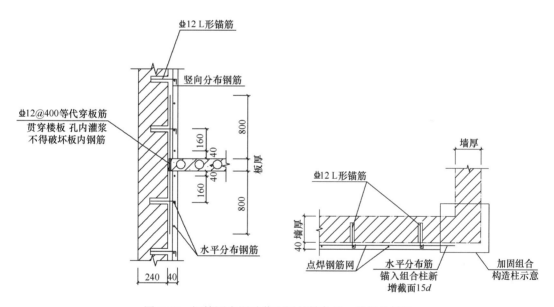

图 5-15 钢筋网水泥砂浆面层的转角处、楼板处做法

向钢筋在楼层处断开,但根据设计要求需要设置贯穿楼板的等代钢筋。③水泥砂浆面层加固一般无需进行基础加固,在地面下设置素混凝土灌填。④墙体锚筋的计算应注意,单面墙体加固,锚筋无需贯穿墙体,按设计要求锚入墙体一定深度即可。双面加固墙体时,锚筋需贯穿墙体。⑤计算时应注意:焊接均按单面搭接焊10d计算;水平分布筋,两端锚入新加组合柱内;L形锚筋按梅花形布置;瓷砖面层及结合层破除按30mm厚度计算。⑥水泥砂浆涂抹时需要分层涂抹分层压实,按墙面的加固面积计算。

解: 钢筋网砂浆面层加固工程量计算见表5-5。

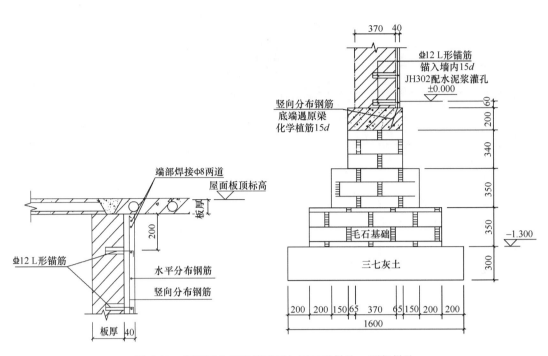

图 5-16　钢筋网水泥砂浆面层加固基础做法、顶部做法

钢筋网砂浆面层加固工程量计算表

表 5-5

序号	计算内容	工程量计算式	单位	计算结果
	一层			
1	原内墙面剔除涂料及抹灰层并清理干净	$(3.6+0.06-0.12)\times(6.6-0.24-0.15\times2)$	m²	21.45
2	内墙面抹灰 40mm 厚	$(3.6+0.06-0.12)\times(6.6-0.24-0.15\times2)$	m²	21.45
3	内墙脚手架	$(3.6+0.06-0.12)\times(6.6-0.24-0.15\times2)$	m²	21.45
4	Φ6 钢筋(竖向)	$0.26\times(0.06+3.6+15\times0.006)\times[(6.6-0.24-0.15\times2-0.05\times2)/0.2+1]$	kg	30.03
5	Φ6 钢筋植筋 15d	$[(6.6-0.24-0.15\times2-0.05\times2)/0.2+1]$	根	30
6	Φ6 钢筋(水平)	$0.26\times(6.6-0.24-0.15\times2+15\times2\times0.006)\times[(3.6+0.06-0.12-0.05\times2)/0.2+1]$	kg	29.53
7	Φ12 锚筋	$0.888\times(0.2+0.1)\times[(6.6-0.24-0.15\times2-0.05\times2)/0.2+1]\times[(3.6+0.06-0.12-0.05\times2)/0.4+1]$	kg	78.77
8	Φ12 锚筋锚入墙内 15d	$[(6.6-0.24-0.15\times2-0.05\times2)/0.2+1]\times[(3.6+0.06-0.12-0.05\times2)/0.4+1]$	根	296
9	Φ12 等代穿板筋	$0.888\times[(6.6-0.24-0.15\times2-0.05\times2)/0.4+1]\times(0.8+0.12+0.8)$	kg	24.29
10	Φ12 钢筋贯穿楼板灌浆	$(6.6-0.24-0.15\times2-0.05\times2)/0.4+1$	根	16
11	基础破地面瓷砖面层及结合层	$(6.6-0.24-0.15\times2)\times0.2$	m²	1.21

序号	计算内容	工程量计算式	单位	计算结果
	二层			
12	原内墙面剔除涂料及抹灰层并清理干净	(3.3−0.12)×(6.6−0.24−0.15×2)	m²	19.27
13	内墙面抹灰40mm厚	(3.3−0.12)×(6.6−0.24−0.15×2)	m²	19.27
14	内墙脚手架	(3.3−0.12)×(6.6−0.24−0.15×2)	m²	19.27
15	φ6钢筋	0.26×3.3×[(6.6−0.24−0.15×2−0.05×2)/0.2+1]	kg	26.43
16	φ6钢筋	0.26×(6.6−0.24−0.15×2+15×2×0.006)×[(3.3−0.12−0.05×2)/0.2+1]	kg	26.61
17	ⱷ12锚筋	0.888×(0.2+0.1)×[(6.6−0.24−0.15×2−0.05×2)/0.2+1]×[(3.3−0.12−0.05×2)/0.4+1]	kg	71.38
18	ⱷ12锚筋锚入墙内15d	[(6.6−0.24−0.15×2−0.05×2)/0.2+1]×[(3.3−0.12−0.05×2)/0.4+1]	根	268
19	φ8钢筋	0.395×2×(6.6−0.24−0.15×2+15×2×0.008)	kg	4.98

4. 钢筋网水泥砂浆面层加固工程量清单及报价编制案例

案例5-4：钢筋网水泥砂浆面层加固工程量清单编制及计价

根据案例5-3的项目背景和计算的工程量，人工单价150元/工日，干混抹灰砂浆的单价为415元/m³，素水泥浆的单价为666.51元/m³，水的单价为6.8元/m³，电的单价为1.1元/(kW·h)，干混砂浆罐式搅拌机台班单价为249.48元/台班。管理费和利润分别按人工费的30%和20%计取，以上价格均为除税价格，按照《房屋建筑加固工程消耗量定额》TY01-01（04）-2018中的消耗量进行组价，见表5-6，工作内容包括：调、运砂浆，剔除砖墙灰缝至5～10mm，清理基层，分层抹砂浆，养护。按一般计税法编制该加固内容的工程量清单，对"抹水泥砂浆加固墙面"子目的综合单价进行组价分析，编制综合单价分析表。

房屋建筑加固工程消耗量定额 单位：10m²　　　　　　　　　表5-6

定额编号		2-28	2-29	2-30
项目		抹水泥砂浆加固墙面		
		厚35mm	厚25mm	厚每增减5mm
		有钢筋（钢丝网）	无钢筋（钢丝网）	
名称	单位	消耗量		
人工	合计工日（工日）	2.400	2.200	0.240
材料	干混抹灰砂浆（m³）	0.400	0.300	0.055
	素水泥浆（m³）	0.010	0.010	—
	水（m³）	0.125	0.095	0.017
	其他材料费（%）	2.000	2.000	2.000
机械	干混砂浆罐式搅拌机（台班）	0.044	0.033	0.006

计算说明：①编制工程量清单时采用《房屋建筑与装饰工程工程量计算规范》GB 50854—2013中的项目编码，项目名称、项目特征根据加固工程项目的特点进行修改、细化。②编制报价时，参考了全国版的《房屋建筑加固工程消耗量定额》TY01-01(04)-2018中的消耗量，价格参考了某一时点的市场价格。③此案例仅就"抹水泥砂浆加固墙面"子目的综合单价进行了分析，应用定额时应注意：定额2-28、2-29定额项目未包括钻孔、堵孔、锚固钢筋、对拉钢筋、钢筋（丝）网制作安装。已包括刷（喷）素水泥浆，如涂刷界面剂应将水泥砂浆换为界面结合剂，定额人工、机械不做调整。钢筋需要单独套用相应钢筋定额。其他子目的综合单价形成过程与其类似。

解： 1. 根据案例5-3计算出的工程量，根据项目特征和《房屋建筑与装饰工程工程量计算规范》GB 50854—2013中的项目编码，编制的分部分项工程和单价措施项目工程量清单与计价表见表5-7。

分部分项工程和单价措施项目工程量清单与计价表　　　　　表5-7

序号	项目编码	项目名称	项目特征	计量单位	工程数量	金额（元）		
						综合单价	合价	其中：暂估价
1	011604002001	面层剔除	原墙面抹灰层等建筑面层做法拆除	m²	40.72			
2	011604002001	抹水泥砂浆加固墙面	1. 剔除砖墙灰缝至5～10mm； 2. 清理基层； 3. 分层抹砂浆，养护 4. 抹面厚度：40mm	m²	40.72			
3	010515001001	现浇构件钢筋	钢筋种类、规格：箍筋，HRB400 >⏀10	t	0.15			
4	010515001002	现浇构件钢筋	钢筋种类、规格：钢筋，HPB300 ≤⏀10	t	0.112			
5	010515001002	现浇构件钢筋	钢筋种类、规格：钢筋，HRB400 ≤⏀18	t	0.024			
6	010515011001	植筋Φ6	1. 钻孔、清孔、植筋 2. 植筋深度：15d	根	30			
7	010515011002	植筋⏀12	1. 钻孔、清孔、植筋 2. 植筋深度：锚入墙体15d	根	564			
8	010515011003	植筋⏀12	1. 钻孔、清孔、植筋 2. 植筋深度：贯穿楼板灌胶	根	16			
9	011701002001	墙体脚手架	双排钢管脚手架	m²	40.72			
10	011605001001	基础破地面瓷砖面层	1. 原地面瓷砖面层及结合层拆除 2. 垃圾清理倒运集中堆放	m²	1.21			
11	01B001	垂直运输	1. 拆除后垃圾人工清理倒运至集中堆放地点； 2. 材料人工倒运； 3. 其他综合考虑	项	1			

2. 根据题目给定的价格，计算的"抹水泥砂浆加固墙面"子目的综合单价分析表如表 5-8 所示。每 $10m^2$ 的抹水泥砂浆加固墙面 35mm 厚费用为：

人工费 $=150×2.4=360$ 元

材料费 $=（0.4×415＋0.01×666.51＋0.125×6.8）×（1＋2\%）=176.99$ 元

机械费 $=0.044×249.48=10.98$ 元

管理费 $=360×30\%=108$ 元

利润 $=360×20\%=72$ 元

每 $10m^2$ 的抹水泥砂浆加固墙面增加 5mm 厚费用为：

人工费 $=150×0.24=36$ 元

材料费 $=（0.055×415＋0.017×6.8）×（1＋2\%）=23.4$ 元

机械费 $=0.006×249.48=1.5$ 元

管理费 $=36×30\%=10.8$ 元

利润 $=36×20\%=7.2$ 元

抹水泥砂浆加固墙面子目的综合单价分析表　　　　　　　　　　表 5-8

项目编码	011604002001	项目名称	抹水泥砂浆加固墙面	计量单位	m^2	工程量	40.72

清单综合单价组成明细											
定额编号	定额名称	定额单位	数量	单价（元）				合价（元）			
				人工费	材料费	施工机具使用费	管理费和利润	人工费	材料费	施工机具使用费	管理费和利润
2-28	抹水泥砂浆加固墙面35mm厚	$10m^2$	0.1	360	176.99	10.98	180	36	17.7	1.1	18
2-30	厚每增减5mm	$10m^2$	0.1	36	23.4	1.5	18	3.6	2.34	0.15	1.8
人工单价		小计						39.6	20.04	1.25	19.8
150 元/工日		未计价材料（元）						0			
清单项目综合单价（元/m³）								80.69			

材料费明细	主要材料名称、规格、型号	单位	数量	单价（元）	合价（元）	暂估单价（元）	暂估合价（元）
	干混抹灰砂浆	m^3	0.046	415	18.88		
	其他材料费（元）				1.16		
	材料费小计（元）				20.04		

5.3 增设圈梁构造柱加固

《砖混结构加固与修复》15G611 中对房屋整体性加固有明确的说明和做法。房屋整体性加固包括增设抗震墙加固、外加构造柱加固、外加圈梁加固、装配式楼（屋）盖加固、墙体平面布置不闭合加固、后砌隔墙连接加固等做法。

1. 增设圈梁构造柱加固的相关要求

（1）外加构造柱加固

1）当无构造柱或构造柱设置不符合现行规范要求时，应增设现浇钢筋混凝土外加柱；当墙体采用双面钢筋网砂浆面层或钢筋混凝土面层加固，且在墙体交接处增设相互可靠拉结的配筋加强带时，可不另设构造柱。

2）外加构造柱的设置部位及相关规定

① 外加柱应根据《建筑抗震鉴定标准》GB 50023 鉴定结果，在房屋四角、楼梯间和不规则平面的转角处设置，并应根据房屋的设防烈度和层数在内外墙交接处隔开间或每开间设置；外加柱宜在平面内对称布置，应由底层设起，并应沿房屋全高贯通，不得错位；外加柱应与圈梁（含相应的现浇板等）或钢拉杆连成闭合系统。

② 外加柱应设置基础，并应设置拉结筋、销键、压浆锚杆或锚筋等与原墙体、原基础可靠连接；当基础埋深与外墙原基础不同时，不得浅于冻结深度。

③ 采用钢拉杆代替内墙圈梁与外加柱形成闭合系统时，钢拉杆应符合《建筑抗震加固技术规程》JGJ 116 的相关规定。当采用外加柱增强墙体的受剪承载力时，替代内墙圈梁的钢拉杆不宜少于 2Φ16。

④ 内廊房屋的内廊在外加柱的轴线处无连系梁时，应在内廊两侧的内纵墙加柱，或在内廊楼（屋）盖的板下增设与原有的梁板可靠连接的现浇钢筋混凝土梁或钢梁；钢筋混凝土梁的截面高度不应小于层高的 1/10，梁两端应与原有的梁板可靠连接。

3）外加柱的材料和构造

① 柱的混凝土强度等级宜为 C20。

② 柱截面可采用 240mm×180mm 或 300mm×150mm，扁柱的截面面积不宜小于 36000mm²，宽度不宜大于 700mm，厚度可采用 70mm；外墙转角可采用边长为 600mm 的 L 形等边角柱，厚度不应小于 120mm。

③ 纵向钢筋不宜少于 4Φ12，转角处纵向钢筋可采用 12Φ12，并宜双排设置；箍筋可采用 Φ6，其间距宜为 150～200mm，在楼（屋）盖上下各 500mm 范围内的箍筋间距不应大于 100mm。

④ 外加柱应与墙体可靠连接，宜在楼层 1/3 和 2/3 层高处同时设置拉结钢筋和销键与墙体连接；亦可沿墙体高度每隔 500mm 左右设置锚栓、压浆锚杆或锚筋与墙体连接，在室外地坪标高处和墙基原大放脚处应设置销键、压浆锚杆或锚筋与墙体连接。

4）外加柱的拉结钢筋、销键、压浆锚杆和锚筋应符合下列要求：

① 拉结钢筋可采用 2Φ12 钢筋，长度不应小于 1.5m，应紧贴横墙布置；其一端锚在外加柱内，另一端应锚入横墙的孔洞内；孔洞尺寸宜采用 120mm×120mm，拉结钢筋的锚固长度不应小于其直径的 15 倍，并用混凝土填实。

② 销键截面宜采用 240mm×180mm，入墙深度可采用 180mm，销键应配置 4Φ12 钢筋和 3Φ6 箍筋，销键与外加柱必须同时浇筑。

③ 压浆锚杆可采用 1Φ14 的钢筋，在柱和墙内的锚固长度均不应小于锚杆直径的 35 倍；锚浆可采用水泥基灌浆料等，锚杆应先在墙面固定后，再浇筑外加柱混凝土，墙体锚

孔压浆前应采用压力水将孔洞冲刷干净。

④ 锚筋适用于砌筑砂浆实际强度等级不低于 M2.5 的实心砖墙体，并可采用 Φ12 钢筋，锚孔直径可依据胶粘剂的不同取 18～25mm，锚入深度可采用 150～200mm。

（2）外加圈梁加固

1）当无圈梁或圈梁设置不符合现行规范要求，或纵横墙交接处咬槎有明显缺陷，或房屋的整体性较差时，应增设圈梁进行加固。外墙圈梁宜采用钢筋混凝土，内墙圈梁可用钢拉杆或在进深梁端加锚杆代替；当采用双面钢筋网砂浆面层或钢筋混凝土面层加固，且在上下端增设配筋加强带时，可不另设圈梁。

2）圈梁的布置、材料和构造

① 增设的圈梁应与墙体可靠连接；圈梁在楼（屋）盖平面内应闭合，在阳台、楼梯间等圈梁标高变换处，应有局部加强措施；变形缝两侧的圈梁应分别闭合。

② 钢筋混凝土圈梁应现浇，其混凝土强度等级不应低于 C20，钢筋宜采用 HRB335 级和 HRB400 级的热轧钢筋；对内墙圈梁，可采用钢拉杆代替。

③ 钢筋混凝土圈梁截面高度不应小于 180mm，宽度不应小于 120mm；圈梁的纵向钢筋，对 A 类砌体房屋，抗震设防烈度为 7～9 度时可分别采用 4Φ10、4Φ10 和 4Φ12，对 B 类砌体房屋，抗震设防烈度为 7～9 度时可分别采用 4Φ10、4Φ12 和 4Φ14；箍筋可采用 Φ6，其间距宜为 200mm；外加柱和钢拉杆锚固点两侧各 500mm 范围内，箍筋间距应加密至 100mm。

④ 钢筋混凝土圈梁在转角处应设 2 根直径为 12mm 的斜筋。

⑤ 钢筋混凝土圈梁的钢筋外保护层厚度不应小于 20mm，受力钢筋接头位置应相互错开，其搭接长度为 40d（d 为纵向钢筋直径）。任一搭接区段内，有搭接接头的钢筋截面面积不应大于总面积的 25%；有焊接接头的纵向钢筋截面面积不应大于同一截面钢筋总面积的 50%。

3）圈梁的连接。钢筋混凝土圈梁与墙体的连接，可采用销键、螺栓、锚栓或锚筋连接；型钢圈梁宜采用螺栓连接。销键、螺栓、锚栓或锚筋应符合下列要求：

① 销键的高度宜与圈梁相同，其宽度和锚入墙内的深度均不应小于 180mm；销键的主筋可采用 4Φ8，箍筋可采用 Φ6；销键宜设在窗口两侧，其水平间距可为 1～2m。

② 螺栓和锚筋的直径不应小于 12mm，螺栓间距可为 0.5～1.0m；锚入圈梁内的垫板尺寸可采用 60mm×60mm×6mm。

③ 对 A 类砌体房屋且砌筑砂浆强度等级不低于 M2.5 的墙体，可采用 M10～M16 锚栓连接。

④ 角钢圈梁与墙体可采用普通螺栓拉结，螺杆直径不应小于 12mm，间距 1.0～1.5m。

4）代替内墙圈梁的钢拉杆应符合下列要求：

① 当每开间均有横墙时，应至少隔开间采用 2 根 Φ12 的钢筋；当多开间有横墙时，在横墙两侧的钢拉杆不应小于 Φ14。

② 沿内纵墙端部布置的钢拉杆长度不得小于两开间；沿横墙布置的钢拉杆两端应锚入外加构造柱、圈梁内，或与原墙体锚固，但不得直接锚固在外廊柱头上；单面走廊的钢拉杆在走廊的两侧墙体上都应锚固。

③ 当钢拉杆在增设圈梁内锚固时，可采用弯钩（弯钩的长度不得小于拉杆直径的 35 倍）或加焊 80×80×8 的锚板（端头埋件）埋入圈梁内；锚板与墙面的间隙不应小于 50mm。

④ 钢拉杆在原墙体锚固时，应采用钢垫板，拉杆端部应加焊相应的螺栓。

5）用于增强 A 类砌体房屋纵、横墙连接的圈梁、钢拉杆，尚应符合下列要求：

① 圈梁应现浇；抗震设防烈度为 7、8 度且砌筑砂浆强度等级为 M0.4 时，圈梁截面高度不应小于 200mm，宽度不应小于 180mm。

② 房屋为纵墙或纵横墙承重时，无横墙处可不设置钢拉杆，但增设的圈梁应与楼（屋）盖可靠连接。

6）圈梁、钢拉杆的施工要点：

① 增设圈梁处的墙面有酥碱、油污或饰面层时，应清除干净；圈梁与墙体连接的孔洞应用水冲洗干净；混凝土浇筑前，应浇水湿润墙面和木模板；锚筋和锚栓应可靠锚固。

② 圈梁的混凝土宜连续浇筑，不应在距钢拉杆（或横墙）1m 范围内留施工缝；圈梁顶面应做泛水，其底面应做滴水槽。

③ 钢拉杆应张紧，不得弯曲和下垂；外露铁件应涂刷防锈漆。

2. 增设圈梁构造柱加固工程量的计算内容

（1）增设圈梁构造柱加固法，工程计量的内容一般包括：

1）构造柱基础加固。砖墙侧面、转角等处增设构造柱时，下面的基础也需要加固，施工时需要地面破除及挖土、垃圾外运。需考虑原有地面装饰面层破除、地面垫层破除、基础挖土方、垃圾清理集中堆放后外运等的费用。基础加固的钢筋、混凝土、模板、插筋植筋费用等均需要根据设计图纸计算。基础加固施工完成后，还应考虑基坑回填、地面垫层恢复、地面面层恢复，如果是外围基础，还可能需要恢复室外散水等的费用。常见基础做法示意图如图 5-17 所示。

2）剔除新增构造柱、新增圈梁部位的墙面装饰层、抹灰层等。面层加固是在结构层外面加大，需要首先剔除掉原加固部位上的装饰面层、抹灰层等建筑做法，露出结构面，清理干净。影响加固施工的暖气片、开关、线盒、管道以及其他附属物均需要拆除。

3）混凝土或高强免振捣水泥基灌浆料。计算混凝土或灌浆料的制作施工费用，设计图纸中也可能会对加固构件采用免振捣的高强灌浆料代替混凝土。

4）钢筋、植筋。按图纸设计计算新增主筋和箍筋，但应全面理解图纸中关于基础节

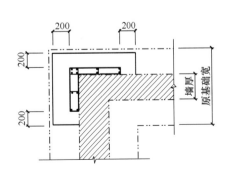
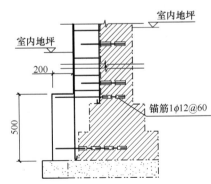

图 5-17 新加构造柱基础做法示意图

点处、梁板节点处的钢筋做法，在基础处，构造柱主筋需要锚入基础加固的混凝土中，在楼板节点处，通过楼板开洞或植筋方式，主筋伸入上一层。

5）模板、脚手架等费用。计算构造柱、圈梁的模板、施工脚手架等措施费用。

新增构造柱、圈梁平面示意图如图5-18所示。详细的相关做法可参见《砖混结构加固与修复》15G611图集。

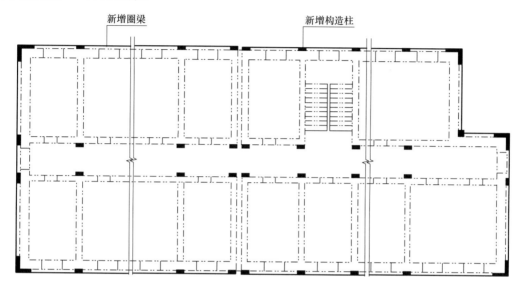

图5-18　新增构造柱、圈梁平面示意

（2）工程量计算规则

《房屋建筑加固工程消耗量定额》TY01-01（04）-2018中柱、梁加固的计算规则：

1）构造柱高度自柱基至柱顶上表面，马牙槎并入构造柱混凝土体积。

2）梁按设计图示尺寸以体积计算。

3）现浇构件钢筋按设计图示钢筋长度乘以单位理论质量计算。

4）结构植钢筋按数量计算，植入钢筋按外露和植入部分之和长度乘以单位理论质量计算。

5）外脚手架、里脚手架均按搭设长度乘以搭设高度以"m²"计算，不扣除门窗洞口及穿过建筑物的管道等所占的面积。砌筑工程高度在3.6m以内者按里脚手架计算，高度在3.6m以上者，按外脚手架计算。

6）基础土方开挖计算规则同第4章混凝土构件加固的基础土方的相应计算规则。

3. 增设圈梁构造柱加固工程量计算案例

案例5-5： 新加附墙柱、附墙圈梁加固

某学校实验楼共四层，进行抗震加固，采用构造柱、每层新加圈梁的加固方式，加固平面图、节点图如图5-19～图5-23所示。首层层高3.9m，二、三层层高3.75m，四层层高4.2m，板厚120mm，基础顶面标高−0.6m，原毛石基

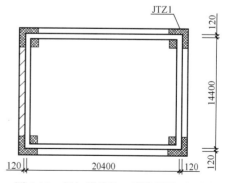

图5-19　新加附墙柱、附墙圈梁平面图

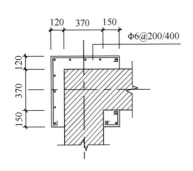
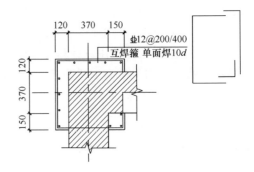

图 5-20　新加构造柱详图

础每台阶高度为 350mm，新旧混凝土结合面凿毛并涂刷界面剂，附墙转角柱（JTZ1）混凝土强度为 C30，加固高度为基础顶至 14.9m，主筋为 12 Φ 12 钢筋，钢筋连接方式为单面焊接 10d，箍筋配置详见详图，箍筋一层加密区为基础顶面 1.2m 和板下 0.5m，其余楼层均为板上 0.5m 和板下 0.5m。圈梁每层均设置，附墙圈梁混凝土强度为 C30，断面为 300mm×300mm，附墙处每间距 1m 设置混凝土销键，主筋为 12 Φ 12 钢筋，钢筋连接方式为搭接（搭接长度按 50d），做法见圈梁详图。原外墙面做法是水刷石墙面，原内墙面做法是

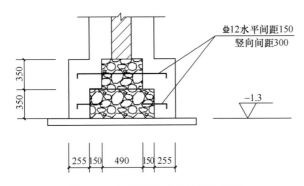

图 5-21　新增构造柱基础做法详图

水泥砂浆抹灰层外涂刷乳胶漆。原地面是瓷砖面层，下面是混凝土垫层 60mm 厚，基础加固开挖后，回填土，恢复混凝土地面垫层 100mm 厚，楼地面面层不恢复。计算附墙转角柱（JTZ1）、附墙圈梁的相关工程量。

计算要点：①需要首先剔除新增附墙柱和附墙圈梁接触面部位的建筑做法；原外墙和内墙的建筑装饰做法不同，应分开列出剔除部位不同做法的工程量。②附墙柱的钢筋在楼层处根据设计要求需要贯穿楼板在非箍筋加密区进行上一层的连接，此处应计算竖向主筋的穿板灌胶的费用。③附墙柱一般都需要进行基础加固，需要进行室内外的地面面层做法破除、地面垫层开挖和土方开挖。需要根据原设计图纸找到原建筑做法进行拆除，并且在基础加固完成后进行地面垫层和面层的恢复。④附墙柱中一般会设置贯穿墙体的箍筋，这里应注意穿墙箍筋的下料做

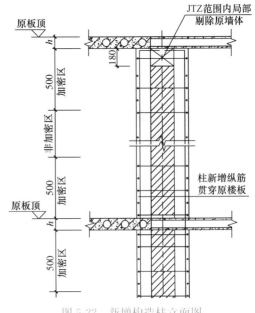

图 5-22　新增构造柱立面图

法，本题中的 Φ12 箍筋需要加工成一个 U 形，两个 L 形，通过穿墙灌浆和焊接来组成一个完整的箍筋，这样每根箍筋会产生 2 次穿墙灌浆和三个焊接头。⑤附墙圈梁根据设计要求，每隔一定的间距设置混凝土销键，混凝土销键的做法需要在原墙体中剔槽，清理干净后放置钢筋，并与外附圈梁一起浇筑混凝土。⑥室外标高－0.45，室内外近似按 1.0m 开挖计算，基础破混凝土垫层等均为近似计算。⑦柱内侧施工脚手架按（柱内侧结构长度＋1.8m）×（层高－板厚）计算。柱外侧施工脚手架和圈梁施工脚手架本题是按全部搭设外脚手架计算的，按外墙外边线×（设计室外地坪至柱顶）的面积计算。

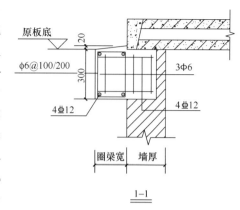

图 5-23　圈梁混凝土销键处的做法

解： 新增附墙柱和附墙圈梁的加固工程量计算见表 5-9。

附墙柱和附墙圈梁的加固工程量计算表　　　　　　　　　　　　表 5-9

序号	计算内容	工程量计算式	单位	计算结果
	新增附墙转角柱 JTZ1	（共 4 个）		
1	原外墙面水刷石面层剔除并清理干净	（0.52＋0.52）×（14.9＋0.6）×4	m²	64.48
2	柱与内墙体接触面清理	（0.15×2）×（14.9＋0.6－0.12×4）×4	m²	18.02
3	附墙转角柱混凝土	（0.12×0.64＋0.12×0.52）×（14.9＋0.6）×4＋（0.15×0.15）×（14.9＋0.6－0.12×4）×4	m³	9.98
4	附墙转角柱模板	（0.12＋2×0.64＋0.12）×（14.9＋0.6）×4＋（0.15×2）×（14.9＋0.6－0.12×4）×4	m³	112.26
5	柱内侧脚手架	（0.15×2＋1.8）×（14.9－0.12×4）×4	m²	121.13
6	Φ12 钢筋	0.888×12×[14.9＋0.6＋0.7＋0.2＋10×0.012×4＋0.18]×4	kg	727.17
7	Φ12 钢筋焊接	12×4×4	个	192
8	Φ12 钢筋贯穿楼板 120mm	12×3×4	根	144
9	原墙体顶部掏洞钢筋弯折及混凝土恢复	1×4	处	4
10	Φ6 箍筋	0.26×（0.64×2＋6.25×2×0.006－0.015×2＋0.15×2＋6.25×2×0.006－0.015×2）×[（14.9＋0.6）＋1.2＋0.5＋1.0×3]/0.4×4	kg	87.71
11	Φ12 箍筋	0.888×（0.64×2＋0.64×2＋2×10×0.012）×[（14.9＋0.6）＋1.2＋0.5＋1.0×3]/0.4×4	kg	502.25
12	Φ12 钢筋焊接	3×[（14.9＋0.6）＋1.2＋0.5＋1.0×3]/0.4×4	个	606

序号	计算内容	工程量计算式	单位	计算结果
13	Φ12钢筋穿墙240mm	2×[(14.9+0.6)+1.2+0.5+1.0×3]/0.4×4	根	404
14	楼地面瓷砖面层破除	0.15×0.15×4×4	m²	0.36
15	基础破混凝土垫层	[(1.3+0.4×2)×(1.3+0.4×2)−0.37×(0.67+0.4×2)]×0.06×4	m³	0.93
16	基础挖土方	[(1.3+0.4×2)×(1.3+0.4×2)×1.0−(0.37×0.4+0.49×0.35+0.8×0.35)×(0.67+0.4×2)]×4−(1.3×1.3×0.7−(0.35×0.8+0.49×0.35)×0.67)×4	m³	10.59
17	土方回填	[(1.3+0.4×2)×(1.3+0.4×2)×(1.06−0.1)−(0.37×0.4+0.49×0.35+0.8×0.35)×(0.67+0.4×2)]×4−[1.3×1.3×0.7−(0.35×0.79+0.49×0.35)×0.67]×4−3.52	m³	6.36
18	地面混凝土垫层恢复	[(1.3+0.4×2)×(1.3+0.4×2)−0.37×(0.67+0.4×2)]×0.1×4	m³	1.55
19	基础加大截面混凝土	[1.3×1.3×0.7−(0.35×0.79+0.49×0.35)×0.67]×4	m³	3.53
20	基础模板	0.7×(1.3×4−0.37×2)×4	m²	12.49
21	Φ12钢筋	0.888×(1.3+0.1×2)×1×[(0.52+0.4)×2/0.15]×4	kg	65.36
22	Φ12钢筋贯穿毛石基础490mm	1×[(0.52+0.4)×2/0.15]×4	根	49
23	Φ12钢筋	0.888×(0.1+0.2+0.012×15)×2×[(0.52+0.4)×2/0.15]×4	kg	41.83
24	Φ12钢筋植入毛石基础15d	2×[(0.52+0.4)×2/0.15]×4	根	98
	圈梁	(共四层)		
25	原外墙面水刷石面层剔除并清理干净	[(14.4+0.24+0.3)×2+(20.4+0.3)×2]×0.3×4	m²	85.54
26	混凝土销键	[(14.4+0.24)×2+20.4×2]×4/1.0	个	280
27	加附墙圈梁混凝土	[(14.4+0.24+0.3)×2+(20.4+0.3)×2]×0.3×0.3×4	m³	25.66
28	加附墙圈梁模板	(0.3+0.3)×[(14.4+0.24+0.3)×2+(20.4+0.3)×2]×4	m²	171.07
29	Φ12钢筋	0.888×4×{[(14.4+0.24+0.3)×2+(20.4+0.3)×2]+(1×2+2×2)×48×0.012+15×2×0.012×4}×4	kg	1082.31
30	Φ6箍筋	0.26×(0.3×4)×[(14.4+0.24+0.3)×2+(20.4+0.3)×2]/0.2×4	kg	444.79
31	外脚手架	[(14.4+0.24)×2+20.4×2]×(14.9+0.45)	m²	1075.73

4. 增设圈梁构造柱加固工程量清单及报价编制案例

案例5-6: 新加附墙柱、附墙圈梁工程量清单编制及计价

根据案例5-5的项目背景和计算的工程量,人工单价为150元/工日,预拌混凝土为

C30 的单价为 580 元/m³，预拌水泥砂浆的单价为 466.02 元/m³，土工布的单价为 7.5 元/m²，塑料薄膜的单价为 2.5 元/m²，水的单价为 6.8 元/m³，电的单价为 1.1 元/(kW·h)，干混砂浆罐式搅拌机台班的单价为 249.48 元/台班。管理费和利润分别按人工费的 30% 和 20% 计取，以上价格均为除税价格，按照全国的《房屋建筑加固工程消耗量定额》TY01-01(04)-2018 中的消耗量进行组价，见表 5-10，工作内容包括：混凝土的浇筑、振捣、养护。按一般计税法编制该加固内容的工程量清单，对"附墙转角柱""附墙圈梁"子目的综合单价分别进行组价分析，并编制综合单价分析表。

房屋建筑加固工程消耗量定额(节选)　单位：10m³　　　　　　表 5-10

定额编号			3-87	3-88	3-92
项目			加附墙柱		加附墙圈梁
			壁柱	转角柱	
名称		单位	消耗量		
人工	合计工日	工日	18.561	18.451	20.860
材料	预拌混凝土 C25	m³	9.991	9.991	10.300
	预拌水泥砂浆	m³	0.309	0.309	—
	土工布	m²	1.005	1.005	3.326
	塑料薄膜	m²	—	—	33.353
	水	m³	2.086	2.086	3.192
	电	kW·h	5.859	5.859	4.875
	其他材料费	%	0.450	0.450	0.450
机械	干混砂浆罐式搅拌机	台班	0.031	0.031	—

计算说明：①编制工程量清单时可借用《房屋建筑与装饰工程工程量计算规范》(GB 50854—2013)中的项目编码，项目名称、项目特征根据加固工程项目的特点进行修改、细化。②编制报价时，参考了全国版的《房屋建筑加固工程消耗量定额》TY01-01(04)-2018 中的消耗量，价格参考了某一时点的市场价格，定额中给出的是 C25 混凝土的消耗量，本题采用的是 C30，混凝土的消耗量不变。③此案例仅就"加附转角柱"、"加附墙圈梁"子目的综合单价进行了分析。其他子目的综合单价形成过程与其类似。

解：1. 根据案例 5-5 计算出的工程量，根据项目特征和《房屋建筑与装饰工程工程量计算规范》GB 50854—2013 中的项目编码，编制的分部分项工程和单价措施项目工程量清单与计价表见表 5-11。

分部分项工程和单价措施项目工程量清单与计价表　　　　　表 5-11

序号	项目编码	项目名称	项目特征	计量单位	工程数量	金额(元)		
						综合单价	合价	其中：暂估价
1	011605001001	基础破地面瓷砖面层	原地面瓷砖面层及结合层拆除	m²	0.36			
2	011602001001	基础破地面混凝土垫层	原地面下无筋混凝土垫层拆除	m³	0.93			

序号	项目编码	项目名称	项目特征	计量单位	工程数量	综合单价	合价	其中:暂估价
3	010101004001	基础挖土方	原地面下土方开挖	m³	10.59			
4	010103001001	基坑回填	原土夯填	m³	6.37			
5	010501001001	地面垫层恢复	100mm厚C20混凝土垫层	m³	1.55			
6	010501003001	基础加大截面混凝土	混凝土强度等级:商混凝土C30	m³	3.52			
7	011604002001	水刷石面层剔除	原外墙面装饰层等建筑面层做法拆除	m²	150.02			
8	011604002002	抹灰面层剔除	原内墙面抹灰层装饰面层等建筑面层做法拆除	m²	18.02			
9	010502003001	附墙转角柱	1. 清理基层; 2. 混凝土强度等级:商混凝土C30	m³	9.98			
10	010503004001	附墙圈梁	1. 清理基层; 2. 混凝土强度等级:商混凝土C30	m³	25.66			
11	010515001001	现浇构件钢筋	钢筋种类、规格:箍筋,HRB400≤Φ10	t	0.533			
12	010515001002	现浇构件钢筋	钢筋种类、规格:箍筋,HRB400>Φ10	t	0.502			
13	010515001003	现浇构件钢筋	钢筋种类、规格:钢筋,HPB300≤Φ10	t	0.525			
14	010515001004	现浇构件钢筋	钢筋种类、规格:钢筋,HRB400≤Φ18	t	1.917			
15	010516003001	钢筋接头	1. 钢筋规格:Φ12; 2. 焊接形式:单面焊接10d	根	798			
16	010515011001	植筋Φ12	1. 钻孔、清孔、植筋 2. 植筋深度:贯穿楼板120mm	根	144			
17	010515011002	植筋Φ12	1. 钻孔、清孔、植筋 2. 植筋深度:贯穿墙体240mm	根	404			
18	010515011003	植筋Φ12	1. 钻孔、清孔、植筋 2. 植筋深度:贯穿毛石基础490mm	根	49			
19	010515011004	植筋Φ12	1. 钻孔、清孔、植筋 2. 植筋深度:植入毛石基础15d	根	98			
20	010507007001	混凝土小型构件	原墙体掏洞钢筋弯折并混凝土恢复	处	4			

序号	项目编码	项目名称	项目特征	计量单位	工程数量	金额（元）		
						综合单价	合价	其中：暂估价
21	010507007002	混凝土销键	1. 原墙体掏洞，清理； 2. 钢筋绑扎； 3. 混凝土填实	个	280			
22	011701002001	柱脚手架	单排钢管脚手架	m²	126.17			
23	011701002002	外墙脚手架	单排钢管脚手架	m²	1075.73			
24	011702001001	基础模板		m²	12.49			
25	011702004001	附墙转角柱模板		m²	112.26			
26	011702008001	附墙圈梁模板		m²	171.07			
27	01B001	垂直运输	1. 拆除后垃圾人工清理倒运至集中堆放地点； 2. 材料人工倒运； 3. 其他综合考虑	项	1			

2. 根据题目给定的价格，计算的"附墙转角柱"子目的综合单价分析表见表 5-12。每 10m^3 的费用为：

人工费 $=150\times18.451=2767.65$ 元

材料费 $=(9.991\times580+0.309\times466.02+1.005\times7.5+2.086\times6.8+5.859\times1.1)\times(1+0.45\%)=5993.80$ 元

机械费 $=0.031\times249.48=7.73$ 元

管理费 $=2767.65\times30\%=830.30$ 元

利润 $=32767.65\times20\%=553.53$ 元

附墙转角柱子目的综合单价分析表　　　　表 5-12

项目编码	010502003001	项目名称	附墙转角柱	计量单位	m³	工程量	9.98

清单综合单价组成明细

定额编号	定额名称	定额单位	数量	单价（元）				合价（元）			
				人工费	材料费	施工机具使用费	管理费和利润	人工费	材料费	施工机具使用费	管理费和利润
3-88	加附墙转角柱	10m³	0.1	2767.65	5993.80	7.73	1383.83	276.77	599.38	0.77	138.38
人工单价		小计						276.77	599.38	0.77	138.38
150 元/工日		未计价材料（元）						0			
清单项目综合单价（元/ m³）								1015.30			

材料费明细	主要材料名称、规格、型号	单位	数量	单价（元）	合价（元）	暂估单价（元）	暂估合价（元）
	预拌混凝土 C30	m³	0.999	580	579.42		
	其他材料费（元）				19.96		
	材料费小计（元）				599.38		

3. 根据题目给定的价格，计算的"附墙圈梁"子目的综合单价分析表见表 5-13。每 10m³ 的费用为：

人工费＝150×20.86＝3129 元

材料费＝（10.3×580＋3.326×7.5＋33.353×2.5＋3.192×6.8＋4.875×1.1）×（1＋0.45％）＝6136.89 元

机械费＝0 元

管理费＝3129×30％＝938.7 元

利润＝3129×20％＝625.8 元

加附墙圈梁子目的综合单价分析表　　　　　　　　　表 5-13

项目编码	010503004001		项目名称	附墙圈梁		计量单位	m³	工程量	25.66

清单综合单价组成明细

定额编号	定额名称	定额单位	数量	单价（元）				合价（元）			
				人工费	材料费	施工机具使用费	管理费和利润	人工费	材料费	施工机具使用费	管理费和利润
3-92	加附墙圈梁	10m²	0.1	3129	6136.89	0	1564.5	312.9	613.69	0	156.45
人工单价			小计					312.9	613.69	0	156.45
150 元/工日			未计价材料（元）					0			
清单项目综合单价（元/ m³）								1083.04			

	主要材料名称、规格、型号		单位	数量	单价（元）	合价（元）	暂估单价（元）	暂估合价（元）
材料费明细	预拌混凝土 C30		m³	1.03	580	597.4		
	其他材料费（元）					16.29		
	材料费小计（元）					613.69		

5.4 装配式楼（屋）盖增浇叠合层加固

装配式楼（屋）盖加固是属于房屋整体性加固方法的一种。此种楼盖加固常用的方法有两种：增设叠合层加固和增设托梁。

1. 楼（屋）盖增浇叠合层加固的相关规定

《砖混结构加固与修复》15G611 中增浇叠合层加固的相关规定：

（1）装配式楼（屋）盖可在楼板和屋面板上增浇钢筋混凝土叠合层，以形成装配整体式楼（屋）盖，叠合层加固兼有提高楼板承载力的作用。

（2）叠合层厚度大于等于 40mm，混凝土强度等级不宜小于 C25，钢筋直径大于等于 6mm，间距小于等于 300mm。

（3）叠合层的分布钢筋应有 50％的钢筋穿过墙体；另外 50％的钢筋，可通过插筋连接，插筋两端的锚固长度不应小于插筋直径的 40 倍；也可锚固于叠合层周边的配筋加强带中，配筋加强带应通过穿过墙体的钢筋相互可靠连接。

（4）采用叠合层加固提高楼板承载力时，宜配置等代穿墙钢筋，形成连接板。可采用等代钢筋 Φ12@900 穿墙与钢筋网连接，也可锚设 L75×5 角钢与钢筋网焊接。

（5）叠合层宜采用呈梅花形布置的 L 形锚筋或锚栓与原楼板相连；当原楼板为预制板时，锚筋、锚栓应通过钻孔并采用胶粘剂锚入预制板缝内，锚固深度不小于 80～100mm。

（6）施工时应去掉原有装饰层，板面应凿毛、涂刷界面剂，并注意养护。

2. 楼（屋）盖增浇叠合层加固工程量的计算内容

（1）装配式楼（屋）盖增浇叠合板，工程计量的内容一般包括：

1）剔除楼板面装饰面层等建筑做法。增浇叠合层是在加固结构板面的上部或下部，需要首先剔除掉原板上表面的装饰面层或楼板下面的顶棚、抹灰层等建筑做法，露出结构面，清理干净，按设计规定修补平整。屋面板上部增设叠合层时，还需要拆除屋面保温防水等做法。

2）铺设钢筋、插筋等。板面或板底钢筋穿墙锚固、插筋植入原结构中。

3）混凝土浇筑。叠合层混凝土浇筑、振捣养护等。

4）脚手架、模板。板下增设叠合层，还需要搭设施工脚手架、模板等。

（2）工程量计算规则

《房屋建筑加固工程消耗量定额》TY01-01（04）-2018 中板加固的计算规则：

1）板与梁（圈梁）连接时，板算至梁（圈梁）侧面，伸入墙内板头并入板内计算。

2）现浇构件钢筋按设计图示钢筋长度乘以单位理论质量计算。

3）结构植钢筋按数量计算，植入钢筋按外露和植入部分之和长度乘以单位理论质量计算。

4）满堂脚手架按搭设的水平投影面积以"m²"计算，不扣除垛、柱所占的面积。满堂脚手架高度从设计地坪至施工顶面计算，高度在 3.6～5.2m 时按基本层计算，高度超过 5.2m 时，每增加 1.2m 计算一个增加层，不足 0.6m 按增加一个增加层乘以 0.5 计算。

3. 楼（屋）盖增浇叠合层加固工程量计算案例

案例 5-7：板面增设叠合层

某学校教学楼屋面叠合层加固，屋面加固平面图、遇女儿墙做法、板缝处做法如图 5-24、图 5-25 所示。剔除原屋面保温、防水做法，新旧混凝土结合面凿毛并涂刷界面剂，钢筋搭接长度按 37d，插筋 Φ6（600mm×600mm 矩形布置）拆除后垃圾倒运至楼下集中堆放处，屋顶施工用材料采用人工倒运，不含加固后屋面做法恢复。计算屋面增设叠合层加固的相关工程量。

计算要点：①需要首先剔除原屋面的建筑做法；清理干净后进行符合设计要求的新旧

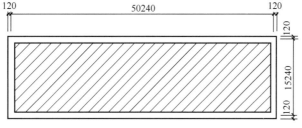

图 5-24　板顶增设叠合层平面图做法

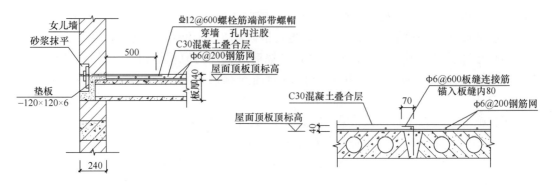

图 5-25　板顶增设叠合层遇女儿墙、板缝处做法

混凝土结合面的凿毛处理，并涂刷混凝土界面剂。②叠合层中的钢筋需要贯穿女儿墙，并在女儿墙一侧剔槽，与放置的钢垫板连接，施工完成后水泥砂浆抹平。此处可以用垫板的面积计算，因工程量较小，人工降效加大，也可按"处"计量，编制工程量清单时，在项目特征中清楚、全面地写明施工内容。在墙体外侧施工时还需要考虑挑脚手架和安全网，本题暂未计算此项。③在叠合层的设计中，为了新旧结构紧密结合，插筋需要植入原预制板的板缝中或现浇板中，此处计算需要注意的是插筋的根数计算，是梅花形还是矩形，该题目给出了矩形布置，如果是梅花形布置，计算的根数约为矩形布置的"2倍"。④屋顶施工，材料等的垂直运输、拆除后的垃圾清理倒运，需要综合考虑垂直运输的费用。

　　解： 屋面新增叠合层的加固工程量计算见表 5-14。

新增叠合层的加固工程量计算表　　　　　　　　　　　　　　　　　　　　　表 5-14

序号	计算内容	工程量计算式	单位	计算结果
1	原屋面防水保温等建筑面层做法清理拆除	$(50-0.24)\times(15-0.24)$	m²	734.46
2	新旧混凝土结合面凿毛并刷界面剂	$(50-0.24)\times(15-0.24)$	m²	734.46
3	叠合层混凝土	$(50-0.24)\times(15-0.24)\times0.04$	m³	29.38
4	Φ6 钢筋	$0.26\times(50-0.24+37\times0.006\times6)\times[(15-0.24-0.05\times2)/0.2+1]+(15-0.24+37\times0.006\times1)\times[(50-0.24-0.05\times2)/0.2+1]$	kg	1958.10
5	Φ12 螺栓穿墙	$[(15-0.24-0.05\times2)/0.6+1]\times2+(50-0.24-0.05\times2)/0.6+1]\times2$	个	216
6	Φ6 箍筋	$0.26\times(0.08+0.07+0.04-0.015)\times(50-0.24)/0.6\times(15-0.24)/0.6$	kg	92.83
7	Φ6 钢筋植筋 80mm	$(50-0.24)/0.6\times(15-0.24)/0.6$	根	2040
8	屋面垫板重量	$216\times0.12\times0.12\times6\times7.85$	kg	146.50
9	墙面掏槽并砂浆抹平	$216\times0.12\times0.12$	m²	3.11
10	垂直运输	1	项	1

4. 楼（屋）盖增浇叠合层加固工程量清单及报价编制案例

案例 5-8： 原板上增加叠合层工程量清单编制及计价

根据案例 5-7 计算的工程量，人工单价为 150 元/工日，C30 预拌混凝土的单价为 560 元/m^3，塑料薄膜的单价为 2.5 元/m^2，土工布的单价为 7.5 元/m^2，水的单价为 6.8 元/m^3，电的单价为 1.1 元/(kW·h)，混凝土抹平机的单价为 25.71 元/台班。管理费和利润分别按人工费的 30% 和 20% 计取，以上价格均为除税价格，根据全国的《房屋建筑加固工程消耗量定额》TY01-01（04）-2018 中的消耗量进行组价，见表 5-15，工程内容包括：混凝土的浇筑、振捣、养护。按一般计税法编制该加固内容的工程量清单，对"原板上浇叠合层"子目的综合单价进行组价分析，并编制综合单价分析表。

房屋建筑加固工程消耗量定额　单位：$10m^3$　　　　表 5-15

定额编号			3-33	3-89	3-93	3-94	3-95	3-97
项目			基础加大	柱截面加大	板下加梁	梁截面加大（梁下加固）	梁截面加大（梁下及两侧加固）	原板上浇叠合层
名称		单位			消耗量			
人工	合计工日	工日	4.786	20.250	24.980	28.816	26.621	14.330
材料	预拌混凝土 C30	m^3	10.300	9.991	10.300	10.300	10.300	10.300
	预拌水泥砂浆	m^3	—	0.309	—	—	—	—
	塑料薄膜	m^2	20.867	—	33.353	33.353	33.353	71.100
	土工布	m^2	—	1.005	3.326	3.326	3.326	7.109
	水	m^3	1.366	2.086	3.192	3.192	3.460	4.309
	电	kW·h	3.754	5.859	5.322	5.656	5.656	4.725
	其他材料费用	%	0.450	0.450	0.450	0.450	0.450	0.450
机械	干混砂浆罐式搅拌机	台班		0.031				
	混凝土抹平机	台班						0.175

计算说明： ①编制工程量清单时采用《房屋建筑与装饰工程工程量计算规范》GB 50854—2013 中的项目编码，项目名称、项目特征根据加固工程项目的特点进行修改、细化。②编制报价时，参考了全国版的《房屋建筑加固工程消耗量定额》TY01-01（04）-2018 中的消耗量，价格参考了某一时点的市场价格。③此案例仅就"原板上浇叠合层"子目的综合单价进行了分析，其他子目的综合单价形成过程与其类似。

解： 1. 根据案例 5-7 计算出的工程量，根据项目特征和《房屋建筑与装饰工程工程量计算规范》GB 50854—2013 中的项目编码，编制的分部分项工程和单价措施项目工程量清单与计价表见表 5-16。

序号	项目编码	项目名称	项目特征	计量单位	工程数量	金额（元）		
						综合单价	合价	其中：暂估价
1	011604003001	面层剔除	原屋面防水层、保温层等建筑面层做法拆除	m²	734.46			
2	011604001002	新旧混凝土结合面凿毛	1. 凿除面层至混凝土表面； 2. 对新旧混凝土接触面进行凿毛处理打出沟槽深度 8～10mm 并去除松散混凝土； 3. 用毛刷和压缩空气清理干净混凝土面； 4. 垃圾清理、外运	m²	734.46			
3	011407001001	新旧混凝土面涂刷界面剂	1. 浇筑灌浆前，清理界面； 2. 刷涂混凝土界面处理剂	m²	734.46			
4	010505003001	原板上浇叠合层	混凝土种类：C30 商混凝土	m³	29.38			
5	010515001001	现浇构件钢筋	钢筋种类、规格：箍筋，HRB400≤ϕ10	t	0.093			
6	010515001002	现浇构件钢筋	钢筋种类、规格：钢筋，HPB300≤ϕ10	t	1.958			
7	010515011001	植筋 Φ6	1. 钻孔、清孔、植筋； 2. 植筋深度：80mm	根	2040			
8	010515011002	植筋 M12	1. 钻孔、清孔、植筋； 2. 植筋深度：贯穿墙体螺栓灌胶	根	216			
9	010516002001	零星钢板铁件	钢板规格：120×120×6	t	0.147			
10	010516003002	墙面剔槽砂浆；砂浆抹平	1. 墙面剔槽； 2. 剔槽处砂浆抹平	处	216			
11	01B001	垂直运输	1. 屋面拆除后垃圾人工清理倒运至集中堆放地点； 2. 材料人工倒运至屋顶； 3. 其他综合考虑	项	1			

2. 根据题目给定的价格，计算的"原板上浇叠合层"子目的综合单价分析表如表 5-17 所示。每 10m³ 的费用为：

人工费＝150×14.33＝2149.5 元

材料费＝(10.3×560＋71.1×2.5＋7.109×7.5＋4.309×6.8＋4.725×1.1)×(1＋0.45％)＝6060.72 元

机械费＝0.175×25.71＝4.50 元

管理费＝2149.5×30％＝644.85元

利润＝2149.5×20％＝429.9元

原板上浇叠合层子目的综合单价分析表   表 5-17

项目编码	010505003001	项目名称	原板上浇叠合层	计量单位	m³	工程量	29.38

<table>
<tr><th colspan="9" align="center">清单综合单价组成明细</th></tr>
<tr><th rowspan="2">定额编号</th><th rowspan="2">定额名称</th><th rowspan="2">定额单位</th><th rowspan="2">数量</th><th colspan="4">单价（元）</th><th colspan="4">合价（元）</th></tr>
<tr><th>人工费</th><th>材料费</th><th>施工机具使用费</th><th>管理费和利润</th><th>人工费</th><th>材料费</th><th>施工机具使用费</th><th>管理费和利润</th></tr>
<tr><td>3-94</td><td>原板上浇叠合层</td><td>10m³</td><td>0.1</td><td>2149.50</td><td>6060.72</td><td>4.50</td><td>1074.75</td><td>214.95</td><td>606.07</td><td>0.45</td><td>107.48</td></tr>
<tr><td>人工单价</td><td colspan="7" align="center">小计</td><td>214.95</td><td>606.07</td><td>0.45</td><td>107.48</td></tr>
<tr><td>150元/工日</td><td colspan="7" align="center">未计价材料（元）</td><td colspan="4" align="center">0</td></tr>
<tr><td colspan="4" align="center">清单项目综合单价（元/m³）</td><td colspan="8" align="center">928.95</td></tr>
</table>

材料费明细	主要材料名称、规格、型号	单位	数量	单价（元）	合价（元）	暂估单价（元）	暂估合价（元）
	C30预拌混凝土	m³	1.03	560	576.80		
	其他材料费（元）				29.27		
	材料费小计（元）				606.07		

思 考 与 练 习

综合分析题

1. 某二层砖混建筑物进行一层、二层钢筋网面层内外墙双面加固，一层层高为 3.6m，二层层高 3.3m，内外墙厚度均为 240mm，设计室外地坪是−0.45m。面层加固平面图及详图、基础加固做法如图 5-26～图 5-28 所示，采用喷射混凝土，钢筋采用焊接，

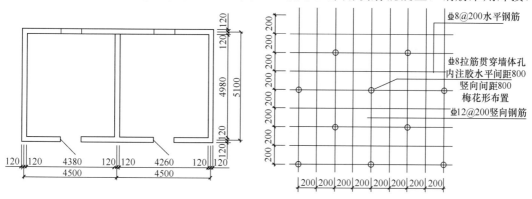

图 5-26　钢筋混凝土面层双面加固墙体平面图、做法详图

按 9m 长定尺一个接头，钢筋外保护层 15mm。M-1 尺寸为 1000mm×2100mm，C-1 尺寸为 1500mm×1800mm，墙体厚度 240mm，原墙面有水泥砂浆抹灰层和涂料面层。原地面为 100mm 厚混凝土地面，下面是挖坚土，人工开挖放坡系数取 0.5。基础加大截面施工后土方回填，恢复混凝土面层。计算相应的加固工程量，编制该加固项目的工程量清单，并编制喷射混凝土面层的综合单价分析表，报价时按照表 5-18 的定额消耗量进行组价，工作内容包括混凝土的浇筑、振捣、养护。人工单价为 150 元/工日，预拌细石混凝土 C30 的单价为 600 元/m³，高压橡胶管的单价为 12 元/m，水的单价为 6.8 元/m³，混凝土湿喷机 5m³/h 台班单价为 450 元/台班，电动空气压缩机台班单价 0.3m³/min 为 35 元/台班。管理费和利润分别按人工费的 30% 和 20% 计取，以上价格均为除税价格。

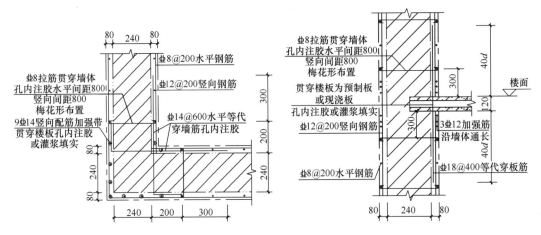

图 5-27 钢筋混凝土面层双面加固转角做法、楼面处做法

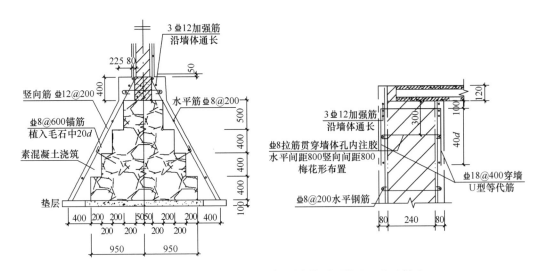

图 5-28 钢筋混凝土面层双面加固墙体顶面做法、基础做法

房屋建筑加固工程消耗量定额（节选）　　单位：10m² 　　　表 5-18

工作内容：基层清理，喷射混凝土制作、运输、喷射、收回弹料、养护、找平面层等全部操作过程。

定额编号			3-100	3-101
项目			墙面喷射混凝土	
			网喷	
			初喷厚 50mm	每增（减）喷厚 10mm
名称		单位	消耗量	
人工	合计工日	工日	1.237	0.226
材料	预拌细石混凝土 C30	m³	0.660	0.130
	高压橡胶管（综合）	m	0.186	0.037
	水	m³	1.126	0.225
	其他材料费	%	1.800	1.800
机械	混凝土湿喷机 5m³/h	台班	0.070	0.011
	电动空气压缩机 0.3m³/min	台班	0.065	0.010

2. 某单位二层办公楼的部分墙体采用双面钢筋网水泥砂浆加固和新加组合柱加固，首层层高 3.6m，二层层高为 3.3m，预制板厚 120mm，内外墙厚度均为 240mm。基础加固做法、面层加固平面图及详图如图 5-29～图 5-32 所示，水平分布筋的尽端锚入新增组合柱内。组合柱内扩 150mm。钢筋外保护层 15mm。原墙面有抹灰和涂料面层。原地面为瓷砖面层，下铺 100mm 厚混凝土垫层。加固后不恢复楼地面、墙面的装饰做法。轴线尺寸 5.1m。计算双面钢筋网水泥砂浆墙面加固的全部工程量。并编制喷射混凝土面层的综合单价分析表，报价时按照表 5-19 的定额消耗量进行组价，工作内容包括：调、运砂浆，剔除砖墙灰缝至 5～10mm，清理基层，喷射砂浆，砂浆表面抹平压实，养护，设备清理。人工单价 150 元/工日，干混抹灰砂浆的单价为 520 元/m³，高压橡胶管的单价为12 元/m，素水泥浆的单价为 680 元/m³，水的单价为 6.8 元/m³，干混砂浆罐式搅拌机台班单价为 249.48 元/台班，电动空气压缩机 0.3m³/min 的单价为 35 元/台班。管理费和利润分别按人工费的 30% 和 20% 计取，以上价格均为除税价格。

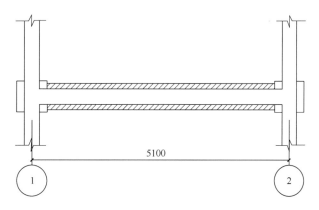

图 5-29　双面钢丝网加固墙体平面图

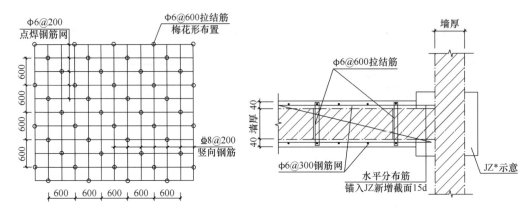

图 5-30 双面钢丝网加固墙体节点做法

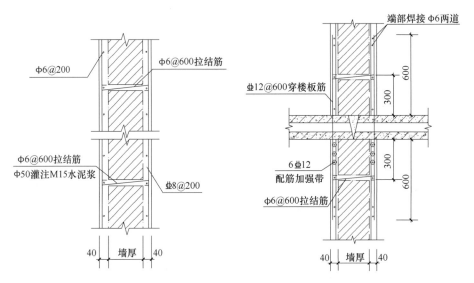

图 5-31 双面钢丝网加固墙体墙面、楼板处做法

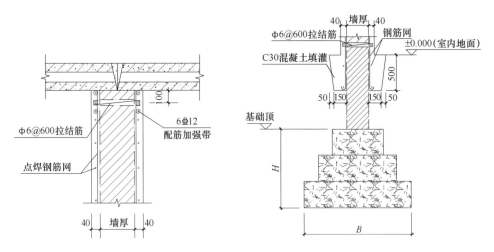

图 5-32 双面钢丝网加固墙体屋面、底部锚固做法

定额编号		2-34	2-35	2-36
项目		喷射水泥砂浆加固墙面		
		厚 35mm	厚 25mm	厚每增减 5mm
		有钢筋（钢丝网）	无钢筋（钢丝网）	
名称	单位	消耗量		
人工 合计工日	工日	2.160	1.984	0.152
材料 高压橡胶管（综合）	m	2.500	2.300	0.600
干混抹灰砂浆	m³	0.500	0.380	0.080
素水泥浆	m³	0.220	0.184	0.094
水	m³	8.160	7.140	1.430
其他材料费	%	2.000	2.000	2.000
机械 干混砂浆罐式搅拌机	台班	0.055	0.042	0.009
电动空气压缩机 0.3m³/min	台班	0.250	0.220	0.040

3. 某建筑物预制板板底加大截面如图 5-33 所示，板面净加固尺寸为 5.4m×6.1m，每边植入周边梁内 20d，原板厚 120mm 周边梁宽均为 300mm×500mm，板底部钢筋Φ 10 @150，双向通长布置，钢筋连接方式采用单面焊接，焊接长度 10d，插筋采用Φ 8@600，植筋深度 80mm，梅花形布置，板钢筋保护层为 15mm，板底面原水泥砂浆抹灰层需凿除清理，并对新旧混凝土结合面进行凿毛并涂刷界面剂。计算该板底加大截面的各分部分项工程的工程量。

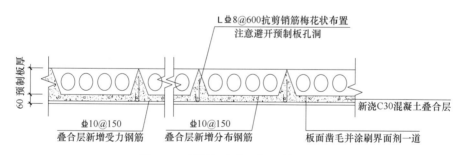

图 5-33　楼板加大截面加固做法示意

4. 某单层办公楼的部分砖柱采用抹水泥砂浆加固，水泥砂浆面层厚度 45mm，共 2 个，原独立砖柱尺寸为 490mm×490mm，首层层高 3.6m，预制板厚 120mm，柱加固高度按基础顶面至板顶，基础顶面标高为 -0.5m。原柱面有抹灰和涂料面层，不计算基础加固做法，加固后不恢复柱面的装饰做法。计算该加固柱的全部工程量。并编制抹水泥砂浆加固独立柱的综合单价分析表，报价时按照表 5-20 的定额消耗量进行组价，工作内容包括：调、运砂浆，剔除砖墙灰缝至 5～10mm，清理基层，分层抹砂浆，养护。人工单价为 150 元/工日，干混抹灰砂浆的单价为 520 元/m³，素水泥浆的单价为 680 元/m³，水的单价为 6.8 元/m³，干混砂浆罐式搅拌机台班单价为 249.48 元/台班。管理费和利润分别按人工费的 30% 和 20% 计取，以上价格均为除税价格。

定额编号		2-31	2-32	2-33
项目		抹水泥砂浆加固独立柱		
		厚 35mm	厚 25mm	厚每增减 5mm
		有钢筋（钢丝网）	无钢筋（钢丝网）	
名称	单位	消耗量		
人工	合计工日	工日	2.720	2.480	0.280
材料	干混抹灰砂浆	m³	0.420	0.320	0.060
	素水泥浆	m³	0.010	0.010	—
	水	m³	0.131	0.101	0.018
	其他材料费	％	2.000	2.000	2.000
机械	干混砂浆罐式搅拌机	台班	0.046	0.035	0.007

第6章 建筑物移位工程及其他

6.1 建筑物整体移位工程概述

建筑物整体移位是指在保持房屋整体性和可用性不变的前提下，通过托换将建筑物沿某一特定标高进行分离，然后设置能支承建筑物的上下轨道梁和滚动装置，通过外力将建筑物沿规定的路线迁移到预先设置好的新基础上，连接结构与基础，即完成建筑物的迁移。

建筑物的平移对技术要求较高，通过平移、旋转和顶升技术，要求对移位后的建筑物既能满足市政规划的要求，又不能对建筑物的整体结构造成损坏，有时还需要在移位前对原建筑物做好支撑、补强或加固。根据大量的工程实例分析表明：建筑物平移技术具有显著的社会和经济效益。建筑物的整体平移造价大约为新建同类建筑物的 30% ~ 60%；平移施工工期约为重建同类建筑物的 1/4~1/3，在平移施工过程中，二层以上的建筑物基本不影响其正常使用，减少了用户的搬迁费用和商业建筑停业期间的间接损失。而且平移项目对环境保护意义重大，若建筑物拆除必会产生很多的不可回收和不能循环利用的建筑垃圾和废料，对环境产生大量污染，且在拆除过程中也会产生大量的粉尘和噪声，对施工和周边环境以及施工工作人员也会造成危害。由此可知，通过建筑物移位可以将仍然具有使用价值的建筑物保留下来，不仅可以使得城市规划将更加灵活，还能保留建筑物原貌，又可以保护环境、节省资金、节约工期和减少拆迁矛盾。

建筑物移位对技术要求很高，移位过程风险很大。建筑物移位技术在国外已有上百年的历史，世界上第一座建筑物移位工程是位于新西兰普利茅斯市的一所一层农宅，采用蒸汽机进行牵引移动。建筑物移位技术在我国出现比较晚，始于 20 世纪 90 年代初期，近年来迅速发展，目前我国已有大量建筑物整体移位工程的成功范例。第一例应用整体迁移技术的建筑物是 1992 年重庆某四层建筑平移工程，该建筑物建筑面积约为 2000m²，采用液压千斤顶钢拉杆牵引平移 8m，转动 10°。目前移位建筑物的规模越来越大，需要移位保护的历史建筑也越来越多。1998 年，广东阳春大酒店（7 层框架结构）因道路拓宽平移了 6m。2001 年，南京江南大酒店进行了移位，该工程在就位连接时采用了滑移隔震新技术，提高了结构的抗震性能。目前，建筑物整体移位技术应用范围包括工程领域；建筑物沉降差超限的纠倾复位工程；大跨空间结构、桥梁的局部结构地面拼装后的移位安装；城市的规划改造与道路拓宽，将具有保留价值的建筑物移至规划红线规定位置；既有建筑物、桥梁空间狭小或地坪标高过低影响使用，采用顶升移位技术提高标高、增大空间。如因航道升级进行的桥梁顶升工程、层高不足引起的断柱增高工程等；因原建筑物朝向不合理，应用水平旋转技术调整朝向；大型工业设备的维修、更换，破损桥梁的更新，采用移位置换技术可以减少中断使用造成损失；因工程建设区域内有文物建筑，通过整体移位技术异地保护；局部区划调整，为提高土地利用效率或改善建筑布局，将部分既有建筑物位置调整等。建（构）筑物移位技术的广泛应用，既节约资源、减少投资、降低能源消耗又能保护环境，有利于城市规划的调整。其应遵循的原则是：因地制宜、就地取材、节约资源、精心设计、精心施工。

厦门检察院综合楼，如图 6-1 所示。长 32m，宽 21m，总建筑面积约 4000m²，总重量超过 5000 吨，整体沿纵向平移 17m，沿横向平移 41m，并转到 45°，实现了整体弧形旋转平移，整个工期 100d（平移作业用时 18d）。

图 6-1　厦门检察院综合楼旋转平移

2006 年 12 月山东省莱芜高新区管委会办公楼整体移位，如图 6-2 所示。该建筑物为框架-剪力墙结构，主楼地下一层，地上十五层，裙楼地下一层，地上三层，筏板基础。总建筑面积 24673m²，总高度 67.6m。上部总荷载约 35000t，当时是世界上最重的移位建筑。

图 6-2　莱芜高新区管委会办公楼整体移位

临沂国家安全局办公楼为 8 层框架结构（局部 9 层），如图 6-3 所示。钢筋混凝土独立基础，建筑面积 3604m²，总重 52243kN，高度 34.5m，楼顶设有高度 35.5m 通信钢塔。2000 年底，为了不影响新规划的"临沂市人民广场"的建设，同时也为了节省投资、减少污染，将其先向西平移 96.9m，再向南平移 74.5m，总移动距离 171.4m，平移共用 25d，平均速度为 1.5～2.0m/h，是当时国内平移建筑物最高、高层建筑平移距离最远的建筑移位工程。

2018 年 12 月，经历 40 多个小时，64 岁的湘江宾馆共向北平移了 35.56m，建筑面积约 3800m²，总重量约为 5000t，打破了国内砖柱独立基础最大古建筑平移的纪录，也是湖南首例文物整体平移项目，见图 6-4。湘江宾馆位于开福区中山路 48 号，始建于 1954 年。

图 6-3　临沂国家安全局办公楼整体移位

红砖清水墙，琉璃瓦屋面，东西两头高耸出檐，雕梁画栋，檐下设有斗拱，具有典型的中苏合璧建筑特色。2002 年，长沙市公布 35 处"第一批近现代保护建筑"，湘江宾馆中栋与长沙裕湘纱厂大门、湖南大学老图书馆等建筑一同入选。2010 年，湘江宾馆中栋成为长沙市"一般不可移动文物"和"近现代保护建筑"。

图 6-4　湖南湘江宾馆整体移位

　　原位于济南市经八纬一路一老别墅，为一层带阁楼砖木结构，占地面积约 135m²，总重 320 吨，距今已有 100 余年历史。2009 年 3 月 1 日，山东建筑大学工程鉴定加固研究所在国内首次采用大距离原样整体迁移技术将其迁移 30 公里，历时 14 个小时，创下了当时国内历史建筑最远距离的整体迁移记录，集中展示了建筑物平移技术。行走机构及牵引装置使用法国 NICOLAS 自带动力大型液压平板拖车。该大型液压平板拖车，由载重部分和牵引部分组成，自身具有动力装置。墙体托换和顶升技术采用单梁式墙下钢筋混凝土托换梁，分批分段掏空墙体下原基础后施工托梁。全部墙体托梁混凝土达到设计强度后，在预设的顶升点布置螺旋千斤顶，将建筑物整体同步顶升 0.8m。平板拖车移动到建筑物下部指定位置后平板拖车底盘升起，建筑物全部荷载转移到平板拖车，平板拖车启动，将建筑物迁移到新场地，平板拖车底盘下降，建筑物全部荷载转移至支撑墙及新基础并与之连接，最后按原样恢复建筑物。该建筑原位于繁华市区，为了尽量减轻道路交通压力，2009年 3 月历时 14h 到达山东建筑大学新校区，迁移距离约 30km，如图 6-5 所示。

图 6-5 老别墅拖车移位

6.2 建筑物整体移位技术

建筑物整体移位根据需求可以进行水平移位、竖向移位和综合移位。水平移位是将建（构）筑物沿水平方向直线、曲线或旋转的移位。包括单向水平直线移位、水平旋转、双向或多向转向移位；竖向移位是将建（构）筑物沿垂直方向同步抬升或降低的移位，包括原位垂直顶升和竖向旋转；综合移位指包括平移、旋转、抬升、降低等组合移位。根据动力施加方法的不同，平移技术可分为顶推平移、牵引平移和前拉后推平移。根据移动支座形式的不同，可划分为滚动平移和滑动平移。水平移位主要采用三种方式：滚动式（适用于一般建（构）筑物的移位）、滑动式（适用于重量不太大的建（构）筑物移位）、轮动式（适用于长距离、重量较小的建（构）筑物移位）。水平移位的施力方法主要有牵引式、顶推式、牵引和顶推组合式三种。

建筑物整体移位的计量与计价，需要首先熟悉建筑移位的技术和移位的流程。下面主要是依据《建（构）筑物移位工程技术规程》JGJ/T 239—2011、《建筑物移位纠倾增层与改造技术标准》T/CECS 225—2020 中的内容来详细阐明移位工程的检测鉴定、设计和施工的内容。

1. 建筑物整体移位的检测与鉴定

确定移位工程设计和施工方案前，应收集相关资料，进行现场调查。移位工程设计与施工前，应根据现行国家标准对拟移位工程进行结构检测和可靠性鉴定，必要时应进行地质补充勘察。移位工程设计和施工方案应进行充分论证，确保安全可靠。

收集建（构）筑物的原设计施工图、地质勘察报告、施工验收资料、维修改造资料等。现场调查主要是宏观了解建（构）筑物现状，是确定设计施工方案的重要前提。通过检测鉴定可以了解结构材料的现状（包括材料强度、缺陷、混凝土碳化、钢材锈蚀），可以验证施工与设计的符合程度，可以取得裂缝、不均匀沉降、整体倾斜等具体数据，是确定设计方案的主要依据。移位工程的特殊性决定了其设计、施工不同于一般新建工程，任何不当的设计、施工问题都有可能导致严重后果，因此应由有经验的专家进行充分论证与评审。当建（构）筑物的移位路线或新址距周围建（构）筑物较近时，移位工程施工过程中应监测周围建（构）筑物的不均匀沉降和整体倾斜，若周围建（构）筑物的墙、柱等主要构件存在裂缝，尚应监测已有裂缝的发展。竣工后的沉降等监测时间应根据地基土的类别、基础的形式、移位建（构）筑物的结构形式等综合考虑，监测时间不宜小于 60d。移位工程不同于一般新建工程或已有工程的维修改造，有其特殊的要求和设计施工方法，因此要求承担移位工程的单位应具有相应资质。

移位建（构）筑物一般已使用一定年限甚至已经超过设计使用年限，往往存在材料老化、钢筋锈蚀、构件开裂、基础不均匀沉降等问题。因此，移位工程实施前原则上都应该对移位建（构）筑物的主体结构进行可靠性检测和鉴定，检测鉴定结果应作为评定是否能够移位和进行移位设计的参考依据。经鉴定安全性不满足国家现行有关标准要求，但加固后其安全性能够满足要求的，应先加固后移位。检测鉴定前应根据现场调查结果、移位建（构）筑物的现有资料及移位要求（移位距离、平移或转动、抬升或降低）制定有针对性的检测鉴定方案、检测项目和检测内容。按照现行国家标准实施，检测结果应具有代表性，能够真实反映移位建（构）筑物的现状。应依据国家现行检测鉴定标准，根据实际检测结果、使用状况及计算分析，对移位建（构）筑物作出评价，并针对整体结构及不同项目提出鉴定结论，结论应提出是否需要补强加固的建议，作为移位工程方案论证及设计的依据。

2. 建筑物整体移位的设计

移位后建（构）筑物的使用年限，由业主和设计单位共同协商确定，不宜低于原建（构）筑物的剩余设计使用年限。建（构）筑物移位前应采取必要的临时或永久加固措施，保证移位过程中结构安全可靠。被托换构件的加固在移位后需作为结构的一部分保留的，应按永久性构件处理；移位后要拆除的，可按施工中的临时构件处理。移位后结构可靠性应符合现行国家标准的规定。移位后结构的可靠性鉴定应根据现行国家标准《民用建筑可靠性鉴定标准》GB 50292、《工业建筑可靠性鉴定标准》GB 50144、《建筑抗震鉴定标准》GB 50023 进行。保护性建筑应符合当地有关部门的规定。

移位工程设计应包括下轨道及基础设计、托换结构设计、移位动力及控制系统设计、连接设计以及必要的临时或永久加固设计等。移位工程设计时应充分考虑基础的不均匀沉降，如新址基础与原基础之间的不均匀沉降、移位过程中的不均匀沉降、新旧基础的差异沉降的影响。移位工程设计时应进行建（构）筑物的倾覆验算。

（1）下轨道及基础设计

下轨道结构体系是指移位工程中，在建（构）筑物底部水平截断面下部由梁与基础等组成，承担托换结构传递的荷载，满足移位与地基承载力要求的结构体系。

下轨道的受力分析应根据建（构）筑物移位时荷载的最不利组合进行。下轨道结构应进行承载力、刚度和沉降计算。设计时应考虑地基不均匀沉降对上部结构的影响。新旧基础连接应保证基础的整体性，严格控制新旧基础间的沉降差。若建（构）筑物到达新址后，部分结构仍落在原基础上，应充分估价可能出现的地基不均匀沉降。

下轨道梁宽宜大于托换梁宽，顶面应铺设强度不低于下轨道梁混凝土等级的细石混凝土找平层，厚度宜为 30～50mm，找平层内宜铺设钢筋网。铺设找平层的主要目的是保证轨道的平整度，找平层还直接承受移动装置的压力，应确保其局部受压承载力。找平层内铺设钢筋网的钢筋直径不应小于 4mm，间距不应大于 100mm。

（2）托换结构设计

托换结构体系是指移位工程中，在建（构）筑物底部水平截断面上部由托换梁与支撑等组成的承担上部荷载，并在移位过程中可靠传递移位动力的结构体系。

托换结构体系应满足上部结构移位时水平或竖向荷载的分布和传递，除满足原上部结构的墙、柱荷载通过移动装置传给下轨道及基础结构体系外，还应考虑移位过程中不均匀受力产生附加应力的影响。移位结构的特殊构造要求主要是施力点、锚固点的构造等。

（3）水平移位设计

水平移位时，托换结构体系除应考虑上部结构荷载外，还应考虑水平移动动力和阻力的影响；转动时，托换结构体系应考虑转动扭矩的影响。建筑物的水平移位方式分牵引式和顶推式。牵引式适用于荷载较小建（构）筑物的水平移位，顶推式广泛用于各种建（构）筑物的水平移位，必要时两者并用。为减少摩阻，托换结构与下轨道间一般为钢板与钢滚轴、钢轨与钢滚轴、聚四氟乙烯等高分子材料与不锈钢或钢板与钢板等。

（4）竖向移位设计

升降移位时，建（构）筑物的重量全部由升降设备承担，升降设备若不能保持荷载或突然卸载，会导致托换结构受力严重不均甚至破坏，进而危及建（构）筑物的安全，因此要求必须设置临时辅助支顶装置。托换结构和基础之间除应设置千斤顶外，尚应设置临时辅助支顶装置。托换结构体系、顶升机械、临时辅助支顶装置和基础结构体系应构成稳定的竖向传力体系。升降移位应严格控制竖向移位同步，并应采取措施防止建（构）筑物在竖向移位过程中发生水平位移和偏转。门窗洞口下不宜设置顶升点，若设置顶升点应继续加固处理。

（5）拖车移位设计

拖车移位一般应用于建（构）筑物较大距离的移位工程，其移动路线一般是压实或普通硬化路面，必然存在局部不平整或坡道，为保证移位工程中建（构）筑物托换结构受力均衡与稳定，要求拖车应具有自升降和自我调平功能，以及托换结构具有足够的刚度。由于拖车移位顶升和运输时的支点位置不同，托换结构应满足两种工况的受力要求。

（6）就位连接设计

移位建（构）筑物就位后，连接应满足承载力、稳定性和抗震的要求。当移位建筑原抗震设防低于现行国家标准《建筑抗震鉴定标准》GB50023 的要求时，移位后可以在托换结构体系与新基础之间结合滚轴或滑块加设橡胶滑块或橡胶隔震垫等隔震装置，以减小输入上部结构的地震能量，使上部结构在不加固或少加固的情况下能够满足现行国家标准的抗震设防要求。这种连接方式尤其适合于需保持建筑外貌的保护性建筑。移位工程就位后，当托换结构体系需拆除时，砌体结构构造柱和框架柱中的纵向钢筋应与基础或下轨道结构体系中的预设锚固筋可靠连接。

常见的建筑物移位工程分项分类表见表 6-1。

建筑物移位工程分项分类表 表 6-1

序号	分项	分类
1	基础处置方式	a. 切断原基础移位 b. 连同原基础一起移位
2	移位分离体名称	a. 上、下轨道结构 b. 托盘、底盘结构

序号	分项	分类
3	移位装置种类	a. 滚动式：实心钢滚轴，钢管混凝土滚轴 b. 滑移式：下轨道为钢轨，上轨道为钢板，滑块或槽钢 c. 轮动式：上轨道两侧设转轮，下轨道为钢板或混凝土 d. 车载式：利用 SPMT 模块车
4	结构处理方式	a. 整体式移位 b. 断开分体式移位
5	移位方式	a. 水平式移位：直线移位、折线移位、曲线移位 b. 升降式移位：整体顶升（降落）、按比例顶升（降落） c. 组合式移位：水平与升降式移位结合
6	移位施力方式	a. 千斤顶推式：在移位轨道上设固定或活动反力支座 b. 千斤顶牵拉式：在移位轨道上设固定或活动反力支座 c. 推拉结合式：顶推与牵拉结合 d. 车载式：以 SPMT 模块车为动力
7	托盘形式	a. 十字交叉梁格构结构 b. 拱形结构 c. 梁板结合结构 d. 桁架梁结构 e. 分荷结构
8	移位施力设备控制方式	a. 手动调控千斤顶施力方式 b. 数控千斤顶施力方式
9	偏移控制方式	a. 有侧限调控偏移方式 b. 无侧限调控偏移方式
10	监控方式	a. 结构外观状态监控方式 b. 外观与结构内埋测力计、应变仪相结合监控方式

3. 建筑物整体移位的施工

移位工程施工前，应进行下列准备工作：结合检测鉴定报告和设计方案现场查勘移位工程的现状，并进行记录；结合设计方案、现场检测鉴定和查勘结果，编制施工组织设计或施工技术方案；根据移位工程的具体情况确定相应的安全措施和应急预案。

需要确定是否存在影响施工的安全隐患，若存在安全隐患，需先排除隐患；需要加固的，应先加固后移位。安全措施主要包括：针对移位工程主体结构、附属设施、现场用水用电、现场施工人员以及其他人员的安全措施。由于移位工程的特殊性，现场施工环境较一般新建工程复杂得多，因此要求有针对各种情况的安全措施。

应急预案主要包括：异常停电的应对方案、上部结构出现异常开裂的应对方案、托换结构出现异常开裂或损坏的应对方案、下轨道结构出现异常开裂或损坏的应对方案、行走机构出现受力不均的应对方案、建（构）筑物在移位过程中出现异常偏斜的应对方案、移位动力设备出现异常故障的应对方案、人员意外受伤的应对方案等。

水平移位工程中，需要限制滚轴直径或滑块高度偏差，主要是保证滚轴、滑块和托换结构均匀受力。滚动装置的滚轴直径和滑动装置的滑块高度应现场检查，滚轴直径或滑块高度与设计要求相差不应超过 0.5mm。

新旧结合面是连接的薄弱环节，也是较难处理的部位，处理不好会直接影响移位工程的安全。新旧连接不应低于现行国家标准《建筑结构加固工程施工质量验收规范》GB50500 的要求，否则应采取可靠的附加措施，以保证新旧连接安全可靠。附加措施一般指连接销键、插筋等增强措施。

应有可靠的位移监控措施和控制装置。位移监控是保证移位同步的主要手段，监控包括移位方向的位移和垂直于移位方向的侧向位移。应对上部结构的裂缝、倾斜、振动及建筑物的沉降进行监测，通过裂缝、倾斜、振动及建筑物沉降的监控，可以及时了解移位工程结构构件的工作状态，如出现异常情况，及时采取应对措施，避免影响移位工程的安全。动力设备及动力监控装置使用前应进行自检，确保示值准确、运行可靠。如动力示值不准，可能影响移位过程中的同步调整，甚至判断指挥错误。完善、通畅的现场指挥控制系统是保证移位工程安全、顺利进行的必要保证措施。

（1）下轨道及基础施工

国内移位工程施工顺序一般为：下轨道及基础施工—放置垫板及滚轴或滑块—托换结构施工—移动。下轨道结构体系施工应包括建筑物原址、移动路线和新址三部分。当建（构）筑物移动距离小于建（构）筑物方向的长度（或宽度）时，下轨道结构体系则仅有建（构）筑物原址和新址两部分。

1）下轨道结构体系施工时，应保证下轨道顶面的平整度，施工完成后，应仔细检查下轨道顶面的平整度，不满足要求时，应打磨或修补至规定的平整度。严禁在轨道平整度不满足要求或下轨道材料强度不满足后续施工要求的情况下安设移动装置。

2）建（构）筑物原址内下轨道结构的施工受原有构件及施工空间的影响，应特别注意施工缝、钢筋连接及下轨道顶平整度的控制。在施工前应在建（构）筑物墙、柱的一定高度处设置等高标志线；开挖地基与施工下轨道基础时，应考虑开挖、托换等对移位工程原地基基础及上部结构的影响；下轨道及基础分段施工时，应按施工方案的要求分段、分批施工，结合面应按施工缝处理，且施工缝应避开剪力、弯矩较大处；下轨道结构内的纵向钢筋宜贯通，确有困难不能贯通时，应采用机械连接或焊接，并应满足现行国家标准《混凝土结构工程施工质量验收规范》GB 50204 的要求。

3）建（构）筑物新址处下轨道结构的施工，应满足现行国家标准《混凝土结构工程施工质量验收规范》GB 50204 和《建筑地基基础设计规范》GB 50007 的要求。按设计要求设置的预埋连接锚筋或连接预埋件，应定位准确、固定牢固。

（2）托换结构施工

下轨道施工完成后，应先放置移动装置，再进行托换结构施工。

1）托换结构施工时，下轨道找平层材料的强度必须满足承担托换结构自重及施工承载的要求。

2）移位工程工期一般较短，往往要求混凝土托换结构应尽快达到设计强度，因此宜采用早强性能好的混凝土；必要时应添加适量膨胀剂，采用微膨胀混凝土可以减小新浇筑混凝土的收缩，更好地保证新旧混凝土结合的质量。

3）托换结构施工过程中，应保持托换结构下部移动装置的正确位置和方向，并采取临时固定措施。移动装置的位置直接关系到托换结构的受力；滚动装置若摆放不正，会导致移位时出现偏斜，并会在托换结构中产生侧向附加内力。

4）托换结构施工宜对称进行。托换结构施工特别是施工砖混结构的托换结构时，会造成底层墙体和基础竖向受力的局部变化，非对称的施工顺序可能导致上部结构产生附加内力并可能导致基础出现不均匀沉降，因此托换结构施工宜对称进行。

5）托换结构底部水平移位支点行走面应与下轨道顶面平行。托换结构底部平移支点行走面的水平度不仅关系到移动装置（特别是滚动装置）的受力是否均匀；还直接影响托换结构的受力。因此，应严格控制，每个支点行走面与下轨道顶面之间的距离差不宜大于1mm。

6）柱下托换结构应一次施工完成，可以有效保证柱下托换结构的整体性及托换的可靠性，故应避免施工缝。承重墙下托换梁宜分段施工，由于施工时需将墙体分批、分段掏空，因此，托换梁也需分批、分段施工，分段长度应根据墙体的整体质量、地基基础承载力、基础整体刚度和上部结构的荷载大小综合确定，分段接茬处的混凝土施工缝及纵筋的连接应确保质量。控制分段长度主要考虑分段长度过大可能导致托换结构施工时墙体及墙下基础受力过度不均；分段长度过小则会因托换结构施工缝过多而增加施工难度和施工缝处理的工作量。在墙体和基础承载力允许的情况下宜适当减少分批次数，但分批数不应少于三批，掏空段长度不应大于1.2m，且两个掏空段之间的间隔应不小于2.0m。

7）托换结构内纵筋应优先采用机械连接或焊接，并满足现行国家标准《混凝土结构工程施工质量验收规范》GB 50204要求。

8）施工混凝土托换结构时，应将原柱、墙面表面凿毛，清理干净并用水充分湿润，涂刷界面处理剂。当设计有连接插筋时，应保证插筋与原结构连接牢固，并应在柱、墙表面凿毛后施工插筋。托换结构与原柱、墙的结合面的牢固结合是保证托换安全可靠的重要措施，增加原柱、墙与托换结构结合面的粗糙度可以增加结合面的机械咬合作用，涂刷混凝土界面处理剂可以增加混凝土托换结构与原柱、墙的有效粘结。连接插筋宜在柱、墙表面凿毛后施工，主要是防止凿毛时可能对插筋造成的冲击或扰动。

9）混凝土托换结构内的钢筋不应在水平移位支点或顶升点处断开。混凝土托换结构在平移支点或顶升点处均是受力集中部位，该部位一般剪力和弯矩均较大，因此纵向钢筋一般不应在支点处断开。当现场因施工条件所限不能贯通时，为保证钢筋的连接质量应采用焊接连接。

10）当设有卸荷支撑时，卸荷支撑应安全可靠并宜设置测力装置。

11）当施工托换结构需对墙体开洞时，不应对墙体产生过大的振动或扰动，应采用振动下的静力切割方式。墙体开洞后，应尽快完成托换结构施工。

（3）截断施工

1）截断施工应在下轨道结构体系、托换结构体系的材料强度达到设计要求后进行。墙、柱截断后，上部荷载将通过托换结构体系、移动装置传至下轨道结构体系及基础，故截断施工应在下轨道结构体系、托换结构体系的材料强度达到设计要求后进行。

2）移动装置位置特别是滚动装置的改变，会导致托换结构体系受力的改变，而其方向的改变则会导致位移过程中侧向偏斜。墙、柱切断前，移动装置尚未承担上部结构的荷载，其位置和方向调整非常容易；墙、柱截断后，移动装置要承担上部结构的全部荷载，其位置和方向的调整必须借助千斤顶等支顶装置，实施难度大，故截断施工前，应确认移动装置或升降设备的位置和方向正确无误，截断施工过程中不能改变移动装置的位置和方向。

3）墙、柱截断应严格按施工方案确定的顺序对称进行，尽可能减小截断对上部结构和基础的不利影响。墙、柱截断时，墙、柱及与其连接的基础等构件的内力会发生一定的变化，因此，截断施工时，应监测墙、柱及托换结构体系的状态变化，包括墙、柱竖向变形、托换结构的异常变形或开裂、基础的不均匀沉降等，受力较大的关键部位应进行应力监测。

4）墙、柱截断时不应产生过大的振动或扰动，并宜保证截断面平整，因此应尽量避免二次剔凿，二次剔凿因受空间限制，难以保证截断面平整。

5）截断施工中可能会产生较多的冷却水，冷却水渗入地基土，会导致地基土承载力降低、沉降变形加大。因此截断施工时要避免将冷却水直接排放至基础周围，应设置排水或废水收集装置。

（4）水平移位施工

1）下轨道结构体系、托换结构体系及反力装置应经验收且达到设计要求后，方可进行移位施工。

2）水平移位时动力及控制系统应能保证移位同步精度，所用的测力装置及位移监控装置应准确可靠。动力系统优先采用 PLC（Programmable Logic Controller 可编程逻辑控制器）控制的同步液压控制系统；测力装置应校准，确保测试精度；位移监控装置应灵敏准确且应有一定的量程，避免位移过程中因频繁移动影响位移监测的准确度。

3）位移前应确保移动装置受力均匀、方向正确；动力系统应安装稳固、调控灵活有效；监控系统应反应灵敏、准确无误；应急措施应全面细致、切实可行。

4）正式移位前宜进行试平移，通过试平移，一方面可以检验移动装置、动力系统、监控系统状态是否完好，工作是否正常；另一方面可以测定启动动力和正常移动时的动力，同时确定以正常速度移动时的动力。

5）正式移位时，应按照试平移确定的相关参数，均匀、平稳施加动力，保持动力与位移的同步，采用千斤顶作为移动动力时，移动速度不宜大于 60mm/min。移位过程中应采用以位移控制为主、位移与动力同时控制的控制方案。正式平移时，一般情况下不要改变试平移所确定的动力参数；移动过程中若出现位移不同步的现象，说明不同轴线上的移动阻力出现了相对变化，此时应首先检查轨道面是否有杂物、轨道板是否有翘曲、托换结构与下轨道或基础是否有刮擦、滚轴是否有挤碰或偏斜、滑动装置是否有损坏等；排除上述可能增加移动阻力的因素后，若位移仍然不同步，可以小幅度调整平移动力参数，直至各轴线位移同步为止。若移动过程中出现垂直于移动方向的偏斜，可通过设置侧向支顶或约束装置加以纠正或限制、尽量避免通过调整移动动力进行调整。

6）应采取可靠措施及时纠正移动中产生的偏斜。及时清理移动轨道面上的杂物，确保移动面平整、光洁。移动轨道面或移动装置宜涂抹适当的润滑剂。如润滑油、硅脂、石墨、石蜡等，可以减小移动阻力，增加移动的平稳性，但应防止润滑剂粘附颗粒等杂物。

7）建（构）筑物移位接近指定位置时，宜适当减慢移动速度，以控制到位精度。移位到指定位置后，委托方应及时组织有关部门实施建（构）筑物的到位验收。

（5）竖向移位施工

1）竖向移位所用的升降设备应安全可靠，并有足够的安全储备；升降设备应能安全升降，且应有自锁装置，并设置可靠的辅助支顶装置。竖向移位时，建（构）筑物的重量全部由升降设备承担，竖向移位设备若不能保持荷载或突然卸载，将会导致托换结构受力严重不均甚至破坏进而危及建（构）筑物的安全，因此，要求升降设备必须安全可靠，并应有足够的安全储备，同时要求应有自锁装置，且必须设置可靠的辅助支顶装置。

2）竖向移位设备应保证升降的同步精度，升降移位应采用以位移为主、位移与升降力同时控制的升降控制方案。升降点应设置位移监控设备，并将位移监控结果及时反馈。建（构）筑物竖向移位时必须保证各升降点位移的精确同步，否则不仅会造成升降点的升降设备受力不均还会导致上部结构和基础受力不均，因此，要求所有升降点必须设置位移监控设备，并采用以位移控制为主、位移与升降力同时控制的升降控制方案。

3）竖向移位设备应安装稳固，并保证其垂直度。竖向移位设备与升降支点的接触面应受力均匀，在升降设备出现偏斜的情况下应停止施工。竖向移位设备在使用过程中若出现偏斜、受力不均，其后果一是升降设备极易损坏，二是升降点容易出现局压破坏，三是会在托换结构中产生附加内力，都会危及移位建（构）筑物的安全。因此，要求升降设备必须安装稳固，并保证其垂直度，升降设备与升降支点的接触面须受力均匀。

4）竖向移位施工中，应根据建（构）筑物的结构形式、整体刚度及高度比严格控制各升降点之间的升降差。相邻升降点之间的升降差不应大于升降点间距的 2/1000，总体升降差不应大于建（构）筑物该方向宽度的 2/1000 且不应大于 20mm。建（构）筑物竖向移位过程中的升降对上部结构的影响，相当于地基不均匀沉降对上部结构的影响，升降差过大必然会导致托换结构和上部结构出现过大的附加内力甚至开裂，因此应严加控制。

（6）拖车移位施工

1）拖车移位一般应用于建（构）筑物较大距离的移位工程，其移动路线一般是压实或普通硬化路面，必然存在局部不平整或坡道，为控制移位过程中建（构）筑物的局部倾斜和整体倾斜，必须要求拖车具有自升降和自我调平功能，以保证托盘的平整度、水平度在建（构）筑物允许的范围内。途经城市道路或公路时可能要经常停车和启动，为避免停车、启动时产生过大的加速度，要求应低速行进且启动、刹车应缓慢、平稳。宜采用具有液压自动升降、多模块组合功能的拖车。拖车应有较好的低速性能，且启动、刹车应缓慢、平稳。

2）城市道路或公路特别是桥梁有其相应的设计负载，而一般移位建（构）筑物的重量较普通车辆的高度、宽度、重量都要大很多，因此，必须考虑道路、桥梁的通行能力及地面、空中障碍；另外移位时一般占用路面较宽、行走速度较慢，必然会影响其他车辆的通行，故应经交通等主管部门同意并确保道路、桥梁等其他设施安全时方可通行。应根据移位建（构）筑物的重量对移位路线进行压实或硬化。当需进入城市道路或公路时，应取得当地交通等主管部门的同意与配合。并应综合勘查道路、桥梁的通行能力及地面、空中障碍。当移位建（构）筑物重量较大时，应调阅道路、桥梁的设计文件并确保安全方可通行。

3）托换结构在拖车上的支点应按设计要求布置，且支点与拖车托盘之间应加设橡胶垫。拖车托起建（构）筑物时，应先进行称重，并确定建（构）筑物的重心，托起过程应缓慢、平稳、建（构）筑物受力均匀、托盘处于水平状态。顶升施工应按照竖向移位的施工要求进行，拖车抬升将移位建（构）筑物托起时，应缓慢、平稳，顶升装置卸荷过程中应仔细检查拖车受力是否均衡，托盘是否水平。如拖车受力不均衡，应通过增加配重或改变拖车升降油缸供油压力进行调整，不应在拖车受力不均衡或托盘不平的状态下将移位建（构）筑物托起或移位。

4）在建（构）筑物托起或移位的过程中，应进行纵、横两个方向倾斜或水平监测，重要构件或部位应进行变形监测或内力监测。设置倾斜或水平检测装置，可以在建（构）筑物托起或移位过程中即时监测移位建（构）筑物水平状态。

5）移位过程中应根据拖车的调整能力确定拖车移位时的最大爬升坡度，不应在托盘倾斜的情况下爬坡。途经坡道时应特别注意，对于超过拖车调平能力的坡道应根据移位建（构）筑物的最大允许倾斜值和移位建（构）筑物与拖车的连接措施综合确定，严禁在托盘倾斜的情况下强行爬坡。

6）建（构）筑物移位至指定位置后，将建（构）筑物安放至新基础的过程中应缓慢、平稳，建（构）筑物受力均匀，托盘处于水平状态。

（7）就位连接与恢复施工

1）建（构）筑物移位至指定位置，验收合格后应尽快实施就位连接。

2）连接应按设计要求施工，应检查预设连接锚筋、连接预埋件的位置，避免错漏。焊接连接时应交叉施焊并宜采取降温措施。焊接质量应满足现行国家标准《混凝土结构工程施工质量验收》GB 50204 的规定。预留有连接钢筋或预埋件时，连接前应仔细检查核对连接件的位置。由于连接部位较为集中，因此，焊接连接时要特别注意连接部位的降温处理和焊接质量，当钢筋的焊接接头不能错开时应加大焊接长度，焊接长度增加 50%。

3）空隙的填充应密实，宜采用微膨胀混凝土、砂浆或无收缩灌浆料。托换结构与新基础之间的空隙最好采用微膨胀混凝土、砂浆或无收缩灌浆料浇灌填充，以确保填充密实。应根据水、电、暖等设备管线的设置，预留安装孔洞。

4）当采用隔震连接时，应按照隔震连接设计施工，应保证托换结构以上的荷载全部通过隔震支座传至基础，应采取可靠的施工措施保证隔震支座受力均匀。隔震支座安装后的水平度、位置应满足以下要求：隔震支座安装后，隔震支座顶面的水平度误差不宜大于0.8%；隔震支座中心的平面位置与设计位置的偏差不应大于5.0mm；隔震支座中心的标高与设计标高的偏差不应大于5.0mm；同一轨道上多个隔震支座之间的顶面高差不宜大于3.0mm。上部结构、隔震层部件与周围固定物的水平间隙不应小于设计规定。托换结构与基础等之间预留的空隙若需填充时，应尽量减小填充材料对上部结构的水平约束，不应采用刚性材料填塞。移位后建（构）筑物与基础的隔震连接不同于新建建（构）筑物的隔震连接，新建时是在基础上安装好隔震支座后再施工隔震层以上的部分，因此作用于隔震支座的荷载是逐步施加的。移位建（构）筑物隔震支座的安装是在隔震层上下的结构均已完成的情况下进行的，因此应特别注意隔震支座安装的水平度和受力的均匀性。上部结构、隔震层部件与周围固定物的竖向隔离缝（防震缝）及托换结构与基础之间预留的水平隔离缝，是允许隔震层在罕遇地震下发生大变形的重要措施，必须严格按设计施工，施工过程中使用的临时支承、材料必须清理干净。

5）因恢复需要切除托换结构构件时，应在连接施工完成且达到承载力要求后进行。

切除宜采用机械切割，避免产生过大的振动。切割面应采取防护措施，以防止切割面钢筋锈蚀。

6) 托换结构切除时不得伤及结构的保留部分，切割面的防护应考虑所处的环境条件。

7) 移位建（构）筑物的墙体或其他主体结构出现裂缝，应综合分析墙体或主体结构裂缝产生的原因和危害，在保证不低于移位前安全性的前提下，有针对性地采取加固补强或修复措施。

（8）施工监测

建（构）筑物移位过程中通过检测移位的同步性、基础的沉降、建（构）筑物的整体倾斜及振动、重要构件的内力，可以及时了解移位建（构）筑物的状态变化，是保证移位工程安全、顺利实施的重要手段。要求监测点应具有代表性，检测仪器应灵敏、监测数据应准确可靠，数据反馈应全面及时，监测数据异常时应及时报警，对异常现象的处理应及时有效。

根据上述的施工步骤，建筑物采用轨道移位的造价组成内容包括：下轨道施工、托换结构、新址基础、移动或滑动装置、新旧结构分离费、平移系统、全程监测、新旧建筑物就位连接及其他费用，如新旧址室内外土方回填、地面做法恢复，室外散水恢复，室外轨道拆除、拆除多余的外露托换梁费用等。

建筑物采用拖车移位的造价组成内容包括：行车道路处理费用、托换结构与拖车梁、新址基础、拖车使用费、新旧结构分离、全程监测、新旧建筑物就位连接及其他费用。如：新旧址室内外土方回填、地面做法恢复，室外散水恢复，移位道路拆除、拆除托换梁、拖车梁费用等。

由于工程难易程度不同，工程规模不同，材料选用不同，施工工艺方法不同、施工技术方案的选用等都会对工程的价格产生很大的影响。

6.3　建筑物纠倾工程

勘察、设计、施工、使用或环境的不良影响是建筑物可能出现产生不均匀沉降而倾斜的重要因素。如意大利的比萨斜塔、墨西哥国家剧院、中国的虎丘塔等都存在着较大幅度的倾斜。建筑物纠倾技术已被广泛应用于古建筑物、住宅楼、构筑物等与人们生产或生活密切相关的各个领域，为社会节省和创造了巨大的财富。

意大利的比萨斜塔修建于 1173 年，如图 6-6 所示。其设计原本是垂直竖立的，后由于地基不均匀和土层松软造成倾斜。该塔的修建耗时 200 余年，其间建造方一直试图纠正倾斜，但未能成功。据媒体报道比萨斜塔 1990 年因塔身倾斜 4.5m 面临倒塌，从而停止接待游客。当地成立了负责修复工程的监督小组，该小组自 1993 至 2001 年，通过填埋重物、挖掘倾斜对侧土壤的方式，将比萨斜塔"扶正"了约 40cm。至 2018 年，比萨斜塔已经被拉直约 44cm，目前监测小组专家证实，比萨斜塔现处于"健康状态"，以目前的状态，塔变直还需要 4000 年左右。

位于苏州的云岩寺塔，俗称虎丘塔，如图 6-7 所示。始建于公元 959 年，建成于公元 961 年，为七层八面仿木结构楼阁式砖塔。塔身残高 47.7m，向北偏东方向倾斜 2.34m，最大倾角为 $3°59'$，虎丘塔塔身平面呈八角形，由外墩、回廊、内墩和塔心室组合而成。

由于塔基土厚薄不均，塔墩基础设计构造不完善等原因，从明代起，虎丘塔就开始倾斜。1956 年，采用铁箍灌浆办法，加固修整。虎丘塔倾斜的根本原因是，塔基下面覆盖土层厚度相差悬殊，加上基础底面积较小，基底地基承受的土压力太大。

图 6-6　意大利比萨斜塔　　　　　　　　　图 6-7　苏州云岩寺塔

目前，国内外不少研究团队和施工单位针对建筑物纠倾技术开展了大量的研究。国外，早在 20 世纪初，建筑物纠倾技术就已开始研究，发展到 20 世纪 80 年代后期，形成了比较完善的纠倾技术规范和标准。国内，建筑物纠倾技术起步较晚，从 20 世纪 80 年代开始研究，但发展迅速，出现了很多实用性较强的纠倾方法，比如应力解除法、掏土灌水法、辐射井射水取土法、顶升纠倾法等，在建筑物纠倾工程中取得了较好的效果。此后，根据纠倾原理和施工方法的不同又衍生了不少新方法，并在纠倾工程中得到广泛应用。《铁路房屋增层和纠倾技术规范》TB10114—97、《建筑物倾斜纠偏技术规程》JGJ 123—2012、《建筑物移位纠倾增层与改造技术标准》T/CECS 225—2020 等的陆续颁布，有助于我国建筑物纠倾工程走向规范化和标准化。

建筑物纠倾设计应全面考虑各种因素，找到病害原因，做到"对症下药"，同时重视纠倾方法的灵活运用和纠倾方案的优化，适时进行防复倾加固。对特殊性岩土地区、地震区的建筑物以及复杂建筑物，尚应针对其复杂性采取有效措施纠倾。

建筑物纠倾工程设计应具备下列资料：

（1）倾斜建筑物的原设计和施工文件，原岩土工程勘察报告。勘察报告不满足纠倾工程要求时，应进行补充勘察；

（2）倾斜建筑物的使用及改扩建情况；

（3）倾斜建筑物的检测鉴定报告；

（4）建筑物倾斜、结构裂缝及破损情况；

（5）相邻建筑物的结构类型、基础形式、使用情况，周围环境及地下设施分布情况等。

纠倾工程应在保证既有建筑物的可靠性和环保的原则下进行设计和施工。纠倾工程应进行信息化施工，应根据现场监测资料及时反馈调整纠倾设计方案和参数，保证施工顺利进行。纠倾工程竣工后应继续进行倾斜和沉降观测，建筑物继续观测时间不宜少于 3 个月，重要建筑物继续观测时间不宜少于 1 年，观测时间间隔不宜大于 3 个月。纠倾工程应结合倾斜原因、纠倾方法以及地质条件等及时进行防复倾加固。

纠倾方法的选择应根据建筑物的倾斜原因、倾斜值、裂损状况、结构和基础的形式、整体刚度、地质条件、环境条件和施工条件等，结合各种纠倾方法的适用范围、工作原理、施工程序等因素综合确定。建筑物纠倾常用方法可分为迫降法、抬升法、预留法、横向加载法及综合法五大类。高层建筑、沉降量较大的建筑物以及复杂建筑物的纠倾，宜采用综合法。综合法设计宜将纠倾与防复倾加固结合进行，取得一举两得的效果。应对纠倾程序、沉降速度、回倾量、回倾速率等参数以及安全防护措施进行综合分析，确定最佳方案。对受影响或易损的结构构件和关键部位应进行强度、变形和稳定性验算。当不满足设计要求时，应结合防复倾加固措施在纠倾前或后进行相应的结构加固补强。

迫降法纠倾宜在建筑物沉降较小一侧实施，并在建筑物沉降量较大一侧采取保护措施。位于边坡地段建筑物的纠倾工程，不得采用浸水法和辐射井法。取土法纠倾宜用于碎石土、砂土、粉土、黏性土、淤泥质土和填土等地基上浅基础建筑物的纠倾工程。根据建筑物基础类型、倾斜情况、地质条件等可选择在基底成孔取土、开槽取土、分层取土等方法。

根据建筑结构类型、基础形式和地质条件等，可选择深井、沉井或轻型井点等方式降水纠倾。降水深度范围内有承压水且可能引起邻近建筑物或地下设施沉降时，不得采用降水法。

桩基卸载法宜用于桩基础建筑物纠倾工程，包括桩顶卸载法、桩身卸载法、桩端卸载法、承台卸载法以及负摩阻力法等。桩顶卸载法宜用于端承型桩基建筑物的纠倾工程，包括直接截桩法、调控桩头荷载法等。桩身卸载法宜用于摩擦型桩基建筑物的纠倾工程，包括桩侧射水法、桩侧取土法、桩侧振捣法等。承台卸载法宜用于计入承台效应的桩基建筑物纠倾工程，并与其他方法综合使用。

辐射井射水法是在建筑物沉降小的一侧设置辐射井，通过井壁射水孔高压射水，使基底持力层土体软化，泥浆流出形成水平孔洞，造成部分地基应力集中，引起周围地基土塌陷变形，建筑物产生新的沉降，达到纠倾目的。该方法应用范围广，可控性高，安全性强，与其他方法联合使用可收到更好的效果。辐射井射水法宜用于地基土为砂土、粉土、黏性土、填土、软土等建筑物的纠倾工程。

地基应力解除法宜用于厚度较大、液性指数大于 0.75 的软土地基建筑物纠倾工程。浸水法宜用于含水率低于塑限含水率、湿陷系数大于 0.05 的湿陷性土或填土地基上建筑物的纠倾工程。降水法宜用于渗透系数大于 10^{-1} mm/s 的饱和砂土、粉土地基上建筑物的纠倾工程。锚杆静压桩抬升法宜用于软土、填土、粉土、砂土、黏性土等地基上、钢筋混凝土基础且上部结构较轻的建筑物的纠倾工程。坑式静压桩顶升法宜用于黏性土、粉土、填土等地基上，且地下水位较低、上部结构较轻的钢筋混凝土基础建筑物的纠倾工程。

综合纠倾法宜用于建筑物体型较大、地质条件较复杂或纠倾难度较大的纠倾工程。应根据建筑物结构类型、基础形式、倾斜状况、倾斜原因、地质条件、纠倾方法特点等，比选相关的几种综合纠倾法，确定一种最佳组合，并明确主导方法和辅助方法；选择综合法纠倾时，应避免不同的纠倾方法在实施过程中相互不利影响；综合纠倾法设计宜将建筑物纠倾与防复倾加固相结合。

纠倾工程施工应符合下列规定：纠倾工程施工前，应广泛收集相关资料，根据建筑物纠倾工程设计文件编制纠倾施工组织设计和应急预案；应对建筑物裂损情况进行标识，应对可能产生影响的相邻建筑物、地下设施等进行检查和测量，并采取有效的保护措施；在纠倾工程施工过程中，施工人员应根据监测资料和实际情况对设计方案提出调整意见，由设计人员进行优化；建筑物纠倾施工过程中，应分析比较建筑物的沉降量或顶升量与回倾量的协调性，防止建筑物发生扭曲变形；应设专人每天巡查上下水管道、燃气管道等相关设施的变位情况，发现异常情况应及时处理；建筑物纠倾施工应规避强气流、强降雨等极端天气，并做好保护工作；建筑物纠倾达到设计要求后，应及时对工作槽、孔和施工破损面进行回填、封堵和修复。图 6-8～图 6-10 示意了三种纠倾做法。

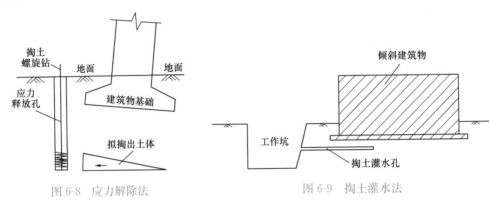

图 6-8 应力解除法   图 6-9 掏土灌水法

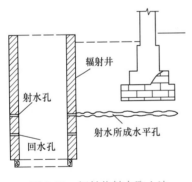

图 6-10 辐射井射水取土法

某住宅楼，八层砖混结构，钢筋混凝土条形基础，建筑物北部及东侧地下有一废弃防空洞，洞顶距地面约为 8m，洞高为 1.5～1.8m，洞宽为 1.5m，由于防空洞顶部塌落，且建筑物外已有两处塌陷至地面，该建筑物竣工后向北倾斜 298mm，倾斜率达 1.231‰，山东建筑大学工程鉴定加固研究院采用掏土灌水法进行纠倾，进行了 2 个月纠倾工作后，住宅楼各观测点倾斜值全部回到规范要求范围，且内外纵墙原有裂缝大部分已闭合，纠倾效果如图 6-11 所示。

某热电厂烟囱建于 2003 年，高 120m，钢筋混凝土圆形筏板基础，基础埋深 4m，该烟囱建成后向西南倾斜 538.5mm，倾斜率达到 4.5‰，超出规范要求，由于倾斜，在烟囱与烟道接合部位出现拉裂，裂缝宽度达 15mm。采用降水纠倾法对该烟囱成功纠倾，如图 6-12 所示。

建筑物纠倾工程具有难度高、风险大的特点，不仅要求技术人员熟悉纠倾方法和施工过程，而且要求运用得当、灵活，同时不断根据工程地质条件和监测信息及时判断、调整纠倾方案。建筑物纠倾工程技术复杂，涉及结构工程、工程地质、弹塑性力学、土力学等多学科研究领域。对于纠倾工程的计量与计价，需要根据具体的工程做法、设计内容详细列出工程项目特征并综合考虑现场施工环境和建筑物本体的复杂性。方案的估算需要考虑方案可行性、风险性和经济性。

图 6-11　住宅楼纠倾　　　　　　　　　　　图 6-12　烟囱纠倾

6.4　建筑物增层工程

既有建筑物增层改造设计，具有投资少，见效快，不占新耕地等特点，越来越受到各方面的重视。目前，建筑物增层项目逐年增加，多样的增层结构形式层出不穷。许多既有建筑物内没有设置或预留停车位，而地面停车设施需要大量城市用地，导致停车问题日益突出。对既有建筑进行增层加固改造，建设城市地下停车场就成为节约建设用地、节省投资的有效途径。此外，有一部分具有历史价值不允许拆除但需加大使用面积的既有建筑物也需要地下增层技术的发展革新。既有建筑物地下空间资源丰富，若能对其进行有序合理的开发利用，将对扩大基础设施容量和提高土地资源利用率有很大帮助，对缓解现有土地资源用地紧张局面起到至关重要的作用。

目前，既有建筑物地下增层越来越引起重视，近年来国内外相关技术人员已开展并实施了多项工程实践。在奥地利维也纳 U3 人民剧院地下增层工程中，利用钢管桩支撑上部结构。为了防止钢管桩失稳，通过竖向间隔施工的混凝土承台对托换桩施加水平约束。德国柏林的波兹坦 Huth 酒庄，通过扩建地下室，从而对建筑物进行保护。新加的地下室要连接波兹坦广场上的城市火车站和购物商场。我国地下增层的实践起步较晚，1998 年在北京音乐堂地下增层改建工程中，需要在保留主体框架结构的基础上，在观众厅下增加 1 层高度为 6.5m 的地下室，改造后地下室基础为桩筏形基础。位于哈尔滨市某商场采用逆作法进行室内增层改造，在新增的地下室外墙基础内侧设置钢管桩。待新增框架体系建成后，拆除旧建筑的隔墙，只保留外墙，同时将连接件预埋于新框架和旧建筑外墙，以满足两者之间所产生的均匀沉降等要求。

某高校教学楼建于 1954 年，原为两层砖木结构建筑物，砖墙承重，钢筋混凝土楼盖，钢木屋架，木檩条和木望板，上铺平瓦，青砖条形基础，每层建筑面积约 1250m²。为了提升使用功能求，采用混合增层法增至四层，并对其进行了抗震加固，增层前后对比见

图 6-13 所示。某商埠建筑增设了三层地下停车场，如图 6-14 所示。

图 6-13　某高校教学增层改造前后对比图

图 6-14　某商埠建筑增设了地下三层停车场

《建筑物移位纠倾增层与改造技术标准》T/CECS 225—2020 的规定，建筑物增层设计前，应根据建设单位的增层目标和建筑物本身状况，在符合城市规划要求的前提下，进行综合技术经济分析及可行性论证。应根据建筑物的功能要求、既有建筑物的现状和潜力、抗震设防烈度、场地地质条件、检测鉴定结果和规划要求等因素综合分析确定。应以检测及鉴定结果作为结构设计的依据。当建筑物需要加固时，应做加固设计。根据具体情况，确定施工顺序，做好卸荷措施，宜先加固后增层。

增层工程的建筑功能及结构整体的安全性应满足现行国家标准《砌体结构加固设计规范》GB 50702、《混凝土结构加固设计规范》GB 50367 和《钢结构加固设计标准》GB 51367 的有关规定。建筑物增层改造的结构形式分为直接增层、分离或相连接的外套增层、分离或相连接的室内增层、地下增层等。增层结构应具有合理的刚度和承载能力，避免因刚度突变形成薄弱部位，对可能出现的薄弱部位应采取措施。建筑物增层应减少对原承重结构产生的不利影响，设计时应进行结构及构件计算。增层设计时，应根据地基条件及建筑物的重要性进行地基基础加固处理，并提出沉降观测的具体要求。建筑物增层的材料宜与原结构采用同种材料。当增层材料与原结构材料不同，且增层部分结构的底部与原结构顶部刚性连接时，宜采用轻质高强材料，选用材料应满足耐久性要求。

增层工程的施工，应制定符合工程特点的质量安全防范措施。应符合现行国家标准《建筑结构加固工程施工质量验收规范》GB 50550 的有关规定。向上增层搭设外架应为住户的正常活动提供安全通道，应采用低噪施工工艺和设备。地下增层应有防止基坑变形坍塌及临近建（构）筑物沉降倾斜的质量安全技术措施。地下增层施工中，应保证地下水位稳定在施工作业面以下 0.5m，直至结构施工完毕。室内增层需拆改原结构时，原结构不宜一次性整体拆除，应与新建结构合理交替进行。

建筑物增层工程的计量与计价，除了常规的钢筋、混凝土、模板脚手架的费用外，还应考虑原施工现场环境的影响，对原建筑物的保护，向下增层时对原建筑物的支撑等费用。

思 考 与 练 习

一、简答题

1. 建筑物整体移位的关键施工步骤有哪些？
2. 简述轨道移位工程的造价组成。
3. 简述拖车移位工程的造价组成。

二、讨论题

1. 影响建筑物整体移位方式选择的因素有哪些？
2. 建筑物整体移位的综合效益体现在哪些方面？

参 考 文 献

[1] 程绍革. 建筑抗震鉴定与加固技术发展历程回顾与展望[J]. 城市与减灾. 2019(5)：2-5.

[2] 戴国莹. 现有建筑加固改造综合决策方法和工程应用[J]. 建筑结构. 2006，36(11)：1-4.

[3] 张鑫，李安起，赵考重. 建筑结构鉴定与加固改造技术的进展[J]. 工程力学. 2011，28(1)：1-11.

[4] 钟江伟，吴如军. 谈建筑特种专业工程(平移、纠倾、改造、加固补强)的造价审核[J]. 辽宁建材，2006(5)：67-68.

[5] 徐峰，薛吟. 柏林会议厅部分坍塌的原因分析[J]. 建筑结构，1986.

[6] 张鑫，贾留东，等. 建筑物平移与纠倾技术[M]. 北京：中国水利水电出版社，2008.

[7] 李杨. 工程鉴定加固改造白问[M]. 中国建筑工业出版社，2015.

[8] 白会人，佟令玫. 建筑结构加固施工[M]. 武汉：华中科技大学出版社，2013.

[9] 徐志武，刘少武. 岩溶强发育地段勘察失误案例[J]. 重庆建筑，2018(4)：47-49.

[10] 沈鹤鸣. 从一桩工程质量司法鉴定案例引出的几点思考[J]. 住宅科技，2012(7)：42-45.

[11] 刘定果. 关于建筑加固施工中植筋工程与粘钢工程的几点问题[J]. 四川建筑科学研究，2015，41(3)：245-246.

[12] 中华人民共和国住房和城乡建设部. 既有建筑鉴定与加固通用规范：GB 55021—2021. [S]. 北京：中国建筑工业出版社. 2021.

[13] 《房屋建筑加固工程消耗量定额》[TY01-01(04)-2018][M]. 北京：中国计划出版社，2013.

[14] 中华人民共和国国家标准. 建筑结构加固工程施工质量验收规范(GB 50550—2010)[M]. 中华人民共和国住房和城乡建设部、中华人民共和国国家质量监督检验检疫总局. 2013.

[15] 中华人民共和国行业标准. 混凝土结构后锚固技术规程(JGJ 145-2013)[M]. 中华人民共和国住房和城乡建设部. 2013.

[16] 中国建筑标准设计研究院. 国家建筑标准设计图集混凝土结构加固构造(13G311-1)[M]. 北京：中国计划出版社，2013.

[17] 中国建筑标准设计研究院. 国家建筑标准设计图集建筑结构加固施工图设计表示方法(07SG111-1～2)[M]. 北京：中国计划出版社，2007.

[18] 中国建筑标准设计研究院. 国家建筑标准设计图集混凝土结构加固构造(13G311-1)[M]. 北京：中国计划出版社，2013.

[19] 中华人民共和国国家标准. 混凝土结构加固设计规范(GB 50367—2013)[M]. 中华人民共和国住房和城乡建设部、中华人民共和国国家质量监督检验检疫总局. 2013.

[20] 中华人民共和国行业标准. 粘钢加固用建筑结构胶(JGT 271—2019)[M]. 中华人民共和国住房和城乡建设部. 2019.

[21] 中华人民共和国行业标准. 建(构)筑物移位工程技术规程(JGJ-T239-2011)[M]. 中华人民共和国住房和城乡建设部. 2011.

[22] 张鑫，刘涛，董华. 济南历史建筑平移保护与加固改造[J]. 工业建筑，2010年第40卷增刊：920-925.

[23] 王伟茂，上海音乐厅历史建筑特色部位探析与保护修缮关键技术[J]. 住宅科技，2020(6)：

35-40.

［24］ 张鑫，岳庆霞，贾留东. 建筑物移位托换技术研究进展［J］. 建筑结构，2016，46(5)：91-96.

［25］ 吴二军，李爱群，张兴龙. 建筑物整体移位技术的发展概况与展望［J］. 施工技术，2011，40(3)：1-7.

［26］ 中国工程建设标准化协会标准.《建筑物移位纠倾增层与改造技术标准》(T/CECS 225—2020)［M］. 中国计划出版社. 2020.

［27］ 夏风敏，谭天乐. 历史建筑修女楼的移位设计与实践［J］. 工业建筑，2021，51(9)：216-221.

［28］ 候宝东. 既有建筑性能改造综合评价研究［D］. 广州：广州工业大学，2016.

［29］ 张鑫，陈云娟，岳庆霞，郭道通. 建筑物纠倾技术及其工程应用［J］. 山东建筑大学学报，2016，31(6)：599-605.

［30］ 贾强，张鑫，刘磊. 既有建筑地下增层技术的发展与展望［J］. 施工技术，2018，47(6)：84-88.

责任编辑：刘平平　李　阳

建工出版社微信　建 工 书 院　各地建筑书店

经销单位：各地新华书店 / 建筑书店（扫描上方二维码）
网络销售：中国建筑工业出版社官网 http://www.cabp.com.cn
　　　　　中国建筑出版在线 http://www.cabplink.com
　　　　　建工书院 http://edu.cabplink.com
　　　　　中国建筑工业出版社旗舰店（天猫）
　　　　　中国建筑工业出版社官方旗舰店（京东）
　　　　　中国建筑书店有限责任公司图书专营店（京东）
　　　　　新华文轩旗舰店（天猫）　凤凰新华书店旗舰店（天猫）
　　　　　博库图书专营店（天猫）　浙江新华书店图书专营店（天猫）
　　　　　当当网　京东商城
图书销售分类：高校教材（V）

ISBN 978-7-112-27595-3

9 787112 275953 >

(39780) 定价：48.00 元
（赠教师课件）